全国高等职业教育机电类"十二五"规划教材

单片机原理及应用技术

主　编　常秉琨　　摆银龙
副主编　赵　方　郑小梅　李道军
　　　　李　莉　张松林

黄河水利出版社
·郑州·

内 容 提 要

　　本书为全国高等职业教育机电类"十二五"规划教材。全书共分十章,第一章讲述单片微型计算机系统基础知识,第二章讲述 AT89S51 单片机的硬件结构组成及工作原理,第三章讲述单片机的指令系统,第四章讲述 AT89S51 单片机的汇编语言程序设计,第五章讲述 AT89S51 单片机的中断系统,第六章讲述 AT89S51 单片机的定时/计数器,第七章讲述 AT89S51 单片机的串行通信,第八章讲述 AT89S51 单片机的串行扩展技术及应用,第九章讲述单片机典型外围接口技术,第十章讲述单片机应用系统实例。附录中列出了单片机指令速查表、ASCII 码表、Keil μVision2 及 Proteus 使用简介。

　　本书可作为高等职业学院、高等专科学校、成人高等学校的应用电子技术、电子信息工程技术、自动化技术、机电一体化技术、计算机应用等专业的教材或教学参考书,也可供从事单片机应用技术开发的有关技术人员阅读参考。

图书在版编目(CIP)数据

单片机原理及应用技术/常秉琨,摆银龙主编 . 一郑州:黄河水利出版社,2011.9

全国高等职业教育机电类"十二五"规划教划

ISBN 978 - 7 - 5509 - 0020 - 2

Ⅰ.①单… Ⅱ.①常…②摆… Ⅲ.①单片微型计算机 - 高等职业教育 - 教材 Ⅳ.①TP368.1

中国版本图书馆 CIP 数据核字(2011)第 189040 号

组稿编辑:王文科　电话:0371 - 66028027　E-mail:wwk5257@163.com

出 版 社:黄河水利出版社
　　　　　地址:河南省郑州市顺河路黄委会综合楼 14 层　邮政编码:450003
发行单位:黄河水利出版社
　　　　　发行部电话:0371 - 66026940、66020550、66028024、66022620(传真)
　　　　　E-mail:hhslcbs@126.com
承印单位:黄河水利委员会印刷厂
开本:787 mm×1 092 mm　1/16
印张:17.25
字数:420 千字　　　　　　　　　　　印数:1—4 000
版次:2011 年 9 月第 1 版　　　　　　　印次:2011 年 9 月第 1 次印刷
定价:36.00 元

前　言

随着信息技术的飞速发展,嵌入式智能电子技术已渗透到社会生产、工业控制以及人们日常生活的各个方面。单片机又称为嵌入式微控制器,在智能仪表、工业控制、智能终端、通信设备、医疗器械、汽车电器、导航系统和家用电器等很多领域都有着广泛的应用,已成为当今电子信息领域应用最广泛的技术之一。目前各大专院校相关专业都开设有单片机原理及应用技术课程,其已成为现代工科大学生的必修课程。这是一门理论性、实践性和综合性都很强的学科,它需要模拟电子技术、数字电子技术、微机原理、电气控制、电力电子技术等作为知识背景;同时,该学科也是一门计算机硬件和软件有机结合的学科。本书是编者多年理论教学、实践教学及产品研发经验的结晶。

高职教育的教材并不是本科教育教材的简单删减,也不是理论内容和实践内容的简单堆砌,关键在于理论的学习要能指导实践,实践是在理论指导下的实践。本书依据教育部制定的相关专业技能人才培养的要求,以加强人才的技术应用能力培养为导向,突出应用性、实践性和先进性。在内容组织上,注重理论教学与实践操作相结合,采用任务驱动、项目导向引导教与学,目标明确,深入浅出,知识点和技能点有机融合,体现了高职教育教材的新特色。

与以往单片机方面的教材相比,本书具有如下特点:

(1)在编写过程中,力求做到从基础着手,循序渐进,以"必需"、"够用"、"适用"、"会用"为度。各知识点的阐述条理清晰,重点突出,符合高职学生的学习特点,语言组织既严密,又易学易懂。

(2)采用"基础+案例+实训"的教材模式,突出技能训练和动手能力的培养。本书以基于单片机控制的实际电子产品的设计与制作为最终目标,注重实践,将电子产品设计制作的工作过程整合成工作任务;以任务驱动、项目导向教学,始终将理论、实训、产品开发三者有机结合,从单片机最小系统开始,逐步扩展功能,从小到大,从简单到复杂,给学习者一种系统的、完整的、清晰的学习思路。

(3)本书在内容的编排上,始终将实用技能的培养放在首位,采用硬件和软件同时讲解、相结合叙述的方法,加强硬件故障排除和软件调试过程的指导,着重讲解调试方法和步骤。通过每个具体实训,学生可逐步掌握产品设计开发的全过程。

(4)在编写过程中,本书力求兼顾基础性、实用性和先进性,简单介绍了目前流行的新型微处理器,紧跟单片机技术发展前沿,缩短了学校教育与企业需要的距离,更好地满足企业用人的需求。

本书可作为高等职业学院、高等专科学校、成人高等学校的应用电子技术、电子信息工程技术、自动化技术、机电一体化技术、计算机应用等专业的教材或教学参考书,也可供从事单片机应用技术开发的有关技术人员阅读参考。

在教学中,可根据学时、对象安排教材的教学内容。本书中标有 * 的内容为选修内容,可作为毕业设计或应用设计的参考资料。

本书编写人员及编写分工如下：郑州职业技术学院摆银龙编写第一章、第二章，郑州职业技术学院郑小梅编写第三章，郑州职业技术学院赵方编写第四章，郑州职业技术学院李莉编写第五章及附录，郑州职业技术学院李道军编写第六章、第七章，郑州职业技术学院常秉琨编写第八章、第九章，河南机电高等专科学校张松林编写第十章。本书由常秉琨、摆银龙担任主编，由赵方、郑小梅、李道军、李莉、张松林担任副主编。

本书在编写过程中得到了许多同行、专家的关心和支持，在此表示衷心的感谢。在编写过程中编者也参考了许多文献资料（列在书后参考文献中），在此向各文献资料的作者表示感谢。

由于编者水平有限，书中难免有错误和不妥之处，恳请读者批评指正。

编　者

2011 年 5 月

目　录

第一章 单片微型计算机系统基础知识

本章主要内容

本章主要介绍计算机中的数制与码制的基础知识以及单片机的基本概念、发展过程、产品近况、特点及应用领域。

第一节 数制与编码的简单回顾

一、数制

数制(即计数制,亦称记数制)是计数的规则。人们使用最多的是进位计数制,数的符号在不同的位置上时所代表的数值是不相同的。在单片机中常用的有三种数制:二进制、十进制和十六进制。其中,只有二进制数是单片机能直接识别和执行的,但十进制数是人们日常生活中最熟悉的,在书写时又多采用十六进制,因此在用单片机解决问题时三种数制都是经常使用的。

(一)常用数制

1. 十进制数

十进制是人们日常生活中最熟悉的进位计数制。它的主要特点是:

(1)它有 0、1、2、3、4、5、6、7、8、9 十个数码,这是构成所有十进制数的基本符号;

(2)十进制数的基数为 10,逢 10 进 1,10^i 称为该数的位权,简称为权;

(3)用 D 表示,一般可省略。

例如:$1985 = 1 \times 10^3 + 9 \times 10^2 + 8 \times 10^1 + 5 \times 10^0$。

2. 二进制数

二进制数是在计算机系统中采用的进位计数制。它的主要特点是:

(1)它有 0、1 两个数码,任何二进制数都是由这两个数码组成的;

(2)二进制数的基数为 2,逢 2 进 1;

(3)二进制数的标志为 B。

二进制数每一位的权是:以小数点分界,$\cdots,2^4,2^3,2^2,2^1,2^0,2^{-1},2^{-2},2^{-3},\cdots$

例如:对于整数,$1001B = 1 \times 2^3 + 0 \times 2^2 + 0 \times 2^1 + 1 \times 2^0 = 9D$。

对于小数,$0.101B = 1 \times 2^{-1} + 0 \times 2^{-2} + 1 \times 2^{-3} = 0.625D$。

3. 十六进制数

十六进制数是人们在计算机指令代码和数据的书写中经常使用的数制。它的主要特点是:

(1)它有 0~9,A,B,C,D,E,F 共十六个数码,任何一个十六进制数都是由其中的一些或全部数码构成的;

(2)十六进制数的基数为 16,逢 16 进 1;

（3）十六进制数的标志为 H。

例如：$327H = 3 \times 16^2 + 2 \times 16^1 + 7 \times 16^0 = 807D$。

$3AB.11H = 3 \times 16^2 + 10 \times 16^1 + 11 \times 16^0 + 1 \times 16^{-1} + 1 \times 16^{-2} = 939.0664D$。

（二）数制的转换

计算机内部主要是由触发器、计算器、加法器、逻辑门等基本的数字电路构成的，数字电路具有两种不同的稳定状态且能相互转换，用"0"和"1"表示最为方便。因此，计算机处理的一切信息包括数据、指令、字符、颜色、语音、图像等均用二进制数表示。但是二进制数书写起来太长，且不便于阅读和记忆，所以微型计算机中的二进制数都采用十六进制数来缩写。然而，人们最熟悉、最常用的是十进制数，为此要熟练掌握二进制数、十六进制数、十进制数的表示方法及它们之间的转换。它们之间的关系如表 1-1 所示。

表 1-1　不同进位计数制对照

十进制（D）	二进制（B）	十六进制（H）	十进制（D）	二进制（B）	十六进制（H）
0	0000	0	8	1000	8
1	0001	1	9	1001	9
2	0010	2	10	1010	A
3	0011	3	11	1011	B
4	0100	4	12	1100	C
5	0101	5	13	1101	D
6	0110	6	14	1110	E
7	0111	7	15	1111	F

1. 二进制数和十进制数间的相互转换

二进制数转换为十进制数，其方法是将二进制数按权展开相加。例如：

$$111.101B = 1 \times 2^2 + 1 \times 2^1 + 1 \times 2^0 + 1 \times 2^{-1} + 0 \times 2^{-2} + 1 \times 2^{-3}$$
$$= 4 + 2 + 1 + 0.5 + 0.125 = 7.625D$$

十进制数转换为二进制数，其方法是将整数部分除以 2 取余，小数部分乘以 2 取整。

例如：将十进制数 38 转换为二进制数。

所以，38D = 100110B。

例如：把十进制小数 0.6789 转换为二进制小数。

把 0.6789 不断地乘以 2，取每次所得乘积的整数部分，直到乘积的小数部分满足所需精度。如下所示：

所以,0.6789D≈0.1010B。

应当指出,任何十进制整数都可以精确转换成一个二进制整数,但十进制小数却不一定可以精确转换成一个二进制小数,如上例所示。

2. 二进制数与十六进制数之间的转换

二进制数转换为十六进制数,其方法是将二进制数从右向左每4位为一组分组,最后一组不足4位则在其左边添加0,以凑成4位,每组用1位十六进制数表示。

例如:0001101111100011B→0001 1011 1110 0011B = 1BE3H。

十六进制数转换为二进制数,只需用4位二进制数代替1位十六进制数即可。

例如:5AD9H = 0101 1010 1101 1001B。

3. 十六进制数和十进制数之间的相互转换

十六进制数转换为十进制数十分简单,只需将十六进制数按权展开相加即可。

例如:1E3CH = $1 \times 16^3 + 14 \times 16^2 + 3 \times 16^1 + 12 \times 16^0$ = 7740D。

十进制数转换为十六进制数可用除以16取余法,即用16不断去除待转换的十进制数,直至商等于0为止。将所得的各次余数依次倒序排列,即可得到所转换的十六进制数。

例如:将十进制数1086转换为十六进制数,其方法及算式如下:

所以,1086D = 043EH。

二、计算机中数的几个概念

(一) 机器数与真值

机器数:数在计算机内的表示形式称为机器数。它将数的正、负符号和数值部分一起进行二进制编码,其位数通常为8的整数倍。

真值:机器数所代表的实际数值的正负和大小。

有符号数:机器数最高位为符号位,"0"表示"+","1"表示"-"。

无符号数:机器数最高位不作为符号位,而是当做数值的数。

例如：带符号的正数 + 100 0101B(+ 45H)，可以表示成 0100 0101B(45H)；带符号的负数 – 100 0101B(– 45H)，可以表示成 1100 0101B(C5H)。"45H" 和 "C5H" 为 2 个机器数，它们的真值分别为 " + 45H" 和 " – 45H"。

(二)数的单位

位(bit，简称 b)：一个二进制数中的 1 位，其值不是 1，便是 0。

字节(Byte，简称 B)：一个字节，就是一个 8 位的二进制数，是计算机数据的基本单位，在存储器中需要一个存储单元存放。其中，一个英文字母占一个字节，一个汉字占两个字节。

字(Word)：2 个字节，就是一个 16 位的二进制数，它需要 2 个存储单元存放。

双字：2 个字，即 4 个字节，一个 32 位二进制数，它需要 4 个存储单元存放。

三、计算机中有符号数的表示

对于带符号的二进制数，直接用最高位表示数的符号，正数的符号位用 "0" 表示，负数的符号位用 "1" 表示。有原码、反码和补码 3 种表示法。

(一)原码

数值用其绝对值来表示的形式称为原码。例如：

$$X1 = +5 = +0000\ 0101B，X1\ 原 = 0000\ 0101B$$
$$X2 = -5 = -0000\ 0101B，X2\ 原 = 1000\ 0101B$$

原码表示简单易懂，而且与真值的转换方便。但若是两个异号数相加，或两个同号数相减，就要做减法。为了把减运算转换为加运算，从而简化计算机的结构，就引进了反码和补码。

(二)反码

正数的反码与其原码相同；负数的反码，符号位不变，数值部分按位取反。例如：

$$X1 = +4 = +0000\ 0100B，X1\ 原 = 0000\ 0100B，X1\ 反 = 0000\ 0100B$$
$$X2 = -4 = -0000\ 0100B，X2\ 原 = 1000\ 0100B，X2\ 反 = 1111\ 1011B$$

(三)补码

正数的补码与其原码相同；负数的补码为其反码加 1。

$$X1 = +4 = +0000\ 0100B，X1\ 原 = X1\ 反 = X1\ 补 = 0000\ 0100B$$
$$X2 = -4 = -0000\ 0100B，X2\ 原 = 1000\ 0100B，X2\ 反 = 1111\ 1011B，X2\ 补 = 1111\ 1100B$$

四、常用编码

计算机只能识别 "0" 和 "1" 这两种状态，所以在计算机中数以及数以外的其他信息(如字符或字符串)要用二进制代码来表示。这些二进制形式的代码称为二进制编码。微型计算机中常用的二进制编码形式有 ASCII 码和 BCD 码两种，下面分别加以介绍。

(一)ASCII 码

ASCII 码是一种字符编码，是美国标准信息交换代码(American Standard Code for Information Interchange)的简称。它由 7 位二进制数码构成，包括 26 个大写和 26 个小写英文字母、10 个阿拉伯数字以及一些专用字符。7 位编码的 ASCII 码，实际上采用的也是 8 位二进制数，但最高位置 0 用做校验，故最多可表示 128 个字符。

ASCII 码常用于计算机与外部设备的数据传输。如通过键盘的字符输入，通过打印机或显示器的字符输出。常用的 ASCII 码如表 1-2 所示。

表 1-2　常用的 ASCII 码

字符	ASCII 码	字符	ASCII 码	字符	ASCII 码	字符	ASCII 码
0	30H	A	41H	a	61H	SP(空格)	20H
1	31H	B	42H	b	62H	CR(回车)	0DH
2	32H	C	43H	c	63H	LF(换行)	0AH
⋮	⋮	⋮	⋮	⋮	⋮	BEL(响铃)	07H
9	39H	Z	5AH	z	7AH	BS(退格)	08H

注:为了便于书写和记忆,表中 ASCII 码已缩写成十六进制形式。完整的 ASCII 码表见附录 B。

应当注意,字符的 ASCII 码与其数值是不同的概念,例如,字符"9"的 ASCII 码是 0011 1001B(即 39H),而其数值是 0000 1001B(即 09H)。

在 ASCII 码字符表中,还有很多不可打印的字符,例如 CR(回车)、LF(换行)及 SP(空格)等,这些字符都称为控制字符。控制字符在不同的输出设备上可能会执行不同的操作(因为没有非常规范的标准)。

(二)BCD 码

十进制是人们在生活中最习惯的记数方式,人们通过键盘向计算机输入数据时,常用十进制输入。显示器向人们显示的数据也多为十进制形式。

计算机只能识别与处理二进制数。用 4 位二进制代码可以表示 1 位十进制数。这种用二进制代码表示十进制数的代码称为 BCD 码。常用的 8421BCD 码如表 1-3 所示。

表 1-3　8421BCD 码

十进制数	BCD 码	十进制数	BCD 码
0	0000B	5	0101B
1	0001B	6	0110B
2	0010B	7	0111B
3	0011B	8	1000B
4	0100B	9	1001B

BCD 码用 0000B ~ 1001B 代表十进制数 0 ~ 9,运算法则是逢 10 进 1。BCD 码每位的权分别是"8"、"4"、"2"、"1",故称为 8421BCD 码。

由于用 4 位二进制代码表示 1 位十进制数,所以采用 8 位二进制代码(1 个字节)就可以表示 2 位十进制数。这种用 1 个字节表示 2 位十进制数的代码,称为压缩的 BCD 码。相对于压缩的 BCD 码,用 8 位二进制代码表示的 1 位十进制数的编码称为非压缩的 BCD 码。这时高 4 位无意义,低 4 位是 BCD 码。可见,采用压缩的 BCD 码比采用非压缩的 BCD 码节省存储空间。应当注意,当 4 位二进制代码在 1010B ~ 1111B 范围时,则不属于 8421BCD 码的合法范围,称为非法码。2 个 BCD 码的运算可能出现非法码,这时就要对所得结果进行调整。

第二节　单片机初步认识

一、单片机的定义

单片微型计算机简称单片机,是在20世纪70年代初期发展起来的,它的产生、发展和壮大以及对国民经济的巨大贡献引起了人们的高度重视。单片机自问世以来,以其独特的结构和性能,越来越广泛地应用于工业、农业、国防、网络、通信以及人们日常工作、生活领域中。

单片机是在一块芯片上集成了中央处理器(CPU)、随机存储器(RAM)、只读存储器(ROM)、中断系统、定时/计数器和各种输入/输出(I/O)端口的不带外部设备的超微型计算机。

单片机主要应用于工业控制领域,用以实现各种测试和控制功能,为了强调其控制属性,单片机也称为微控制器(Micro-Controller Unit,MCU)。由于单片机在应用时通常作为核心部分嵌入到被控系统中,因此也称为嵌入式微控制器(Embedded Micro-Controller Unit,EMCU)。

二、单片机技术的发展及产品近况

(一)单片机的发展过程

单片机作为微型计算机发展中的一个重要分支,它的产生与发展和微处理器的产生与发展大体同步,主要分为4个阶段。

1. 第一阶段(1974~1978年):初级单片机阶段

该阶段以Intel(英特尔)公司的MCS-48为代表,该系列的单片机内集成有8位CPU、并行I/O接口、8位定时/计数器、RAM和ROM等。其最大的缺点是无串行I/O口,中断处理比较简单,而且片内RAM和ROM容量较小,寻址范围不大于4KB,但功能可满足一般工业控制和智能化仪器、仪表等的需要。

2. 第二阶段(1978~1983年):高性能单片机阶段

这个阶段推出的单片机品种多、功能强,典型代表是Intel公司的MCS-51系列。MCS-51系列单片机以其典型的结构和完善的总线专用寄存器集中管理,众多的逻辑位操作功能及面向控制的丰富的指令系统,为以后的其他单片机的发展奠定了基础。这个阶段的单片机均带有I/O接口,具有多级中断处理功能,16位的定时/计数器,片内RAM和ROM容量相对加大,寻址范围可达64KB,有的芯片内还带有A/D转换器接口。由于这类单片机的性价比高,所以仍然被广泛应用,是目前应用数量较多的单片机。

3. 第三阶段(1983~1990年):8位单片机的巩固和16位单片机推出阶段

此阶段的主要特征是一方面发展16位单片机及专用型单片机,另一方面不断完善高档8位单片机,改善其结构,增加片内器件,以满足不同的用户需要。16位单片机的典型产品如早期的Intel公司生产的MCS-96系列单片机,片内带有多通道10位逐次比较式A/D转换器和高速输入/输出部件(HIS/HSO),实时处理能力很强;再如,近些年TI(德州仪器)公司推出的MSP430系列微功耗的16位单片机,更是降低了功耗,可采用1.8~3.6 V电压供电,并集成了更丰富的片内资源。

4.第四阶段(1990年至今):微控制器的全面发展阶段

随着单片机在各个领域全面、深入地发展和应用,出现了高速、大寻址范围、强运算能力的8位、16位、32位通用型单片机以及小型低价的专用型单片机。32位单片机除具有更高的集成度外,其工作频率已达200 MHz,这使32位单片机的数据处理速度比16位单片机更快,性能比8位、16位单片机更加优越,能处理比较复杂的图形和声音数据等。

(二)单片机的发展趋势

单片机自问世以来,性能不断提高和完善,单片机技术正以惊人的速度向前发展,就市场上已出现的单片机而言,其技术革新与进步主要表现在以下几个方面。

1. CPU 的发展

(1)增加CPU的字长或提高时钟频率均可提高CPU的数据处理能力和运算速度。CPU的字长目前有8位、16位、32位。时钟频率高达20 MHz的单片机已出现。

(2)采用双CPU结构,以提高处理速度和处理能力。例如Rockwell(罗克韦尔)公司的R6500/21和R65C29单片机,由于片内有两个CPU能同时工作,可以更好地处理外围设备的中断请求,克服了单CPU在多重高速中断响应时的失效问题。同时,由于双CPU可以共享存储器和I/O接口的资源,还可更好地解决信息通信问题。

(3)增加数据总线宽度,以提高数据处理速度和处理能力。例如NEC(日本电气)公司的Mpd7800系列的8位单片机,其算术逻辑运算部件是16位,内部采用16位数据总线,其处理能力明显优于一般的单片机。

2. 存储器的发展

1)扩大存储容量

早期单片机的片内存储器容量,RAM一般为64~128B,ROM一般为1~2KB,寻址范围为4KB。新型单片机片内RAM为256B,ROM多达16KB。片内存储器容量的增大有利于外围扩展电路的简化,从而提高产品的稳定性,降低产品的成本。

2)片内 EPROM 开始 EEPROM 化

早期单片机片内EPROM(电可写、光可擦只读存储器)由于需要高压编程写入、紫外线擦除,给使用带来诸多不便。近年来推出的电擦除可编程只读存储器EEPROM可在正常电压下进行读写,并能在断电的情况下保持信息不丢失。例如TI公司的72710(1KB EEPROM)、72720(2KB EEPROM),Motorola(摩托罗拉)公司的68HC11A$_2$(2KB EEPROM)。由于写入EEPROM的数据能永久保存,因此有些厂家已开始将EEPROM用做片内ROM,甚至用做片内通用寄存器。这样就可以省去备用电池了。

3)闪速存储器

随着CMOS(互补金属氧化物半导体)工业的改进和发展,闪速存储器在不断发展和完善,应用越来越广,价格越来越低,闪存技术在各个领域得到应用。如ATMEL(爱特梅尔)公司将闪存技术应用到单片机中,生产出了带闪速存储器的AT89系列。

4)程序保密化

为了使片内EPROM内容不被复制,一些厂家对片内EPROM采用加锁技术。如Intel公司的8X252,加锁后的EPROM中的程序只能供片内CPU读取,不能从片外读取,否则必须先开锁,开锁时,CPU先自动擦除EPROM中的信息,从而达到程序保密的目的。

3. 片内输入/输出接口功能

最初的单片机,片内只有并行输入/输出接口、定时/计数器,它们的功能较弱,实际应用中往往需要通过特殊的接口扩展功能,从而增加了应用系统结构的复杂性。近年来,新型单片机内的接口,无论从类型和数量上都有了很大的发展。这不仅大大提高了单片机的功能,而且使系统的总体结构也大大简化了。

(1)增强并行 I/O 口的驱动能力,这样可减少外部驱动芯片。例如,有些单片机的并行 I/O 口,能直接输出大电流和高电压,可直接用于驱动荧光显示管、液晶显示器和数码显示管等,应用系统中不再需要外部驱动电路。

(2)增加 I/O 口的逻辑控制功能。大部分单片机的 I/O 口都能进行逻辑操作。中、高档单片机的位处理系统能够对 I/O 口进行位寻址及位操作,大大地加强了 I/O 口控制的灵活性。

(3)特殊的串行接口功能。有些单片机设置了一些特殊的串行接口功能,为构成网络化系统提供了方便条件。

4. 外围电路内装化

随着集成度的不断提高,新型单片机可以把众多的外围功能器件集成在片内,这也是单片机发展的重要趋势。除一般必须具有的 ROM、RAM、定时/计数器、中断系统外,随着单片机档次的提高,以适应检测、控制功能更高的要求,片内集成的部件还有模/数(A/D)转换器、数/模(D/A)转换器、声音发生器、频率合成器、字符发生器、脉宽调制器和译码驱动器等。

随着集成电路集成度的不断提高,能装入片内的外围电路也可以是大规模的,可把所需的外围电路全部转入单片机内,即系统的单片机化是当前单片机发展的重要趋势。

5. 制造工艺上的提高

单片机的制造工艺直接影响其性能。目前,8 位单片机有半数以上的产品已 CMOS 化。采用 CMOS 工艺的单片机,其工作电源范围较宽。如用 NMOS(金属氧化物半导体)工艺的单片机,工作电源一般为 4.5~5.5 V,采用 CMOS 工艺的单片机,如 RCA(美国无线电)公司的 CDP1804AC 为 4~6.5 V。功耗大小与电源电压成正比,所以降低电源电压即可降低功耗,但是降低电压会减慢指令执行速度,即降低单片机的运算速度。因此,一般希望在一定速度的前提下,尽量降低工作电压,减小功耗。

纵观单片机几十年的发展历程,单片机将向多功能、高性能、高速度、低电压、低功耗、低价格、外围电路内装化以及片内存储容量增加和 Flash(闪烁型快写)存储器化方向发展。

随着单片机技术的不断发展,新型单片机还将不断涌现,当前单片机的产量占整个微机(包括一般的微处理器)产量的 80% 以上。在我国,低档 8 位单片机于 20 世纪 80 年代就开始应用,目前已转向高档 8 位单片机的应用,也有不少单位已转向 16 位、32 位单片机的开发和应用。今后单片机的功能将更强、集成度和可靠性更高,而功耗将更低,使用更方便。

(三)单片机产品近况

从单片机诞生至今,已有上百家生产厂商加入到单片机的生产和研发行列,产品型号不断增加,品种不断丰富,功能不断增强,使用户有较大的选择余地。美国的 Intel 公司是最早推出单片机的公司之一,以 MCS-51 系列单片机为代表。世界许多厂商丰富和发展了 MCS-51 系列单片机,如 PHILIPS(飞利浦)、ATMEL、LG(韩国乐金公司)、NEC、华邦等著名的半导体公司都推出了与 MCS-51 系列单片机兼容的单片机产品,使单片机产品获得了飞速的发展。

近年来推出的与 MCS – 51 系列单片机兼容的主要产品有:

- ATMEL 公司融入 Flash 存储器技术推出的 AT89 系列单片机;
- PHILIPS 公司推出的 P89 系列高性能单片机;
- ADI(美国模拟器件)公司推出的 ADuC8xx 系列高精度 ADC 单片机;
- LG 公司推出的 GMS90/97 系列低压高速单片机;
- SST(超捷)公司推出的 SST89 系列单片机;
- MAXIM(美信)公司推出的 DS89C420 高速(50 MIPS)单片机;
- 华邦公司推出的 W78 系列高速低价单片机等。

就其应用情况看,51 系列单片机在市场上占有 50% 以上的份额,多年来国内一直以其作为教学的主要机型。因此,本书仍以 51 系列单片机为例,讲解单片机原理及应用技术。在 51 系列单片机中,ATMEL 公司的 AT89S51 在国内市场占有较大的份额,与其配套的仿真器及教学设备也很多,本书在介绍具体单片机应用时选用 AT89S51 单片机。

随着单片机技术的发展,目前市场上已经出现了高速、大寻址范围、强运算能力的 8 位、16 位、32 位通用型单片机。

三、单片机的特点及应用领域

(一)单片机的特点

随着现代科技的发展,单片机的集成度越来越高,它将微型计算机的主要部件都集成在一块芯片上,因此具有如下特点。

1. 体积小、质量轻、价格低、易于产品化

每片单片机芯片即是一台完整的微型计算机。对于大批量的专用场合,一方面可以在众多的单片机品种间进行匹配选择,同时还可以专门进行芯片设计,使芯片功能与应用具有良好的对应关系。它能方便地组装成各种智能测控设备及各种智能仪器仪表,且易于产品的升级。

2. 抗干扰能力强,可靠性高

由于 CPU、存储器及 I/O 端口集成在同一芯片内,各部件间的连接紧凑,数据在传送时受干扰的影响较小,且不容易受环境条件的影响,所以单片机的可靠性非常高。

3. 控制功能强,运行速度快

单片机是为满足工业控制要求设计的,所以实时控制功能特别强,其 CPU 可以对 I/O 端口直接进行操作,位操作能力更是其他计算机无法比拟的,可以很方便地实现多级和分布式控制系统。

(二)应用领域

由于单片机具有良好的控制性能和灵活的嵌入品质,其应用技术已经渗透到人们生活的各个方面,特别是嵌入式应用已经成为计算机应用的主流。据统计,全世界的大规模集成电路有 80% 用于嵌入式应用中。目前,单片机主要应用领域分成以下几个方面。

1. 家用电器

家用电器是单片机的重要应用领域之一,前景广阔,如微波炉、电视机、电饭煲、空调、冰箱、洗衣机等。家用电器配上单片机后,提高了智能化程度,增加了功能,使生活更加方便、舒适。

2. 交通领域

在交通领域中,汽车、火车、飞机、航天器等方面均有单片机的广泛应用,如红绿灯、汽车

自动驾驶系统、航天测控系统等。

3. 智能仪器仪表

单片机用于各种仪器仪表,一方面提高了仪器仪表的使用功能和测量精度,使仪器仪表智能化,同时还简化了仪器仪表的硬件结构,从而可以方便地完成仪器仪表产品的升级换代。如各种智能电气测量仪表、智能传感器等。

4. 机电一体化产品

机电一体化产品是指集机械技术、微电子技术、自动化技术和计算机技术于一体,具有智能化特征的各种机电产品。单片机在机电一体化产品的开发中可以发挥巨大的作用。典型产品如机器人、数控机床、自动包装机、医疗设备、复印机等。单片机的出现促进了机电一体化的发展进程,它作为机电产品的控制器,能充分发挥其体积小、可靠性高、控制能力强、现场安装灵活方便等特点,可大大提高产品的自动化、智能化水平。

5. 实时工业控制

单片机还可以用于各种物理量的采集与控制,如电压、电流、温度、液位、流量等物理参数的采集和控制均可以利用单片机方便地实现。在这类系统中,利用单片机作为系统控制器,可以根据被控对象的不同特征采用不同的智能算法,实现期望的控制指标,从而提高生产效率和产品质量。典型应用如电机转速控制、报警系统控制、电镀生产线等。

6. 分布式多机系统

在比较复杂的系统中,常采用分布式多机系统。多机系统一般由若干台功能各异的单片机组成,各自完成特定的任务,它们通过串行通信相互联系、协调工作。单片机在这种系统中往往作为一个终端机,安装在系统的某些节点上,对现场信息进行实时的测量和控制。单片机的高可靠性和强抗干扰能力,使它可以置于恶劣环境的前端工作。

综上所述,单片机在很多领域都得到了广泛的应用。一方面,单片机已成为计算机发展和应用的一个重要方面。另一方面,单片机应用的重要意义还在于,它从根本上改变了传统的控制系统设计思想和设计方法。以前必须由模拟电路或数字电路实现的大部分功能,现在已能用单片机通过软件方法来实现了。这种软件代替硬件的控制技术也称为微控制技术,是对传统控制技术的一次革命。

第三节　单片机应用实例

单片机以其独特的性能,已广泛应用于生产生活的各个领域。本节以篮球比赛中的计分器为例,讲解 AT89S51 单片机的一个应用项目的设计过程。这只是一个非常小的应用项目,电路比较简单,功能也比较简单,程序规模也不大,所以设计起来也较容易。

在篮球比赛过程中,根据比赛得分情况(得 1 分、2 分、3 分),分别通过 3 个计分按键进行加分(加 1 分、2 分、3 分),当前总分值通过两个数码管显示出来。如计分错误(多加分数)可通过第 4 个按键进行减分,每按一次按键减 1 分。在此计分器的基础上,稍加修改可设计成其他比赛用的计分器。

一、电路设计

P0 口接四个计分按键,P1 口、P3 口接分数显示数码管,其中 P1 口所接数码管显示分数的十位,P3 口所接数码管显示分数的个位。当比赛队得 1 分时,按下 S1 键加 1 分;得 2 分时,按下 S2 键加 2 分;得 3 分时,按下 S3 键加 3 分;如分数记错需减分,每按一次 S4 键减 1 分。设计的电路原理图如图 1-1 所示。

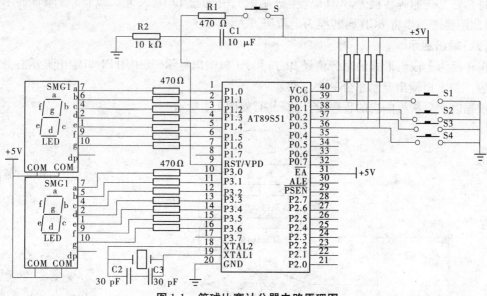

图 1-1 篮球比赛计分器电路原理图

二、程序设计

程序设计时,首先读取按键状态,判断是否有键按下;当确认有键按下后,再进行键盘扫描,判断按下的是哪个键,执行相应的按键功能;然后等待按键释放,以确保每按一次按键只进行一次处理;将总分转换为十进制数,再通过查表方法转换为七段码,经 P1 口和 P3 口输出,驱动数码管显示。

(一)初始化

将用于存放总分的寄存器 R0 清零,将七段码表首地址送数据指针寄存器 DPTR。

(二)判断是否有键按下

将 P0 口的值读入,即读取按键状态。因本电路中只用到了接于 P0 口低 4 位的 4 个按键,所以要将读入的 P0 口的高 4 位屏蔽,只取出其低 4 位。然后判断是否有键按下,如没有,则继续读取 P0 口值,等待按键;如有键按下,则调用延时程序以消除按键抖动。

(三)判断是否真正有键按下

消除按键抖动后,再次读取按键状态,判断是否真正有按键按下。如第二次判断没有按键按下,则该次按键为干扰引起的误读操作,重新读取按键状态;如第二次判断为有键按下,则可确认是一次真正的按键操作。

(四)判断被按键号

当判断确有键按下时,进行键盘扫描,判断是哪个键被按下。

(五)按键功能执行

根据按键功能情况执行相应的按键功能,即前面分析的加、减分方式。

(六)等待按键释放

按键功能执行完毕后,等待按键释放,以确保按键一次,执行一次按键功能操作。

(七)数制转换

将总分二进制码转换为 BCD 码(十进制数),并通过 LED(发光二极管)数码管显示出来,因此还要进一步将 BCD 码转换为七段码。

(八)输出显示

将转换为七段码形式的总分值经 P1 口和 P3 口输出显示,其中用 P1 口输出显示总分的十位数,用 P3 口输出显示总分的个位数。

根据以上分析绘制出的程序设计流程图,如图 1-2 所示。

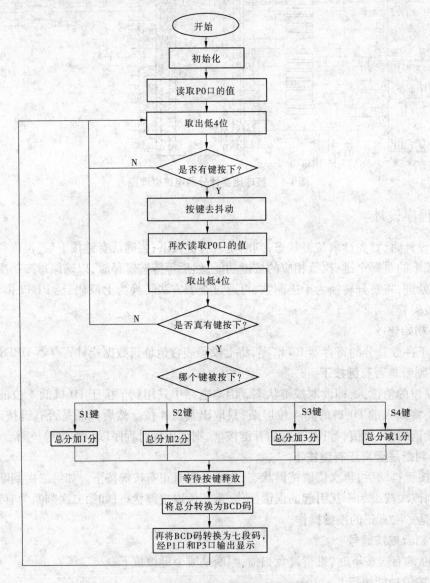

图 1-2 篮球比赛计分器程序流程图

三、仿真调试运行

单片机应用电路设计制作和程序编制完成后,就要将所设计的硬件电路和编写的程序用仿真器进行仿真调试运行。如有不正确或未满足设计任务要求的地方,则要进行修改,修改后再进行仿真调试运行,直至完全满足设计任务要求为止。

四、下载脱机运行

当程序用仿真器在硬件电路上仿真通过后,下一步工作就是将程序的目标代码下载到单片机的程序存储器中,然后进行脱机运行。

本章小结

常用的计数制有二进制、十进制和十六进制。单片机只能识别和处理二进制数,但是二进制数书写起来太长,且不便于阅读和记忆,所以通常二进制数都采用十六进制数来缩写,然而人们最熟悉、最常用的是十进制数。为此,要熟练掌握二进制数、十进制数、十六进制数的表示方法及它们之间的转换。

微型计算机中常用的二进制编码形式有 BCD 码和 ASCII 码两种。ASCII 码是一种字符编码,是美国标准信息交换代码的简称,常用于计算机与外部设备的数据传输。BCD 码是用 4 位二进制代码表示 1 位十进制数。BCD 码用 0000B ~ 1001B 代表十进制数 0 ~ 9,逢 10 进 1。BCD 码每位的权分别是"8"、"4"、"2"、"1",故称为 8421BCD 码。

单片微型计算机简称单片机,是在一块芯片上集成了中央处理器(CPU)、随机存储器(RAM)、只读存储器(ROM)、中断系统、定时/计数器和各种输入/输出(I/O)端口的不带外部设备的超微型计算机。它具有体积小、价格低、可靠性高、控制功能强和易于嵌入式应用等特点,适合于智能仪器仪表和工业测控系统的前端装置。

单片机作为微型计算机发展中的一个重要分支,它的产生与发展和微处理器的产生与发展大体同步,主要分为 4 个阶段:初级单片机阶段、高性能单片机阶段、8 位单片机的巩固和 16 位单片机推出阶段、微控制器的全面发展阶段。单片机自问世以来,性能不断提高和完善,单片机将向多功能、高性能、高速度、低电压、低功耗、低价格、外围电路内装化和网络化方向发展。

单片机是为满足工业控制要求而设计的,具有良好的实时控制和灵活的嵌入品质,近年来在家用电器、智能仪器仪表、机电一体化产品、实时工业控制和分布式多机系统等领域都获得了广泛的应用。

思考题及习题

1. 计算机中最常用的字符信息编码是_____。

2. 69 = _____ B,10111110B = _____ H = _____ D,118 = _____ H。

3. 86 = _____ BCD,11010011B = _____ BCD。

4.什么叫单片机,单片机的特点有哪些?

5.单片机的发展过程分为几个阶段?

6.简述单片机的发展趋势。

7.51系列单片机主要有哪些产品?

8.单片机主要应用于哪些领域?

第二章　AT89S51 单片机的硬件结构组成及工作原理

本章主要内容

本章是本书的重点内容。本章重点介绍 AT89S51 单片机的基本组成和工作原理,通过介绍 AT89S51 单片机内部硬件结构、引脚功能、存储器结构、I/O 接口、复位与时钟电路等,使读者对 AT89S51 单片机的硬件资源及各种应用特性有较为详细的了解,为后续单元的学习和正确灵活的应用打下坚实的基础。

任务一　单片机应用系统演示

1. 任务目的

教师现场演示单片机简单的应用实例,让学生对单片机及其应用系统有一个感性的认识,激发学生学习单片机的兴趣,通过实例演示使学生了解以下几个方面:

(1)了解单片机开发系统基本组成、功能和使用方法;

(2)了解单片机最小应用系统构成和单片机的基本工作过程;

(3)了解单片机的指令、编程方法、运行环境和执行过程;

(4)了解并行输入/输出方式的使用方法。

2. 任务内容

每按一次按键,8 只发光二极管亮灯数据左移一位。P0.0 作输入口接一按键 S1,P1 口作输出口驱动 8 只发光二极管。8 只发光二极管采用共阳极连接,即 8 只发光二极管正极通过一个 470 Ω 电阻接到 +5 V 电源,负极接到 P1 口的 8 个引脚。当 P1 口某位输出"0"(低电平)时,由其提供的电流驱动对应的发光二极管点亮。按键左移亮灯电路如图 2-1 所示。

3. 任务演示

通过 Proteus(使用方法见附录 D)或直接在实验板上演示,查看效果。

第一节　AT89S51 单片机内部结构

一、AT89S51 单片机内部结构组成

AT89S51 是一个低功耗、高性能的 8 位单片机,片内含 4KB 的可反复擦写 1 000 次的 Flash ROM(闪烁型快写程序存储器),支持系统内编程,在系统开发时可以十分容易地进行程序修改。器件采用 ATMEL 公司的高密度、非易失性存储技术制造,兼容标准 MCS – 51 指

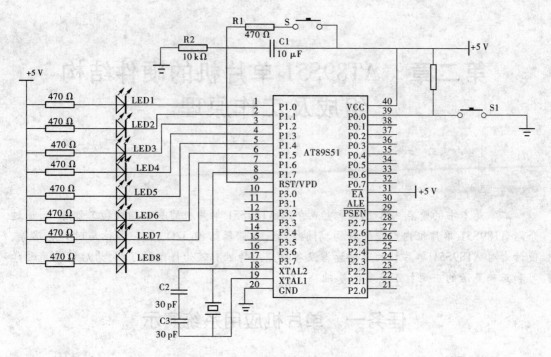

图 2-1　按键左移亮灯电路原理图

令系统及 80C51 引脚结构,芯片内集成了通用 8 位中央处理器和 ISP Flash(在系统可编程闪速)存储单元,功能强大的 AT89S51 可为许多嵌入式控制应用系统提供高性价比的解决方案。其内部结构如图 2-2 所示。

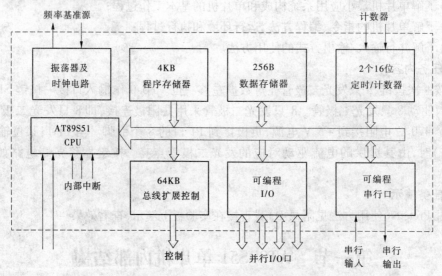

图 2-2　AT89S51 单片机内部结构框图

分析图 2-2,并按其功能部件进行划分,可以看出 AT89S51 系列单片机是由如下 8 大部分组成的:

(1)1 个 8 位中央处理器 CPU。CPU 是单片机内部最核心的部分,它是单片机的大脑和心脏,主要功能是产生各种控制信号,控制存储器、输入/输出端口的数据传送、数据的算术运算及微操作处理等。

(2)1 个片内振荡器及时钟电路。时钟电路给单片机正常工作提供时钟脉冲信号。

(3)256B 的片内数据存储器 RAM。片内数据存储器用于存放数据、运算的中间结果等。

(4)4KB 的 Flash ROM 片内程序存储器(存储器容量因型号而异)。片内含 4KB 的 Flash ROM,支持系统内编程,用于存放程序、原始数据和表格等。

(5)4 个 8 位并行输入输出 I/O 接口:P0 口、P1 口、P2 口、P3 口(共 32 线),用于接收外部设备信息或输出信息给外部设备。

(6)1 个串行 I/O 接口,用于单片机与其他微机之间的串行通信。

(7)2 个(AT89S52 子系列为 3 个)16 位的定时/计数器,实现定时或计数功能。

(8)1 个具有 5 个(AT89S52 子系列为 6 个或 7 个)中断源,可编程为 2 个优先级的中断系统。它可以接收外部中断申请、定时/计数器中断申请和串行口中断申请,实时处理外部紧急事件,提高 CPU 的效率和处理故障的能力。

各功能部件由内部总线连接在一起。图 2-2 中 4KB 的 Flash ROM 用 ROM 代替即为 8051 系列单片机,用 EPROM 代替即为 8751 系列单片机,去掉 ROM 部分即为 8031 系列单片机的结构图。

二、中央处理器 CPU

中央处理器是整个单片机的核心部件,是 8 位的微处理器,能处理 8 位二进制数据或代码。CPU 主要由运算器、控制器两大部分组成,负责控制、指挥和调度整个单片机系统协调工作,完成运算和控制功能等操作。

运算器主要由算术逻辑运算单元 ALU(Arithmetic and Logic Unit)、位处理器、累加器 ACC(A)、寄存器 B、暂存寄存器、程序状态字寄存器 PSW 及专门用于位操作的布尔处理机等组成。运算器的功能是实现数据的算术运算、逻辑运算、位变量处理和数据传送等操作。

AT89S51 的 ALU 功能极强,不仅可以实现 8 位数据的加、减、乘、除、加 1、减 1 及 BCD 加法的十进制调整等算术运算和与、或、异或、求补等逻辑运算,同时还具有一般微处理器不具备的位处理功能,对位变量进行如置位、清零、求补及与、或等操作。

控制器是单片机的指挥中心,是用来指挥控制的部件。控制器主要由程序计数器 PC (Program Counter)、指令寄存器 IR、指令译码器 ID、堆栈指针 SP(Stack Pointer)、数据指针 DPTR、振荡器、定时与控制电路、中断控制、串行口控制等构成。它以主频率为基准产生时钟信号,控制取指令、执行指令、存取操作数或运算结果等操作,并向其他部件发出各种微控制信号,保证单片机各部分能自动协调地工作。

(一)程序计数器 PC

程序计数器 PC 是一个 16 位的具有自动加 1 功能的专用寄存器,用于存放 CPU 将要执行的下一条指令的地址。CPU 根据 PC 中的地址到 ROM 中去读取指令,并送给指令寄存器。每取 1 个字节的内容,程序计数器 PC 就自动加 1,在取完这条指令后,PC 中的内容就是下一条要执行的指令所存放的存储单元的首地址了。PC 本身没有地址,因而是不可以寻址的,用户不能对它进行读和写,但可以通过分支、转移、调用、中断、复位等操作指令改变 PC 中的内容,以控制程序按用户要求去执行。单片机上电或复位时,PC 自动清零,即转入地址 0000H,这就保证了单片机上电或复位后,程序从 0000H 地址开始执行。

(二)指令寄存器 IR、指令译码器 ID 和定时与控制电路

指令寄存器 IR 用来暂时存放 CPU 根据 PC 地址从程序存储器中读出的指令操作码。CPU 执行指令时,由程序存储器中读取的指令代码送入指令寄存器,经指令译码器 ID 译码后由定时与控制电路发出相应的控制信号,完成指令功能。

(三)数据指针寄存器 DPTR

数据指针寄存器 DPTR 是一个 16 位的专用寄存器,由高位字节寄存器 DPH 和低位字节寄存器 DPL 两个 8 位的特殊功能寄存器组成。既可作为一个 16 位寄存器 DPTR 来使用,也可作为两个独立的 8 位寄存器 DPH 和 DPL 使用。DPTR 主要用来存放 16 位地址,对 64KB 外部数据存储器空间寻址时,作为间址寄存器用;在访问程序存储器时,用做基址寄存器。

(四)堆栈指针 SP

堆栈是指在内存 RAM 区专门开辟出来的用来临时存储某些数据信息的存储器专用区,由一组地址连续的存储单元组成。在对堆栈操作时,必须给出堆栈栈顶单元的地址。在 AT89S51 单片机中有一个称为堆栈指针的特殊功能寄存器 SP,用它存储堆栈栈顶单元的地址,它是一个 8 位的特殊功能寄存器。

堆栈操作主要用于子程序调用及返回和中断处理断点的保护及返回,它在完成子程序嵌套和多重中断处理中是必不可少的。为保证逐级正确返回,进入栈区的"断点"数据应遵循"先进后出"的原则。

在进行操作之前,先用指令给 SP 赋值,以规定栈区在 RAM 区的起始地址(栈底)。当数据被压入堆栈,SP 的值自动加 1;当数据从堆栈弹出,SP 的值自动减 1。单片机复位后,SP 的值为 07H。在程序设计时,可以用指令对 SP 的值进行修改。

第二节　AT89S51 单片机的外部结构

一、AT89S51 单片机的引脚功能

AT89S 系列单片机芯片均为 40 个引脚,采用 HMOS(高密度金属氧化物半导体)工艺制造的芯片采用双列直插(DIP)方式封装,其引脚示意及功能分类如图 2-3 所示。采用 CMOS 工艺制造的低功耗芯片也有采用方形封装的,但为 44 个引脚,其中 4 个引脚是不使用的。由于受到引脚数目的限制,部分引脚有两种功能。在引脚功能介绍中用"/"区分。

40 个引脚分为 3 大类。

(一)电源及时钟引脚(4 个)

VCC(40 脚):接 +5 V 电源。

GND(20 脚):接电源地。

XTAL1(19 脚):接外部石英晶体振荡器(简称晶振)的一端。在单片机内部,它是一个反相放大器的输入端,这个放大器构成了片内振荡器。当采用外部时钟时,对于 HMOS 型单片机,该引脚接地;对于 CHMOS(互补高密度金属氧化物半导体)型单片机,该引脚作为外部振荡信号的输入端。

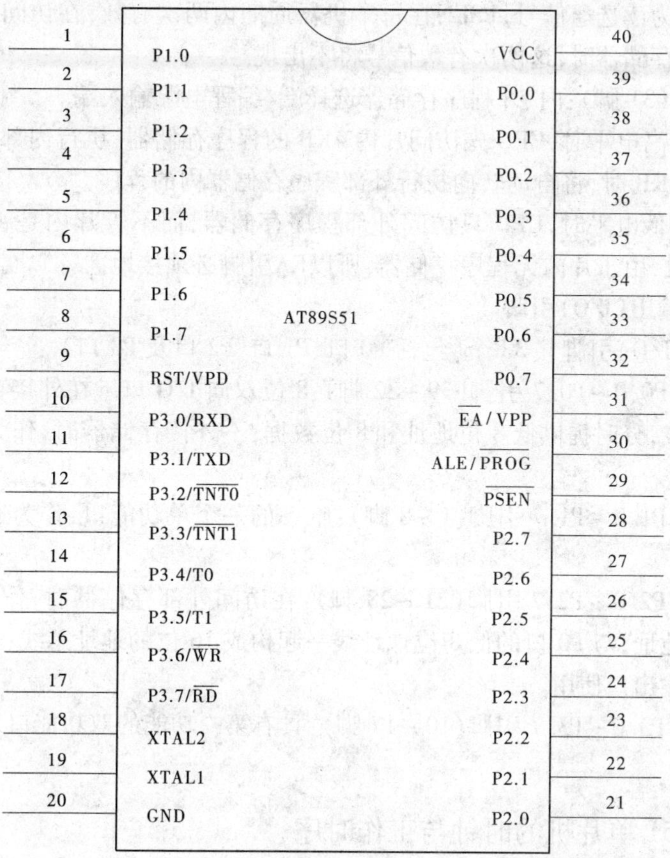

```
           ┌─────────────────────────────┐
    1 ──────┤ P1.0                    VCC  ├────── 40
    2 ──────┤ P1.1                    P0.0 ├────── 39
    3 ──────┤ P1.2                    P0.1 ├────── 38
    4 ──────┤ P1.3                    P0.2 ├────── 37
    5 ──────┤ P1.4                    P0.3 ├────── 36
    6 ──────┤ P1.5                    P0.4 ├────── 35
    7 ──────┤ P1.6                    P0.5 ├────── 34
    8 ──────┤ P1.7        AT89S51      P0.6 ├────── 33
    9 ──────┤ RST/VPD                 P0.7 ├────── 32
   10 ──────┤ P3.0/RXD             EA/VPP  ├────── 31
   11 ──────┤ P3.1/TXD           ALE/PROG  ├────── 30
   12 ──────┤ P3.2/INT0             PSEN   ├────── 29
   13 ──────┤ P3.3/INT1              P2.7  ├────── 28
   14 ──────┤ P3.4/T0               P2.6  ├────── 27
   15 ──────┤ P3.5/T1               P2.5  ├────── 26
   16 ──────┤ P3.6/WR               P2.4  ├────── 25
   17 ──────┤ P3.7/RD               P2.3  ├────── 24
   18 ──────┤ XTAL2                 P2.2  ├────── 23
   19 ──────┤ XTAL1                 P2.1  ├────── 22
   20 ──────┤ GND                   P2.0  ├────── 21
           └─────────────────────────────┘
```

图 2-3　AT89S51 单片机引脚图

XTAL2(18 脚):接外部石英晶体振荡器的另一端。在单片机内部,接至片内振荡器的反相放大器的输出端。当采用外部时钟时,对于 HMOS 型单片机,该引脚作为外部振荡信号的输入端;对于 CHMOS 型单片机,该引脚悬空不接。

(二)控制引脚(4 个)

控制引脚有 RST/VPD、ALE/PROG、PSEN和EA/VPP。

(1)RST/VPD(9 脚):复位信号输入端/备用电源输入端。

RST 是复位信号输入端,单片机上电后,时钟电路开始工作,当 RST 引脚上出现 2 个机器周期以上的高电平时,就可以完成复位操作。

VPD 为备用电源输入端,当 VCC 发生故障,降低到低电平规定值以下或掉电时,该引脚可接上备用电源 VPD(+5 V)为内部 RAM 供电,以保证 RAM 中的数据不丢失。

(2)ALE/PROG(30 脚):地址锁存允许信号输出端/编程脉冲输入端。

当访问外部存储器时,ALE 以每个机器周期两次的信号输出,用于锁存 P0 口输出的低 8 位地址。当不访问外部存储器时,ALE 端将有一个 1/6 振荡器频率的正脉冲信号输出,这个信号可以用于识别单片机时钟电路是否工作,也可以当做时钟信号向外输出。

在对片内程序存储器编程时,PROG作为编程脉冲输入引脚,低电平有效。

(3)PSEN(29 脚):片外程序存储器读选通控制信号端。当访问片外程序存储器时,输出负脉冲信号作为读选通信号,$\overline{PSEN}$在每个机器周期内两次有效;在访问外部数据存储器或访问内部程序存储器时,这两次有效信号将不出现。

(4) $\overline{EA}$/VPP(31 脚):内、外程序存储器选择端/编程电源输入端。

当$\overline{EA}$引脚接高电平时,CPU 先访问片内 4KB 的程序存储器,执行内部程序存储器的指令,当地址超过 4KB 时,将自动转向执行外部程序存储器内的程序。

当$\overline{EA}$引脚接低电平时,CPU 只访问外部程序存储器,而不管片内是否有程序存储器。对于 8031 单片机,由于片内无程序存储器,所以$\overline{EA}$引脚必须接地。

(三)输入/输出(I/O)引脚

输入/输出(I/O)引脚共 32 个(包括 P0 口、P1 口、P2 口及 P3 口)。

(1) P0 口的 P0.0 ~ P0.7 引脚(39 ~ 32 脚):8 位双向 I/O 口。在外接存储器时,作为地址/数据复用总线,分时提供低 8 位地址和 8 位数据;不外接存储器时,作为通用输入/输出口使用。

(2) P1 口的 P1.0 ~ P1.7 引脚(1 ~ 8 脚):唯一的一个单功能口,作为通用的数据输入/输出口。

(3) P2 口的 P2.0 ~ P2.7 引脚(21 ~ 28 脚):在访问外部存储器时,作为高 8 位地址总线,提供高 8 位地址,与 P0 口的低 8 位地址线一起构成 16 位的地址总线;不外接存储器时,作为通用输入/输出口使用。

(4) P3 口的 P3.0 ~ P3.7 引脚(10 ~ 17 脚):具有第二功能的双功能口,具体介绍见本章第四节。

二、AT89S51 单片机的时钟与工作时序

(一)时钟电路

单片机的工作过程是:从程序存储器中取一条指令代码,译码,执行指令所规定的操作,完成后再取下一条指令代码,译码,执行指令所规定的操作,这样自动地、一步一步地完成相应指令规定的功能。单片机执行指令的一系列动作都是在时钟脉冲信号的控制下一拍一拍地有序进行的。

AT89S51 单片机的时钟信号通常由两种方式产生,一种是内部时钟方式,另一种是外部时钟方式。内部时钟方式如图 2-4 所示。在单片机内部有一个高增益反向放大器,这个反向放大器的作用是构成振荡器,引脚 XTAL1 和 XTAL2 分别是放大器的输入和输出端。在芯片外部通过这两个引脚跨接石英晶体振荡器和微调电容,形成反馈电路,就构成了稳定的自激振荡器,并在单片机内部产生振荡时钟脉冲信号。振荡器的频率主要取决于晶体的振荡频率,振荡频率范围通常是在 1.2 ~ 12 MHz 间选取,典型值为 6 MHz 和 12 MHz。晶体振荡频率高,则系统的时钟频率也高,单片机的运行速度也就越快。图 2-4 中电容 C1、C2 起稳定频率和快速起振的作用,电容值一般为 5 ~ 30 pF。内部时钟方式所得的时钟信号比较稳定,实用电路中使用较多。

需要注意:振荡电路产生的振荡脉冲并不直接使用,而是经过一个时钟发生器二分频后作为系统的时钟信号。

外部时钟方式是把已有的时钟信号引入到单片机内。此方式常用于多片 AT89S51 单片机同时工作,以便于各单片机的同步。对 HMOS 型单片机,将 XTAL1 接地,外部时钟信号

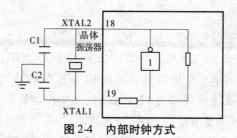

图 2-4　内部时钟方式

从 XTAL2 输入,如图 2-5 所示;对于 CHMOS 型单片机,外部时钟信号从 XTAL1 输入,XTAL2悬空,如图 2-6 所示。

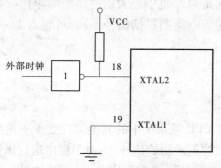

图 2-5　HMOS 型单片机外部时钟方式接法

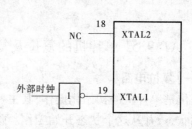

图 2-6　CHMOS 型单片机外部时钟方式接法

(二)时序

所谓时序,是指在指令执行过程中,CPU 的控制器所发出的一系列特定的控制信号在时间上的相互关系。为了说明信号的时间关系,需要定义定时单位。AT89S51 的时序定时单位共有 4 个,从小到大依次是拍节、状态、机器周期和指令周期,如图 2-7 所示。

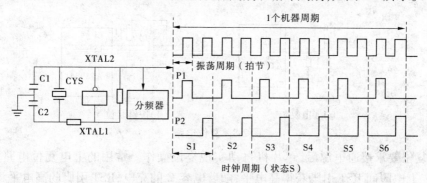

图 2-7　单片机的时序定时单位

1. 拍节与状态

把给单片机提供定时信号的振荡脉冲的周期(振荡周期)定义为拍节(用"P"表示)。振荡脉冲经过二分频后,就是单片机的时钟信号,把时钟信号的周期(时钟周期)定义为状态(用"S"表示)。这样一个状态就包含两个拍节,其前半个周期对应的拍节叫拍节 1(P1),后半个周期对应的拍节叫拍节 2(P2)。

2. 机器周期

AT89S51 单片机有固定的机器周期。规定一个机器周期的宽度为 6 个状态,并依次表示为 S1 ~ S6。由于一个状态又包括两个拍节,因此一个机器周期总共有 12 个拍节,分别记作 S1P1,S1P2,…,S6P2。由于一个机器周期共有 12 个振荡脉冲周期,因此机器周期就是振荡脉冲的十二分频。当振荡脉冲频率为 12 MHz 时,一个机器周期为 1 μs,当振荡脉冲频率为 6 MHz 时,一个机器周期为 2 μs。

1 个机器周期 =6 个时钟周期 =12 个振荡周期

3. 指令周期

执行一条指令所需要的时间称为指令周期,它是单片机中最大的时序定时单位。指令周期以机器周期的数目来表示,AT89S51 单片机的指令周期根据指令不同,可包含 1 ~ 4 个机器周期。

三、AT89S51 单片机的复位及复位电路

(一) 复位电路

复位是单片机的初始化操作,其主要作用是使 CPU 或系统中的其他部件处于一个确定的初始状态,并从这个状态开始工作。除进入系统的正常初始化外,当由于程序运行出错或操作错误使系统处于死锁状态时,为摆脱困境,也需按复位键重新启动,因而复位是一个很重要的操作。但单片机一般不能自动进行复位,必须配合相应的外部电路才能实现。AT89S51 单片机第 9 脚 RST 为外部复位信号的输入端,只要在 RST 引脚上连续保持 2 个机器周期以上的高电平就可以完成复位操作(一般复位正脉冲宽度大于 10 ms)。如果 RST 持续为高电平,单片机就处于循环复位状态。

在实际应用中,常有上电复位和按键复位两种形式,如图 2-8 所示。

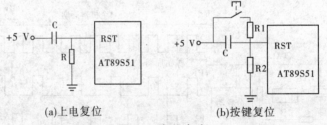

(a)上电复位　　　　(b)按键复位

图 2-8　复位电路

上电复位要求接通电源后,单片机自动实现复位操作。常用的上电复位电路如图 2-8(a)所示。上电瞬间 RST 引脚获得高电平,随着电容 C 的充电,RST 引脚的高电平将逐渐下降。只要保证 RST 为高电平的时间大于 2 个机器周期,单片机就能实现复位操作。

按键复位电路如图 2-8(b)所示。按键复位要求在电源接通的条件下,在单片机运行期间,用按键完成复位操作。按下复位按钮,电容 C 通过电阻 R1 迅速放电,使 RST 端迅速变为高电平;复位按钮松开后,电容 C 通过 R2 和内部下拉电阻充电,逐渐使 RST 端恢复低电平,单片机开始正常工作。

复位电路虽然简单,但其作用非常重要。一个单片机系统能否正常运行,首先要检查是否能复位成功。对于只有上电复位的复位电路,快速判断 CPU 复位电路是否故障可以采取强制复位的方法,将复位端瞬时接电源正端,如果此时 CPU 恢复工作,说明复位电路有故

障。对于有按键复位的复位电路,按下复位键,测量复位端是否有高电平产生,以此来判断复位电路工作是否正常。

(二)复位后的状态

单片机的复位操作使单片机进入初始化状态。初始化后,程序计数器 PC = 0000H,所以程序从 0000H 地址单元开始执行。单片机启动后,片内 RAM 为随机值,运行中的复位操作不改变片内 RAM 中的内容。

特殊功能寄存器复位后的状态是确定的,见表 2-1。

表 2-1 复位后内部寄存器的状态

寄存器	复位状态	寄存器	复位状态
PC	0000H	TMOD	00H
A	00H	TCON	00H
B	00H	TH0	00H
PSW	00H	TL0	00H
SP	07H	TH1	00H
DPTR	0000H	TL1	00H
P0 ~ P3	FFH	SCON	00H
IP	xx00 000B	SBUF	xxH
IE	0xx0 000B	PCON	0xxx 0000B

第三节 AT89S51 单片机的存储器结构

存储器用于存放程序和数据。存储器由若干个存储单元组成,每个存储单元能存放 1 个 8 位的二进制数(即 1 个字节),每个存储单元都有一个编号(称为地址);当数据多于 8 位时,就需要多个单元存放。

存储器按存储方式可以分成两大类,一类为随机存储器(RAM),另一类为只读存储器(ROM)。在 CPU 运行过程中可以对随机存储器 RAM 随时进行数据的写入和读出,RAM 中的信息在关闭电源后会丢失,是易失性的存储器件,所以只能用来存放暂时性的输入/输出数据、运算的中间结果等。RAM 也因此常被称为数据存储器。而只读存储器 ROM 是一种写入数据后不能改写只能读出的存储器。在断电后,ROM 中的信息保留不变,所以 ROM 用来存放固定的程序或数据,如系统中的管理程序、常数、表格等,ROM 因此常被称为程序存储器。

单片机的存储器结构有两种形式:普林斯顿结构和哈佛结构,如图 2-9 所示。

普林斯顿结构的特点是只有一个地址空间,程序存储器 ROM 和数据存储器 RAM 安排在这一地址空间的不同区域,一个地址对应唯一的一个存储器单元,CPU 访问 ROM 和访问 RAM 用相同的访问指令。如 16 位 96 系列单片机采用这种结构。

哈佛结构的特点是将程序存储器 ROM 和数据存储器 RAM 分别安排在两个不同的地

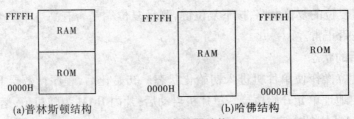

(a)普林斯顿结构　　　　　　　　　(b)哈佛结构

图 2-9　存储器结构

址空间,ROM 和 RAM 可以有相同的地址,CPU 访问 ROM 和访问 RAM 用不同的访问指令访问。AT89S51 单片机采用这种结构。

从物理地址空间看,AT89S51 单片机有四个存储器地址空间,即片内程序存储器(简称片内 ROM)、片外程序存储器(简称片外 ROM)、片内数据存储器(简称片内 RAM)、片外数据存储器(简称片外 RAM)。从用户使用的角度,AT89S51 存储器地址空间分为如下三类:

(1)片内、片外统一编址 0000H ~ FFFFH 的 64KB 程序存储器地址空间(用 16 位地址)。

(2)64KB 片外数据存储器地址空间,地址从 0000H ~ FFFFH(用 16 位地址)编址。

(3)256B 片内数据存储器地址空间(用 8 位地址)。

AT89S51 单片机存储器空间配置如图 2-10 所示。

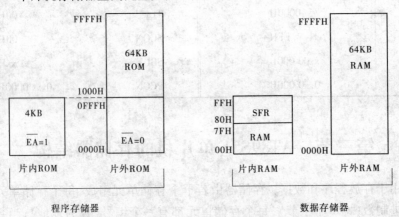

图 2-10　AT89S51 单片机的存储器空间分布

以上 3 个地址空间地址是重叠的,如何区别三个不同的逻辑空间? AT89S51 单片机的指令系统设计了不同的数据传送指令符号:CPU 访问片内、片外 ROM 指令用 MOVC,访问片外 RAM 指令用 MOVX,访问片内 RAM 指令用 MOV。

一、程序存储器

程序存储器用来存放程序、表格和常数。程序存储器以程序计数器 PC 作为地址指针,通过 16 位地址总线,可寻址 64KB 的地址空间。常用的程序存储器根据其编程方式不同分为以下五种类型:

(1)掩膜型 ROM,用户程序由芯片生产厂商写入,用户仅能使用,不能修改。

(2)可编程 ROM,仅能进行一次性编程,一旦编好后便不能再进行修改。

(3)电可写、光可擦只读存储器(EPROM),编程时需要专用编程器采用高电压进行,通过紫外线照射擦除,可多次反复编程。

(4)电擦除可编程只读存储器 EEPROM,编程与擦除均采用电信号方法进行,支持在线读写。在进行单片机程序存储器扩展时经常采用。

(5)闪烁型快写 ROM(Flash ROM),用户程序可以电写入或擦除,读写速度快。

在 89S51 系列单片机片内,带有 4KB 的 Flash ROM,在 8751 系列单片机片内,带有 4KB 的 EPROM,而在 8031 系列单片机片内,没有程序存储器,应用时需要在外部扩展程序存储器 EPROM。

AT89S51 单片机中,64KB 的程序存储器的地址空间是统一编址的。EA引脚为访问内部或外部程序存储器的选择端。对于内部有 ROM 的单片机,应使EA接高电平,此时 CPU 将首先执行片内 ROM 中的程序(程序计数器 PC 的值为 0000H ~ 0FFFH),待片内 ROM 中的程序执行完后,自动转向执行片外 ROM 的程序(PC 的值为 1000H ~ FFFFH),不用人为干预。没有内部 ROM 的单片机,应使EA接低电平,CPU 只能执行外部 ROM 中的程序,这时外部程序存储器的地址从 0000H 开始编址。8031 系列单片机因其片内无程序存储器,所以EA必须接地。

单片机执行程序时,由程序计数器 PC 指示指令地址,系统复位后,PC 的值是 0000H。因此,系统是从 0000H 单元开始取指令代码,并执行程序的。程序存储器的 0000H 单元是系统执行程序的起始地址,通常在该单元中存放一条无条件转移指令,以转向执行指定的程序。

程序存储器的一些低地址单元用来存放特定程序的入口地址,安排如下:

0000H:单片机复位后的入口地址;

0003H:外部中断 0 的中断服务程序入口地址;

000BH:定时/计数器 0 溢出中断服务程序入口地址;

0013H:外部中断 1 的中断服务程序入口地址;

001BH:定时/计数器 1 溢出中断服务程序入口地址;

0023H:串行口的中断服务程序入口地址。

二、数据存储器

数据存储器用于存放程序运行时的中间结果数据等。AT89S51 单片机数据存储器分为内部数据存储器和外部数据存储器两大部分。其中内部数据存储器 256B,地址范围为 00H ~ FFH,外部数据存储器 64KB,地址范围为 0000H ~ FFFFH。

(一)内部数据存储器

AT89S51 单片机内部数据存储器 256B,分为两个部分:低 128B 是真正的 RAM 区,地址范围为 00H ~ 7FH,该部分为用户数据存取用;高 128B 为特殊功能寄存器(SFR)区,地址范围为 80H ~ FFH,该部分为单片机功能控制用。如图 2-11 所示。

1. 低 128B RAM

低 128B RAM 根据用途的不同,被分成工作寄存器区、位寻址区、通用 RAM 区三部分。

1)工作寄存器区

工作寄存器区共 32 个字节,地址范围为 00H ~ 1FH,被分成 4 个工作寄存器组,每组 8 个字节。该区为工作寄存器用,用于存放程序运行过程中的数据以及进行数据交换。具体

图 2-11　AT89S51 单片机内部数据存储器地址空间

划分如下:

第 0 组工作寄存器:地址范围为 00H ~ 07H;

第 1 组工作寄存器:地址范围为 08H ~ 0FH;

第 2 组工作寄存器:地址范围为 10H ~ 17H;

第 3 组工作寄存器:地址范围为 18H ~ 1FH。

每个工作寄存器组都有 8 个寄存器,分别称为 R0、R1、R2、R3、R4、R5、R6、R7。规定程序运行时只有一个工作寄存器组工作,称其为当前工作寄存器组。至于哪一组作为当前工作寄存器组,取决于特殊功能寄存器中的程序状态字寄存器 PSW。PSW 中的 D4、D3 位分别是 RS1 和 RS0,由 RS1 和 RS0 两位的状态组合来决定选用哪一个工作寄存器组作为当前工作寄存器组。工作寄存器地址详见表 2-2。

表 2-2　工作寄存器地址表

组号	RS1	RS0	R0	R1	R2	R3	R4	R5	R6	R7
0	0	0	00H	01H	02H	03H	04H	05H	06H	07H
1	0	1	08H	09H	0AH	0BH	0CH	0DH	0EH	0FH
2	1	0	10H	11H	12H	13H	14H	15H	16H	17H
3	1	1	18H	19H	1AH	1BH	1CH	1DH	1EH	1FH

CPU 通过软件修改 PSW 中 RS0 和 RS1 两位的状态,就可任选一个工作寄存器组工作,这个特点使 AT89S51 单片机具有快速现场保护功能,对于提高程序的效率和响应中断的速度是很有利的。

例如:CLR　PSW. 3

　　SETB　PSW. 4　　;选定第 1 组工作寄存器

SETB　PSW. 3

SETB　PSW. 4　　;选定第 3 组工作寄存器

需要说明的是,如程序中并不需要使用 4 组工作寄存器,那么其余的可作为一般的数据存储器使用;在 CPU 复位后,自动选中第 0 组工作寄存器。

2)位寻址区

片内数据存储器的 20H ~2FH 单元为位寻址区,共 16 个字节。由于一个字节 8 位,每一位都有一个地址,所以共有 128 个位地址,位地址范围是 00H ~7FH。位寻址区的每一位都可当做软件触发器,由程序直接进行位处理。通常可以把各种程序状态标志、位控制变量存于位寻址区内。位寻址区的 16 个字节单元既可以作为一般的数据存储器进行字节访问,也可以对字节中的每一位进行访问。位地址与字节地址的关系如表 2-3 所示。

表 2-3　AT89S51 单片机位地址表

字节地址	位地址							
	D7	D6	D5	D4	D3	D2	D1	D0
2FH	7FH	7EH	7DH	7CH	7BH	7AH	79H	78H
2EH	77H	76H	75H	74H	73H	72H	71H	70H
2DH	6FH	6EH	6DH	6CH	6BH	6AH	69H	68H
2CH	67H	66H	65H	64H	63H	62H	61H	60H
2BH	5FH	5EH	5DH	5CH	5BH	5AH	59H	58H
2AH	57H	56H	55H	54H	53H	52H	51H	50H
29H	4FH	4EH	4DH	4CH	4BH	4AH	49H	48H
28H	47H	46H	45H	44H	43H	42H	41H	40H
27H	3FH	3EH	3DH	3CH	3BH	3AH	39H	38H
26H	37H	36H	35H	34H	33H	32H	31H	30H
25H	2FH	2EH	2DH	2CH	2BH	2AH	29H	28H
24H	27H	26H	25H	24H	23H	22H	21H	20H
23H	1FH	1EH	1DH	1CH	1BH	1AH	19H	18H
22H	17H	16H	15H	14H	13H	12H	11H	10H
21H	0FH	0EH	0DH	0CH	0BH	0AH	09H	08H
20H	07H	06H	05H	04H	03H	02H	01H	00H

位寻址区的每一个位地址有两种形式:一种是表中的位地址形式,另一种是"字节地址. 位序"形式。如 20H 单元中的位 3,既可以用位地址 03H 表示,也可以用 20H. 3 表示。00H ~7FH 共 128 个位地址和片内 RAM 的 128 个字节地址 00H ~7FH 表示形式相同,但是可以利用 AT89S51 单片机中的位操作指令进行区分。

3)通用 RAM 区

位寻址区之后的 30H ~7FH 共 80 个字节为通用 RAM 区。该区可以作为数据缓冲区、堆栈区使用，只能按字节操作。这一区域的操作指令非常丰富，数据处理方便灵活。

在实际应用中，常需在 RAM 区设置堆栈。堆栈原则上可以设在片内 RAM 的任意区域内，但为了避开工作寄存器区和位寻址区，一般设在 30H ~ 7FH 的范围内。栈顶的位置由堆栈指针 SP 指出。复位时 SP 的初值为 07H，在系统初始化时可以重新设置。

2. 高 128B——特殊功能寄存器（SFR）

特殊功能寄存器又称为专用寄存器，是一些具有特殊功能的 RAM 字节单元。它主要用来存放单片机的相应功能部件的控制命令、状态或数据。89S51 系列单片机内的锁存器、定时器、串行口数据缓冲器以及各种控制寄存器和状态寄存器都是以特殊功能寄存器的形式出现的。

AT89S51 单片机片内高 128B 中，有 21 个特殊功能寄存器，它们离散地分布在 80H ~ FFH 的 RAM 空间中。其中 11 个具有位寻址能力，即凡字节地址能被 8 整除（16 位地址码的尾数为 0 或 8）的单元均可位寻址。

有效的位地址有 83 个，可用位地址、位符号、字节地址 . 位序和寄存器名 . 位序四种方法来表示，如 E0H、A、E0H. 0、ACC. 0 都表示同一个位，即程序状态字寄存器的最低位，一般习惯上用位符号来表示。各特殊功能寄存器的符号及地址见表 2-4。

表 2-4　各特殊功能寄存器的符号及地址

SFR	位地址/位符号								字节地址
B	F7H	F6H	F5H	F4H	F3H	F2H	F1H	F0H	F0H
ACC（A）	E7H	E6H	E5H	E4H	E3H	E2H	E1H	E0H	E0H
PSW	D7H	D6H	D5H	D4H	D3H	D2H	D1H	D0H	D0H
IP	BFH	BEH	BDH	BCH	BBH	BAH	B9H	B8H	B8H
	—	—	—	PS	PT1	PX1	PT0	PX0	
PS	B7H	B6H	B5H	B4H	B3H	B2H	B1H	B0H	B0H
	P3. 7	P3. 6	P3. 5	P3. 4	P3. 3	P3. 2	P3. 1	P3. 0	
IE	AFH	AEH	ADH	ACH	ABH	AAH	A9H	A8H	A8H
	EA		ES	ET1	EX1	ET0	EX0		
P2	A7H	A6H	A5H	A4H	A3H	A2H	A1H	A0H	A0H
	P2. 7	P2. 6	P2. 5	P2. 4	P2. 3	P2. 2	P2. 1	P2. 0	
SBUF									99H
SCOM	9FH	9EH	9DH	9CH	9BH	9AH	99H	98H	98H
	SM0	SM1	SM2	REN	TB8	RB8	TI	RI	

SFR	位地址/位符号								字节地址
P1	97H	96H	95H	94H	93H	92H	91H	90H	90H
	P1. 7	P1. 6	P1. 5	P1. 4	P1. 3	P1. 2	P1. 1	P1. 0	
TH1									8DH
TH0									8CH
TL1									8BH
TL0									8AH
TMOD	GATE	C/$\overline{T}$	M1	M0	GATE	C/$\overline{T}$	M1	M0	89H
TOCN	8FH	8EH	8DH	8CH	8BH	8AH	89H	88H	88H
	TF1	TR1	TF0	TR0	IE1	IT1	IE0	IT0	
PCON	SMOD	—	—	—	GF1	GF0	PD	IDL	87H
DPH									83H
DPL									82H
SP									81H
P0	87H	86H	85H	84H	83H	82H	81H	80H	80H
	P0. 7	P0. 6	P0. 5	P0. 4	P0. 3	P0. 2	P0. 1	P0. 0	

这些特殊功能寄存器分别用于单片机的以下各功能单元:

(1)CPU:累加器 A、寄存器 B、程序状态字寄存器 PSW、堆栈指针寄存器 SP、数据指针寄存器 DPTR;

(2)并行口:P0、P1、P2、P3;

(3)串行口:串行口控制寄存器 SCON,串行数据缓冲寄存器 SBUF,电源控制寄存器 PCON;

(4)中断系统:中断允许控制寄存器 IE、中断优先级控制寄存器 IP;

(5)定时/计数器:定时/计数器 0(T0)(TH0、TL0)、定时/计数器 1(T1)(TH1、TL1)、定时/计数器工作方式寄存器 TMOD、定时/计数器控制寄存器 TCON。

下面介绍部分特殊功能寄存器。其余将在后续章节中讲述。

1)累加器 ACC(A)

累加器 ACC 是一个最常用的 8 位特殊功能寄存器,地址为 E0H,用于向 ALU(算术逻辑单元)提供操作数,许多运算的中间结果也放在累加器中。在指令中常将 ACC 简写为 A。

2)寄存器 B

寄存器 B 是一个 8 位的寄存器,地址为 F0H,主要用于乘、除法运算。乘法指令中的两个操作数分别取自累加器 A 和寄存器 B,乘积存放于 B 和 A 两个 8 位寄存器对中。除法指令中,A 中存放被除数,B 中存放除数,商存放于累加器 A 中,余数存放于寄存器 B 中。

在其他指令中,B 也可以作为一般通用寄存器或一个 RAM 单元使用。

3）程序状态字寄存器 PSW（Program Status Word）

程序状态字寄存器 PSW 也是一个 8 位的特殊功能寄存器,地址为 D0H,用于存放程序运行时的状态信息,供程序查询和判别之用。这个寄存器的某些位可由软件设置,有些位则由硬件运行时自动设置。PSW 的各位定义见表 2-5。

表 2-5　PSW 各位定义

位序	D7	D6	D5	D4	D3	D2	D1	D0
位标志	CY	AC	F0	RS1	RS0	OV	—	P

CY（PSW.7）:进位/借位标志。在执行加法(或减法)运算操作时,如果运算结果最高位(位 7)向前有进位(或借位),则 CY 由硬件自动置 1,否则清零。CY 也是 AT89S51 单片机在进行位操作时的位累加器,在指令中用 C 代替 CY。

AC（PSW.6）:辅助进位/借位标志。在执行加法(或减法)运算操作时,如果运算结果低 4 位向高 4 位有进位(或借位),则 AC 由硬件自动置 1,否则清零。

F0（PSW.5）:用户标志。用户可以根据自己的需要对 F0 位赋予一定的含义,由用户置位或复位,以作为软件标志。

RS1、RS0（PSW.4、PSW.3）:工作寄存器组选择位。由这两位的值来决定选择哪一组工作寄存器作为当前工作寄存器组。其组合关系如表 2-6 所示。

表 2-6　RS1、RS0 的组合关系

RS1　RS0	寄存器组	片内 RAM 地址
0　　0	第 0 组	00H ~ 07H
0　　1	第 1 组	08H ~ 0FH
1　　0	第 2 组	10H ~ 17H
1　　1	第 3 组	18H ~ 1FH

OV（PSW.2）:溢出标志。执行加法或减法指令时,当位 6 向位 7 有进位或借位,而位 7 向 CY 没有进位或借位时,(OV) = 1,或者位 6 向位 7 没有进位或借位,而位 7 向 CY 有进位或借位时,同样(OV) = 1。所以,OV 的值由位 6 的进位或借位与位 7 的进位或借位经过逻辑异或得到。

执行乘法指令时,乘积超过 255 时,(OV) = 1,乘积的高 8 位放在 B 中,低 8 位放在 A 中。若(OV) = 0,则说明乘积没有超过 255,乘积只在 A 中。执行除法指令时,(OV) = 1 表示除数为 0,运算不被执行;否则(OV) = 0。

位 1（PSW.1）:无效位。

P（PSW.0）:奇偶标志。每条指令执行完后,该位始终跟踪指示累加器 A 中 1 的个数。如果 A 中有奇数个 1,则(P) = 1;否则(P) = 0。此标志位对串行通信中的数据传输有重要的意义。在串行通信中常采用奇偶校验的办法来校验数据传输的可靠性。

4）数据指针寄存器（DPTR）

数据指针寄存器 DPTR 是一个 16 位的特殊功能寄存器,编程时,既可以按一个 16 位寄存器来使用,也可以按两个独立的 8 位寄存器来使用,即高位字节寄存器 DPH 和低位字节寄存器 DPL,地址分别为 83H 和 82H。也称 DPTR 为地址指针,因为它主要用来存放的内容是一个16位地址,以便用特定的指令形式对片外数据存储器或程序存储器进行64KB范围内的数据操作。

5)堆栈指针SP

堆栈指针SP是一个8位的特殊功能寄存器,它总是指向栈顶。AT89S51单片机的堆栈常设在30H~7FH这一段RAM中。堆栈操作遵循"后进先出"原则,入栈操作时,SP先加1,数据再压入SP所指向的单元中,出栈操作时,先将SP所指向单元的单元数据弹出,然后SP再减1,这时SP指向新的栈顶。系统复位后,SP初始化为07H,即指向07H的RAM单元。

(二)外部数据存储器

在单片机外部的数据存储器称为外部数据存储器。如果单片机运行时的数据较大,内部数据存储器容纳不下,就要将一部分数据存储在外部数据存储器中。AT89S51单片机有扩展64KB外部数据存储器和I/O端口的能力,这对很多应用领域已足够使用。外部数据存储器和外部I/O端口实行统一编址,并使用相同的选通控制信号,使用相同的指令MOVX访问,使用相同的寄存器间接寻址方式。有关外部存储器的扩展将在第八章详细介绍。

第四节 单片机的I/O端口功能及结构

一、P0~P3接口的功能

AT89S51单片机有4个8位双向I/O端口(P0、P1、P2、P3),每个端口都是8位准双向口,一个端口占8个引脚,共占32个引脚。P0~P3的每个端口既可以按字节输入、输出,也可以按位进行输入、输出。AT89S51单片机没有专门的I/O口操作指令,而是把I/O口当做一般的寄存器来使用。每个端口都包括一个锁存器、一个输出驱动器和一个输入缓冲器。作输出数据时可以锁存,作输入数据时可以缓冲。单片机与外部设备交换信息,都是通过端口进行的。

(1)P0口既可以作为通用输入/输出口,又可在扩展外部存储器或外部设备时,作为地址/数据复用总线,即低8位地址与8位数据分时使用P0口。低8位地址由ALE控制信号的下降沿使它锁存到外部地址锁存器中。

(2)P1口只能作为通用的数据输入/输出口。

(3)P2口既可以作为通用输入/输出口,又可在扩展外部存储器或外部设备时,作为高8位地址总线,输出高8位地址与P0口的低8位地址一起组成16位地址总线。

(4)P3口是具有第二功能的双功能口。第一功能是作为输入/输出口,作为第二功能使用时,每一位的功能见表2-7。

表2-7 P3口的第二功能

端口引脚	第二功能	端口引脚	第二功能
P3.0	串行口输入(RXD)	P3.4	定时/计数器0的外部输入(T0)
P3.1	串行口输出(TXD)	P3.5	定时/计数器1的外部输入(T1)
P3.2	外部中断0输入($\overline{INT0}$)	P3.6	外部数据存储器写选通($\overline{WR}$)
P3.3	外部中断1输入($\overline{INT1}$)	P3.7	外部数据存储器读选通($\overline{RD}$)

二、P0~P3 接口的内部结构

AT89S51 单片机的 4 个 I/O 端口的电路设计非常巧妙,熟悉 I/O 端口逻辑电路,不但有利于正确合理地使用端口,而且会对设计单片机外围电路有所启发。这 4 个 I/O 端口在电路结构上不完全相同,因此在功能和使用上有各自的特点。下面首先介绍 P0 口的结构和特点,然后对比 P0 口,介绍其他 3 个口的异同点。

(一)P0 口

图 2-12 画出了 P0 口某位 P0. X(X = 0,1,…,6,7)的结构图。它由一个输出锁存器、两个三态输入缓冲器和输出驱动电路及控制电路组成。

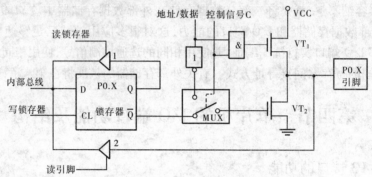

图 2-12　P0 口的位结构

1. P0 口用做通用输入/输出口

当 P0 口用做通用输入/输出口时,CPU 发出内部控制电平"0"封锁与门,与门输出"0"使驱动器的上拉场效应管 VT$_1$ 截止,同时多路开关 MUX 把锁存器的反向输出端 $\overline{Q}$ 与输出场效应管 VT$_2$ 的栅极接通。由于 VT$_1$ 截止,所以输出驱动级工作在需外接上拉电阻的漏极开路方式。

(1)P0 口用做输出口。在 CPU 执行输出指令时,内部总线上的数据在"写锁存器"信号的作用下,由 D 端进入锁存器,经锁存器的 $\overline{Q}$ 端送至场效应管 VT$_2$ 的栅极,再经 VT$_2$ 反向,使 P0. X 引脚输出的状态正好与内部总线上的状态相同。

(2)P0 口用做输入口。P0 口用做输入口时,根据指令的不同,可以读锁存器 Q 端的数据(读锁存器),也可以读引脚上的数据(读引脚)。在执行指令时,究竟是读引脚还是读锁存器是不用读者操心的,CPU 内部会自行判断读引脚信号还是读锁存器信号。

三态缓冲器 1 是为读锁存器 Q 端而设置的。执行此类指令时,在"读锁存器"信号的作用下,CPU 先将端口的原数据读入(读自 Q 端,而不是引脚),经过运算修改后,再写到端口输出,即所谓的"读—修改—写"。在实际应用中,如果引脚上接有外电路,那么端口引脚上的数据就不一定与内部总线上的数据相同,而"读锁存器"类的指令是不会发生这种错误的。

三态缓冲器 2 用于 CPU 直接读端口引脚处的数据,当执行"读引脚"类指令时,在"读引脚"信号的作用下,三态缓冲器 2 打开,端口引脚上的数据经过缓冲器读入内部总线。但如果此时输出驱动场效应管 VT$_2$ 的栅极为高电平"1",该管导通,引脚相当于被接地,因此外部的高电平"1"就不能通过引脚读入。所以,在端口执行输入操作前,必须先向端口锁存器写入"1",使场效应管 VT_2 的栅极为"0",从而使输出驱动场效应管截止,保证执行读入操作时高电平"1"能够被读入。

2. P0 口用做地址/数据总线使用

当系统进行片外的 ROM 扩展或片外 RAM 扩展,CPU 对片外存储器读/写时,由内部硬件自动使多路开关 MUX 控制信号为"1",MUX 接反相器的输出端。这时与门的输出由地址/数据总线的状态来决定。

CPU 执行输出指令时,低 8 位地址信息和数据信息分时出现在地址/数据总线上。若地址/数据总线的状态为"1",则场效应管 VT_1 导通,VT_2 截止,引脚状态为"1";若地址/数据总线的状态为"0",则场效应管 VT_2 导通,VT_1 截止,引脚状态为"0"。可见 P0. X 引脚的状态数据正好与地址/数据总线的信息相同。

CPU 执行输入指令时,首先低 8 位地址信息出现在地址/数据总线上,P0. X 引脚的状态数据正好与地址/数据总线的信息相同。然后,CPU 自动地使开关 MUX 拨向锁存器,并向 P0 口写入"FFH","读引脚"信号有效,数据经缓冲器进入内部数据总线。

（二）P1 口

P1 口的位结构如图 2-13 所示。与 P0 口相比,主要有两个不同:一是不需要多路开关,二是本身具备上拉电阻。P1 口是 AT89S51 单片机唯一的单功能接口,仅能用做通用的数据输入/输出接口。在作为输入口使用时,也必须先将相应的锁存器写入"1",使工作场效应管 VT 截止。

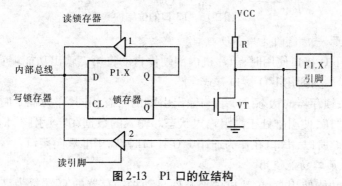

图 2-13　P1 口的位结构

（三）P2 口

P2 口的位结构如图 2-14 所示。P2 口的位结构比 P1 口多了一个转换控制部分。当控制信号 $C = 0$ 时,开关拨向锁存器的 Q 端;当控制信号 $C = 1$ 时,开关拨向地址线端。其输出驱动电路也有上拉电阻。

P2 口在应用上分两种情况:一是作一般 I/O 口使用,与 P1 口相同;二是在扩展外部存储器或 I/O 口时,提供高 8 位地址,与 P0 口输出的低 8 位地址一起构成 16 位的地址总线。应该注意的是,当 P2 口的 8 位不需要全部用做地址总线时,剩余的是不能作通用输入/输出口的。

（四）P3 口

P3 口为双功能输入/输出口,内部结构中增加了第二输入/输出功能。P3 口的位结构如图 2-15 所示。

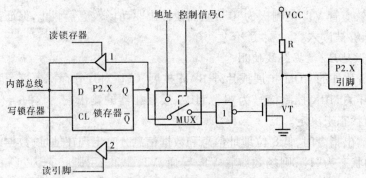

图 2-14　P2 口的位结构

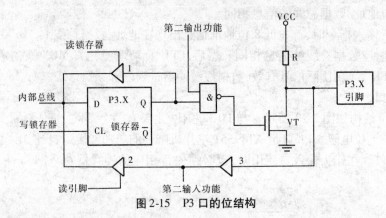

图 2-15　P3 口的位结构

1. P3 口用做第一功能的通用 I/O 接口

在作为通用 I/O 接口使用时,单片机内部硬件自动将第二输出功能端置为高电平"1",这时,对应的接口线为通用 I/O 接口方式。

作为输出时,锁存器的状态(Q 端)与输出引脚的状态相同;作为输入时,也要向相应的端口锁存器写入"1",使引脚处于高阻输入状态。输入的数据在"读引脚"信号的作用下,进入内部数据总线。所以,P3 口在作为通用 I/O 接口时,属于准双向接口。

2. P3 口用做第二功能使用

在作为第二功能使用时,单片机内部硬件自动将锁存器的 Q 端置为高电平"1",这时,P3 口可以作为第二功能使用。

在实际应用中,P3 口的各位如果不设定为第二功能,那么,在更多情况下,可根据需要把几条口线设置为第二功能,剩下的口线可作为第一功能(I/O 口)使用,此时宜采用位操作形式。

三、端口带负载能力和接口要求

(1)P0 口的每一位可驱动 8 个 LSTTL(低功耗肖特基晶体管 – 晶体管逻辑电路)负载,每一位的最大吸收电流为 3.2 mA。作为通用输入/输出口时,输出驱动电路为漏极开路电路,所以要外接上拉电阻,才有高电平输出;在作为地址/数据总线时,无需外接上拉电阻,此时不能再作通用 I/O 口使用。

(2)P1 ~ P3 口的每位可驱动 4 个 LSTTL 负载,每一位的最大吸收电流为 1.6 mA。P1 ~ P3 口的输出驱动电路内部已有上拉电阻,所以无需外接上拉电阻。

(3)P1~P3口都是准双向输入/输出口,作为输入时,必须先在相应的端口锁存器上写"1",使驱动场效应管截止。

实训项目一 单片机最小系统的硬件制作

1. 项目目的

根据单片机最小系统的连接说明图,完成单片机最小系统的焊接以及调试。通过对单片机最小系统的研究,掌握单片机内部结构和各引脚功能,理解单片机工作过程及工作原理,能够自己运用单片机来解决实际问题。

2. 项目分析

能使单片机工作的最少器件构成的系统称为单片机的最小系统。对于 AT89S51 单片机,其内部有 4KB 的可在线编程的 Flash ROM,用它组成最小系统时,只要在外围接上电源、时钟电路和复位电路即可。利用 AT89S51 单片机构成的最小系统如图 2-16 所示。

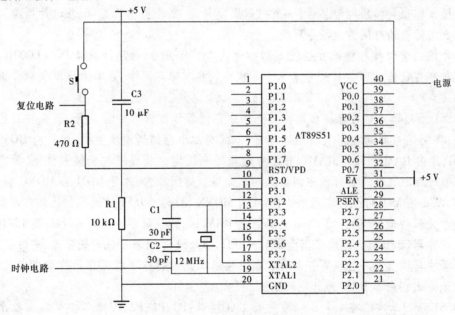

图 2-16 单片机最小系统

说明:

(1)电源:AT89S51 单片机的 40 脚接 +5 V 电源,第 20 脚接地。电压过高或过低均会引起单片机 CPU 不工作。

(2)时钟电路:单片机内部有一个高增益的反向放大器,通过 18 脚(XTAL2)、19 脚(XTAL1)外接晶体振荡器和电容组成,用于产生整个单片机工作的时钟脉冲。单片机执行指令的一系列动作都是在时钟脉冲的控制下一拍一拍地进行的。

(3)复位电路:复位电路的功能是给单片机提供一个复位信号。复位是单片机的初始化操作,单片机启动运行时,都要先复位,使 CPU 和其他部件处于一个确定的初始状态。复位电路在实际应用中很重要,不能可靠复位会导致系统不能正常工作。常用的复位操作有两种形式,即上电复位和按键复位。

(4) AT89S51 单片机最小应用系统的外部接口比较丰富,具有 P0、P1、P2、P3 共 4 个 8 位 I/O 口,用于单片机与外界连接。一般来说,P3 口的第二功能比较常用,比如中断、定时/计数、串行口等,通常不宜再作 I/O 口,但是 P0、P1、P2 口都可以用来作为 I/O 口。

3. 项目实施

按照原理图焊接元器件,最后调试硬件系统,直到完全满足设计任务要求为止。

本章小结

89S51 系列单片机包含以下几个主要功能部件:1 个 8 位中央处理器 CPU,256B 的片内数据存储器 RAM,4KB 的 Flash ROM 片内程序存储器,1 个片内振荡器及时钟电路,2 个 16 位的定时/计数器,4 个 8 位并行输入输出 I/O 接口(P0 ~ P3 口),1 个可编程全双工串行I/O 接口;1 个具有 5 个中断源、2 个中断优先级的中断系统。

89S51 系列单片机的时钟信号产生方式有内部时钟方式和外部时钟方式两种。内部的各种位操作都以振荡周期为基准,一个机器周期包含 12 个振荡周期、6 个时钟周期。执行一条指令所需要的时间称为指令周期。

单片机的复位操作使单片机进入初始化状态。复位后,程序计数器 PC = 0000H,所以程序从程序存储器的 0000H 地址单元开始执行。在实际应用中,常有上电复位和按键复位两种形式。

89S51 系列单片机在存储器结构上把程序存储器和数据存储器分开,其各有自己的寻址系统、控制信号和功能。从物理地址空间看,有四个存储器地址空间,即片内 ROM 和片外 ROM、片内 RAM 和片外 RAM。程序存储器用来固定存放程序和表格常数等,数据存储器用来暂时存放程序运行时的中间结果和数据等。访问片内、片外 ROM 用 MOVC 指令,访问片内 RAM 用 MOV 指令,访问片外 RAM 用 MOVX 指令。89S51 系列单片机的内部数据存储器是最灵活的地址空间,低 128B 是真正的 RAM 区,地址范围为 00H ~ 7FH;高 128B 为特殊功能寄存器(SFR)区,地址范围为 80H ~ FFH。89S51 系列单片机的锁存器、定时器、串行口数据缓冲器以及各种控制寄存器和状态寄存器都是以特殊功能寄存器的形式出现的,它们离散地分布在内部 RAM 地址空间范围。

89S51 系列单片机有 4 个 8 位的并行 I/O 接口:P0、P1、P2、P3。各接口均由输出锁存器、输出驱动器和输入缓冲器组成。P0 口既可以作为输入/输出口,又可以作为地址/数据总线使用,分时提供低 8 位地址和 8 位数据;P1 口是唯一的单功能接口,仅能用做通用的数据输入/输出口;P2 口可以作为输入/输出口,当系统中接有外部存储器时,也可作为高 8 位地址总线,输出高 8 位地址。P3 口是双功能接口,除作为输入/输出口外,每一个接口还具有第二功能。

思考题及习题

1. 89S51 系列单片机内部有哪些主要的逻辑功能部件?

2. 89S51 系列单片机的存储器结构与一般的微型计算机有何不同? 程序存储器和数据存储器各有何功能?

3. 程序计数器 PC 是不可寻址的寄存器,它有何特点?

4. 89S51 系列单片机内部数据存储器功能结构如何分配? 4 组工作寄存器使用时如何选用?

5. 若程序状态字寄存器 PSW 的内容为 58H,则工作寄存器 R0 的地址为多少?

6. 89S51 系列单片机的片内存储器、片外存储器如何选择?

7. 指出 8051 系列单片机可进行位寻址的存储空间。

8. 若干单片机的晶振频率为 6 MHz,试计算振荡周期、时钟周期、机器周期各是多少?

9. 89S51 系列单片机复位后的状态如何? 复位方法有几种? 画出常用的单片机复位电路。

10. 位地址 90H 和字节地址 90H 如何区别? 位地址 90H 具体在片内 RAM 中什么位置?

11. 89S51 系列单片机时钟电路的功能是什么? 画出 89S51 系列单片机的内部时钟和外部时钟电路接线图。

12. 89S51 系列单片机的 4 个并行 I/O 口在使用时有哪些特点和分工?

第三章　单片机的指令系统

89S51 系列单片机具有丰富的寻址方式与功能强大的指令系统,位操作指令是该类单片机的一个重要特点。本章主要介绍 89S51 系列单片机的指令格式、分类和寻址方式,并通过应用实例逐条讲解说明指令的应用和特点,以便为后面的程序设计打下基础。

任务二　仿真软件的使用

1. 任务目的

教师现场演示单片机仿真软件的基本操作方法,让学生对单片机的仿真软件及指令系统有一个感性的认识。通过实例演示使学生了解单片机仿真软件编辑、编译、调试、固化及单片机指令的执行过程。

2. 任务内容

将内部数据存储器 30H～32H 连续 3 个字节中的无符号数相加,结果的低位送入 33H 单元,高位送入 34H 单元。查看各存储空间中内容的变化。

3. 任务实施

通过 Keil(使用说明见附录 C)或 Proteus 在多媒体上演示,查看结果。

第一节　指令系统概述

指令是指 CPU 按照人们的要求来完成某项操作的命令。计算机通过执行程序完成人们指定的任务,程序由一条一条指令构成,能为 CPU 识别并执行的指令的集合称为该 CPU 的指令系统。指令系统功能的强弱决定了计算机性能的高低。

89S51 系列单片机具有 111 条指令,其指令系统的特点为:

(1)指令时间短。大多数指令执行时间为 1 个机器周期,少数指令为 2 个机器周期,仅乘法和除法指令为 4 个机器周期。

(2)指令字节数少。大多数指令为 1～2 个字节,少数为 3 个字节。

(3)位操作指令丰富,可对内部数据存储器和特殊功能寄存器中的可寻址位进行多种形式的位操作,这是 89S51 系列单片机面向控制特点的重要保证。

一、汇编语言及指令格式

计算机能直接识别和执行的是由二进制编码 0 和 1 组成的指令,也称为机器语言指令。由于用二进制编码表示的机器语言指令不便于阅读理解和记忆,因此在微机控制系统中采用汇编语言指令来编写程序。汇编语言指令由方便人们记忆的助记符和数字符号组成,也称为符号指令。这种用符号指令来描述的计算机语言称为汇编语言,由汇编语言编成的源程序,单片机不能直接执行,必须翻译成机器语言程序,这个翻译过程叫做汇编。汇编有两种方式:人工汇编和机器汇编。人工汇编是通过指令编码表查出每条指令的机器码;机器汇编是由计算机的汇编软件将汇编语言源程序自动生成机器语言程序。现在主要使用机器汇编,但有时也用到人工汇编。

指令主要由操作码和操作数组成,操作码表明指令要执行的操作性质,操作数表明参与操作的数据或数据所存放的地址。89S51系列单片机的汇编语言指令格式如下:

[标号:]操作码助记符 [操作数1][,操作数2][,操作数3][;注释]

说明:带方括号部分为可选项,标号后必有冒号,操作码助记符和操作数之间须用空格分隔,各操作数之间用逗号分隔,注释要用分号开头。

(1)标号:是用户设定的符号,表示该指令的第一个字节在程序存储器中存放的起始地址,故标号又称为符号地址。一般由1~6个字符组成,由字母和数字组成。必须用英文字母开始,如:START、LOOP1。但这些字符不能使用在该汇编语言中已经定义过的符号。

(2)操作码助记符:是由英文字母组成的字符串,它规定了指令的操作功能,是指令中唯一不能空缺的部分。如MOV为数据传送、ADD为加法、DIV为除法等。

(3)操作数:表示参与操作的数据来源和操作之后结果存放的目的单元,可以是常数、地址或寄存器符号。指令的操作数可以有1个、2个或3个,也可以没有操作数。在有2个操作数的指令中,把操作数1称为目的操作数,而操作数2称之为源操作数。

(4)注释:是对该语句或程序段功能的解释说明,是为了方便阅读程序的一种标注。它不属于指令的功能部分,可有可无,单片机不执行。

二、指令系统中常用符号

以下是指令系统中常用的一些符号及其意义:

Rn(n=0~7):表示当前工作寄存器区中的8个通用寄存器R0~R7。

Ri(i=0,1):当前工作寄存器区中的2个通用寄存器,i表示0或1,即R0和R1。

direct:8位内部数据存储器存储单元的地址,它可以是一个内部RAM单元或特殊功能寄存器SFR的地址或符号。

#data8:表示8位立即数。"#"表示后面的data为立即数。

#data16:表示16位立即数。

addr11:11位目的地址。目的地址应与下条指令处于相同的2KB程序存储器地址空间范围内,主要用于无条件短转移指令AJMP和子程序短调用指令ACALL中。

addr16:16位目的地址。目的地址可在全部程序存储器的64KB空间范围内,主要用于无条件长转移指令LJMP和子程序长调用指令LCALL中。

rel:以补码形式表示的8位地址偏移量,范围为-128~+127,主要用于无条件相对短转移指令SJMP和所有的条件转移指令中。

bit:内部数据存储器RAM和特殊功能寄存器SFR中的可寻址位的位地址。

C:代表PSW中的进位标志位,也是单片机中位处理器的累加器。

@:间接寻址方式中间址寄存器的标志符号。

/:加在位地址前,表示对该位的状态取反。

(X):表示某寄存器或某地址单元中的内容。

（（X））：表示以某寄存器或某地址单元中的内容为地址的这个单元中的内容。

←：表示将箭头右边的内容送至箭头左边的单元。

三、伪指令

伪指令是汇编程序能够识别并对汇编过程进行某种控制的汇编命令。它不是单片机要执行的指令，所以它没有机器码，在目标程序中不存在与伪指令相对应的机器码。换句话说，它仅为汇编程序提供汇编信息，不影响程序的执行。89S51 系列单片机汇编程序中常用的伪指令有以下几条。

（一）定义起始地址伪指令 ORG

格式：〔＜标号：＞〕 ORG 16 位地址

功能：规定目标程序或数据字程序存储器中存放的起始地址。其中〔＜标号：＞〕为可选项，可根据需要来选用。在每一个汇编语言源程序的开始，都要设置一条 ORG 伪指令来指定该程序在存储器中存放的起始位置。若省略 ORG 伪指令，则该程序段从 0000H 单元开始存放。在一个源程序中，可以多次使用 ORG 伪指令规定不同程序段或数据段存放的起始地址，但要求 16 位地址值必须从小到大依序排列，不允许空间重叠。

例如： ORG 0030H

START：MOV A,#08H

……

该语句规定，第一条指令从 0030H 单元开始存放，标号 START 的值为 0030H。

（二）汇编结束伪指令 END

格式：〔标号：〕 END

功能：结束汇编，END 以后的指令，汇编程序将不再处理。在一个源程序中只允许出现一个 END 指令，并且它必须放在整个程序的最后面，否则就会有一部分指令不能被汇编。

（三）定义字节伪指令 DB

格式：〔标号：〕 DB ＜8 位数表＞

功能：从标号指定的地址单元开始，在程序存储器的连续单元中定义字节数据。

字节数据可以是一个字节常数或字符，或是以逗号分开的字节串，或是用引号括起来的字符串。该命令将字节数据表中的数据以从左到右的顺序存放在指定的存储器单元中，一个数据占一个存储单元。

DB 定义的数据表一行可以写多个数据，当一行写不完要分行时，在下一行也必须用 DB 伪指令开头。各数据之间用逗号隔开。

例如： ORG 0100H

DATA： DB 02H,83H,75H

DATA： DB 40H,'2',-4

……

以上伪指令经汇编后，将对从 0100H 开始的若干个存储单元赋值如下：

（0100H）＝02H

（0101H）＝83H

（0102H）＝75H

(0103H) = 40H

(0104H) = 32H(数字 2 的 ASCII 码)

(0105H) = 0FCH(−4 的补码)

(四)定义字伪指令 DW

格式：［标号:］ DW ＜16 位数表＞

功能:从标号指定的地址单元开始,在程序存储器的连续单元中定义 16 位的数据字。该命令将字数据表中的数据以从左到右的顺序存放在指定的存储单元中,其中高 8 位存放在低地址单元中,低 8 位存放在高地址单元中。

例如： ORG 8000H

TAB1： DW 1003H，563CH

...

以上伪指令经汇编后,将对从 8000H 开始的若干个存储单元赋值如下:

(8000H) = 10H

(8001H) = 03H

(8002H) = 56H

(8003H) = 3CH

(五)定义空间伪指令 DS

格式：［标号:］ DS ＜表达式＞

功能:从标号指定的地址单元开始,保留由表达式指定的若干字节空间作为备用空间,汇编时汇编程序不对这些存储单元赋值。

例如： ORG 1000H

TAB： DS 03H

DB 12H，34H

该程序段汇编后,从 1000H 开始保留 3 个字节,从 1003H 单元开始连续存放 12H、34H。

注意:以上三条伪指令 DB、DW、DS,只能对程序存储器使用,不能对数据存储器使用。

(六)赋值伪指令 EQU

格式： ＜符号＞ EQU ＜字符串＞

功能:将一个字符串赋予规定的符号。字符串可以是常数、地址、标号或表达式。EQU 伪指令所定义的符号必须先定义后使用。所以该语句一般放在程序开始段。

例如： BUFFER EQU 50H ;BUFFER 的值为 50H

MOV A，BUFFER ;将内部 RAM 50H 单元中的数据送往累加器 A

(七)位地址定义 BIT

格式： ＜字符名称＞ BIT ＜位地址＞

功能:将位地址赋予指定的字符名称。位地址可以是绝对地址,也可以是符号地址(即位符号名称)。

例如： L0 BIT P1.0

经汇编后,把 P1.0 的位地址赋给 L0,在以后的编程中 L0 就可以当做位地址使用。

四、寻址方式

操作数是指令的一个重要组成部分,它指出了参与运算的数或数所在的单元地址。我们把指令中寻找操作数或操作数地址的方式称为寻址方式。寻址方式越多,计算机的功能越强,编程的灵活性越大。

AT89S51 单片机指令系统有 7 种寻址方式:立即寻址、直接寻址、寄存器寻址、寄存器间接寻址、变址寻址、相对寻址和位寻址,下面逐一介绍。

(一)立即寻址

立即寻址是指操作数在指令中以立即数的形式直接给出。立即数可以是 8 位的,也可以是 16 位的,前面加"#"来标识。例如:

```
MOV   A, #01H          ;A←01H
MOV   DPTR, #0030H     ;DPTR←0030H
```

(二)直接寻址

直接寻址是指操作数的地址在指令中直接给出。直接寻址方式可以访问内部数据存储器三种地址空间:

(1)内部数据存储器的低 128B 单元。例如:

```
MOV   A, #30H   ;A←30H
```

(2)特殊功能寄存器地址空间。特殊功能寄存器既可以用符号表示,也可以用地址表示。例如:

```
MOV   A, P0       ;A←(P0)
MOV   A, 80H      ;A←(80H)
```

以上两条指令功能相同,都表示把 80H 单元中的内容送累加器 A。

(3)位地址空间。例如:

```
MOV   C, 00H   ;C←(00H)
```

(三)寄存器寻址

寄存器寻址是指以特定的某一寄存器的内容为操作数。采用寄存器寻址的寄存器有:工作寄存器 R0~R7、累加器 A、寄存器 B 和数据指针寄存器 DPTR。例如:

```
MOV   A, R0    ;A←(R0)
MUL   AB       ;A←BA←(A)×(B)
```

(四)寄存器间接寻址

寄存器间接寻址是指将指令所指定的寄存器中的内容作为操作数的地址。能够用于间接寻址的寄存器有工作寄存器 R0、R1,数据指针寄存器 DPTR 和堆栈指针 SP。使用时在寄存器前加"@"符号表示间接寻址。

在下面几种情况下,可以使用该寻址方式:

(1)访问内部数据存储器的 00H~7FH 单元,使用当前工作寄存器 R0、R1 作地址指针来间接寻址。例如:

```
MOV   A, @R1   ;A←((R1))
```

(2)访问外部数据存储器的 0000H~FFFFH 单元,有两种形式。一是使用当前工作寄存器 R0、R1 作地址指针来间接寻址,这时 R0、R1 提供低 8 位地址,而高 8 位地址由 P2 口提供。二是采用 16 位的数据指针寄存器 DPTR 进行间接寻址。例如:

```
MOVX   A, @R0     ;A←((P2R0))
MOVX   A, @DPTR   ;A←((DPTR))
```

（3）堆栈操作，使用堆栈指针 SP 进行间接寻址。例如：

PUSH　A　　　　；SP←(SP) +1,(SP)←(A)

（五）变址寻址

用来访问程序寄存器的某个字节单元。以 DPTR 或 PC 作为基址寄存器，累加器 A 作为变址寄存器，两者内容之和为操作数的地址。例如：

MOVC　A,@A + PC　　　　；A←((A) + (PC) +1)

MOVC　A,@A + DPTR　　　；A←((A) + (DPTR))

（六）相对寻址

相对寻址是将程序计数器 PC 的当前值作为基地址，与指令所给出的偏移量 rel 相加，把得到的和作为程序转移到的目的地址。这种相对寻址仅在转移指令中使用。这里 PC 的当前值是指该转移指令的首地址加上该指令的字节数，而偏移量 rel 是一个 8 位以补码表示的有符号数，取值范围是 - 128 ~ + 127，因此相对转移指令是以 PC 的当前值为起点向前（地址增大方向）最大可转移 127 个单元地址，向后（地址减小方向）最大可转移 128 个单元地址。例如：

SJMP　06H

这条指令在存储器中的地址为 0100H，由于该指令为 2 字节指令，所以

$$PC 的当前值 = (PC) + 2 = 0102H$$

$$转移的目的地址 = PC 的当前值 + rel = 0102H + 06H = 0108H$$

注意：偏移量 rel 通常是以目的地址的标号形式出现的。

（七）位寻址

对位地址中的内容进行操作的寻址方式称为位寻址。采用位寻址指令的操作数是 8 位二进制数中的一位，指令中给出的是位地址。位寻址所对应的空间为：

（1）片内 RAM 的 20H ~ 2FH 单元中的 128 个可寻址位。

（2）特殊功能寄存器中的可寻址位。89S51 系列单片机的 21 个特殊功能寄存器中，11 个具有位寻址能力，实际有效的位地址有 83 个。

例如：MOV　C,20H　　　；把 20H 这一位中的内容送到位累加器 C 中。

　　　SETB　PSW.3　　　；把 PSW 中位 3(RS0) 置 1。

第二节　指令分类

一、分类方法

89S51 系列单片机的指令系统由 111 条指令组成，有以下三种分类方法。

（一）按操作功能分类

按指令的操作功能，可分为如下五类：

（1）数据传送类指令（29 条）；

（2）算术运算类指令（24 条）；

（3）逻辑运算与移位类指令（24 条）；

（4）控制转移类指令（17 条）；

（5）位操作类指令（17 条）。

（二）按指令字节数分类

按指令字节数，分为如下三类：

（1）单字节指令（49 条）；

（2）双字节指令（46 条）；

（3）三字节指令（16 条）。

（三）按指令执行时间分类

按指令执行的时间，分为如下三类：

（1）单周期指令（64 条）；

（2）双周期指令（45 条）；

（3）四周期指令（2 条）。

二、数据传送类指令

CPU 在进行算术和逻辑运算时，总需要有操作数。所以，数据的传送是一种最基本、最主要的操作。在通常的应用程序中，传送指令占有很大的比例。数据传送是否灵活、迅速，对整个程序的编写和执行都起着很大的作用。89S51 系列单片机为用户提供了极其丰富的数据传送指令，功能很强。

数据传送类指令一般的操作是把源操作数所提供的内容传送到目的操作数所指定的单元，源操作数内容不变。它的另一个功能是，将源操作数和目的操作数所指定的两个单元内容彼此进行交换。根据目的操作数不同，数据传送类指令又分为以下三种。

（一）一般数据传送指令

1. 以累加器 A 为目的操作数的指令（4 条）

以累加器 A 为目的操作数的 4 条指令见表 3-1。

表 3-1　以累加器 A 为目的操作数的指令

汇编语言指令	指令功能	指令编码	字节数（B）	机器周期（个）
MOV　A, #data	A←data	74 data	2	1
MOV　A, direct	A←（direct）	E5 direct	2	1
MOV　A, Rn	A←（Rn）	E8 + n	1	1
MOV　A, @Ri	A←（（Ri））	E6 + i	1	1

这组指令的功能是把源操作数所指定的内容送入累加器 A 中。注意：这里所说的"送入"是复制的意思，指令执行后，源操作数的内容不变，仅影响 PSW 中的奇偶标志位 P。

例如：若（R1）= 20H,（20H）= 34H,（50H）= 08H, 执行完下列指令后，累加器 A 中的内容分别是：

```
MOV   A, #01H     ;A←01H,（A）=01H
MOV   A, 50H      ;A←（50H）,（A）=08H
MOV   A, R1       ;A←（R1）,（A）=20H
```

MOV A, @R1   ;A←((R1)),(A)=34H

2. 以寄存器 Rn 为目的操作数的指令(3 条)

以寄存器 Rn 为目的操作数的 3 条指令见表 3-2。

表 3-2　以寄存器 Rn 为目的操作数的指令

汇编语言指令	指令功能	指令编码	字节数(B)	机器周期(个)
MOV　Rn, #data	Rn←data	78 + n data	2	1
MOV　Rn, A	Rn←(A)	F8 + n	1	1
MOV　Rn, direct	Rn←(direct)	A8 + n direct	2	2

这 3 条指令的功能是把源操作数所指定的内容复制到当前工作寄存器组 R0 ~ R7 中的某个寄存器中。

例如,若(A)=12H,(30H)=05H,执行完下列指令后,寄存器 R3 中的内容分别是:

MOV　R3, #7EH   ;R3←7EH,(R3)=7EH
MOV　R3, A   ;R3←(A),(R3)=12H
MOV　R3, 30H   ;R3←(30H),(R3)=05H

需要注意的是:在 89S51 系列单片机指令系统中,源操作数和目的操作数不能有以下三种情况:

(1)同时使用 Rn;

(2)同时使用 Ri;

(3)一个操作数用 Rn,另一个操作数用@Ri。

3. 以直接地址 direct 为目的操作数的指令(5 条)

以直接地址 direct 为目的操作数的 5 条指令见表 3-3。

表 3-3　以直接地址 direct 为目的操作数的指令

汇编语言指令	指令功能	指令编码	字节数(B)	机器周期(个)
MOV　direct, #data	direct←data	75 direct data	3	2
MOV　direct, A	direct←(A)	F5 direct	2	1
MOV　direct, Rn	direct←(Rn)	88 + n direct	2	2
MOV　direct, direct	direct←(direct)	85 direct direct	3	2
MOV　direct, @Ri	direc←((Ri))	86 + i direct	2	2

这组指令的功能是把源操作数所指定的内容复制到由直接地址 direct 所指定的单元中。direct 可以是 8 位内部数据存储器存储单元的地址(00H ~ 7FH),也可以是特殊功能寄存器 SFR 的地址(80H ~ FFH)或符号。

例如:若(A)=3FH,(R0)=18H,(5EH)=09H,(18H)=0CH,执行完下列指令后,直接地址 direct 单元的内容分别为:

MOV　40H, #06H   ;40H←06H,(40H)=06H
MOV　P0, A   ;(P0)←(A),(P0)=3FH
MOV　40H, R0   ;40H←(R0),(40H)=18H

```
MOV   30H, 5EH        ;30H←(5EH),(30H)=09H
MOV   80H, @R0        ;80H←((R0)),(80H)=0CH
```

4. 以间接地址@Ri 为目的操作数的指令(3 条)

以间接地址@Ri 为目的操作数的 3 条指令见表3-4。

表3-4　以间接地址@Ri 为目的操作数的指令

汇编语言指令	指令功能	指令编码	字节数(B)	机器周期(个)
MOV @Ri, #data	(Ri)←data	76 + i data	2	1
MOV @Ri, A	(Ri)←(A)	F6 + i	1	1
MOV @Ri, direct	(Ri)←(direct)	A6 + i direct	2	2

这组指令的功能是把源操作数所指定的内容送入由 R0 或 R1 中的内容所指定的地址单元中。例如:若(R0)=30H,(30H)=01H,(A)=4CH,(50H)=6EH,则:

```
MOV   @R0, #08H      ;(R0)←08H,(30H)=08H,(R0)=30H
MOV   @R0, A         ;(R0)←(A),(30H)=4CH,(R0)=30H
MOV   @R0, 50H       ;(R0)←(50H),(30H)=6EH,(R0)=30H
```

5. 以 DPTR 为目的操作数的指令(1 条)

以 DPTR 为目的操作数的 1 条指令见表3-5。

表3-5　以 DPTR 为目的操作数的指令

汇编语言指令	指令功能	指令编码	字节数(B)	机器周期(个)
MOV DPTR, #data16	DPTR←data16	90 data16	3	2

这是 89S51 系列单片机指令系统中唯一的一条 16 位数据传送指令,其功能是把 16 位立即数送入数据指针寄存器 DPTR 中,其中高 8 位送 DPH,低 8 位送 DPL。例如:

```
MOV   DPTR, #2410H  ;DPTR←2410H,(DPTR)=2410H,(DPH)=24H,(DPL)=10H
```

6. 访问外部 RAM 的指令(4 条)

访问外部 RAM 的 4 条指令见表3-6。

表3-6　访问外部 RAM 的指令

汇编语言指令	指令功能	指令编码	字节数(B)	机器周期(个)
MOVX A, @Ri,	A←((Ri))	E2 + i	1	2
MOVX A, @DPTR	A←((DPTR))	E0	1	2
MOVX @Ri, A	(Ri)←(A)	F2 + i	1	2
MOVX @DPTR, A	(DPTR)←(A)	F0	1	2

在 AT89S51 单片机指令系统中,CPU 与外部数据存储器的数据传送指令操作码为 MOVX,其中 X 为 external(外部)的第 2 个字母。这组指令的功能是外部数据存储器与累加器 A 之间进行数据传送。访问外部 RAM 只能用以上 4 条指令,且必须通过累加器 A。

第 1、3 条指令是用 R0 或 R1 作为间址寄存器访问外部 RAM，低 8 位地址由 R0 或 R1 提供，由 P0 口分时输出，寻址范围是 256B；多于 256B 的访问，由 P2 口提供高 8 位地址。

第 2、4 条指令是用 16 位的数据指针寄存器 DPTR 作为间址寄存器访问外部 RAM，可寻址整个 64KB 的片外 RAM 空间。

例如：用两种方法将外部数据存储器 7E06H 单元的内容送入内部数据存储器 30H 单元。

方法 1：

MOV   P2，#7EH

MOV   R0，#06H

MOVX   A，@ R0

MOV   30H，A

方法 2：

MOV   DPTR，#7E06H

MOVX   A，@ DPTR

MOV   30H，A

7. 读程序存储器 ROM 的指令(2 条)

读程序存储器 ROM 的 2 条指令，见表 3-7。

表 3-7　读程序存储器 ROM 的指令

汇编语言指令	指令功能	指令编码	字节数(B)	机器周期(个)
MOVC　A，@ A + PC，	PC←(PC) + 1 A←((A) + (PC))	83	1	2
MOVC　A，@ A + DPTR	A←((A) + (DPTR))	93	1	2

这是唯一的 2 条读片内或片外程序存储器的指令，又称查表指令，主要用于查表，其数据表格通常放在程序存储器中。指令的功能是将程序存储器中的数据读入累加器 A 中。

第一条指令被 CPU 读取之后，PC 的内容自动加 1(PC 当前值)，将 PC 当前值与累加器 A 中的 8 位无符号数相加形成新的地址，取出该地址单元中的内容送入累加器 A。由于累加器 A 中的内容是 8 位无符号数，其最大值是 255，故数据表中数据最多为 256 个。所以，本条指令的查表范围是该指令所在地址之后的 256 个字节。

例如：在程序存储器中，数据表格为

1010H:01H

1011H:03H

1012H:05H

1013H:07H

(冒号前为存储单元的地址)

执行指令

1000H：　MOV　A，#0DH　　　;A←0DH

1002H：　MOVC　A，@ A + PC　;A←(0DH + 1003H)

1003H： MOV R0,A ;R0←(A)

结果为：(A)=01H,(R0)=01H,(PC)=1004H。

第二条指令以 DPTR 为基址寄存器,以累加器 A 为变址寄存器,两者内容之和作为地址,把该地址单元中的数据送入累加器 A 中。该指令执行后,DPTR 中内容不变。但应注意,累加器 A 中内容被破坏。使用前,可先给 DPTR 赋予一任意地址,由于 DPTR 是一个 16 位的寄存器,其查表范围可达整个程序存储器的 64KB。表格数据可以设置在程序存储器的任何地址空间。

例如,若(DPTR)=7000H,(A)=20H,执行指令"MOVC A, @A+DPTR"后,将程序存储器 7020H 单元中的内容送入累加器 A。

(二)数据交换指令

数据交换指令又分为两大类,分别是字节交换指令和半字节交换指令。

1. 字节交换指令(3 条)

字节交换指令 3 条,见表3-8。

表3-8 字节交换指令

汇编语言指令	指令功能	指令编码	字节数(B)	机器周期(个)
XCH A, direct	(A)和(direct)互换	C5 direct	2	1
XCH A, Rn	(A)和(Rn)互换	C8 + n	1	1
XCH A, @Ri	(A)和((Ri))互换	C6 + i	1	1

这组指令的功能是将累加器 A 中的内容与源操作数中的内容互换。

例如:若(A)=01H,(50H)=3DH,(R0)=80H,(80H)=06H,则:

XCH A, 50H ;(A)=3DH,(50H)=01H

XCH A, R0 ;(A)=80H,(R0)=01H

XCH A, @R0 ;(A)=06H,(80H)=01H,(R0)=80H

2. 半字节交换指令(2 条)

半字节交换指令共 2 条,见表3-9。

表3-9 半字节交换指令

汇编语言指令	指令功能	指令编码	字节数(B)	机器周期(个)
XCHD A, @Ri	(A)和((Ri))低 4 位互换	D6 + i	1	1
SWAP A	A 中内容的高、低 4 位互换	C4	1	1

第一条指令的功能是将累加器 A 中内容的低 4 位与寄存器 Ri 所指定的片内 RAM 单元内容的低 4 位互换。

第二条指令的功能是将累加器 A 中内容的高 4 位与低 4 位互换。

例如:若(A)=20H,(R1)=30H,(30H)=6FH,则:

XCHD A, @R1 ;(A)=2FH,(30H)=60H,(R1)=30H

SWAP A ;(A)=02H

(三)堆栈操作指令

堆栈操作指令2条,见表3-10。

表3-10　堆栈指令

汇编语言指令	指令功能	指令编码	字节数(B)	机器周期(个)
PUSH　direct	SP←(SP) + 1,(SP)←(direct)	C0 direct	2	2
POP　direct	direct←((SP)),SP←(SP) − 1	D0 direct	2	2

第一条指令为入栈指令,其功能是先将SP的内容加1,然后将直接地址direct单元中的数据送入SP所指向的存储单元中。

第二条指令为出栈指令,其功能是先将SP所指向的存储单元中的内容送入直接地址direct单元,然后将SP的内容减1。

例如:若(SP) = 07H,(30H) = 26H,执行指令

PUSH　30H　;SP←(SP) + 1,(SP)←(30H)

结果为:(SP) = 08H,(08H) = 26H。

若(SP) = 6FH,(6FH) = 02H,执行指令

POP　90H　;90H←((SP)),SP←(SP) − 1

结果为:(90H) = 02H,(SP) = 6EH。

可以看出,PUSH和POP为两条互逆的传送指令,常常用在保护现场和恢复现场的程序中。

例如:

PUSH　ACC　　　;保护现场,将ACC中的内容入栈保护(在堆栈操作指令中,不能用 A,须用ACC,否则编译时会出现错误)

PUSH　DPH　　　;DPH中的内容入栈保护

PUSH　DPL　　　;DPL中的内容入栈保护
⋮

POP　DPL　　　;恢复现场,恢复DPL中的内容

POP　DPH　　　;恢复DPH中的内容

POP　ACC　　　;恢复ACC中的内容

三、算术运算类指令

在AT89S51单片机指令系统中,算术运算类指令包括加、减、乘、除四则运算,加1、减1和十进制调整指令。算术运算都是针对8位无符号数的,如果要进行带符号数或多字节加减运算,需要借助于某些标志位编程来实现。

算术运算类指令的执行结果将影响到程序状态字寄存器PSW的进位/借位标志CY、辅助进位/借位标志AC、溢出标志OV、奇偶标志P。

(一)加法指令

1. 不带进位的加法指令

不带进位的加法指令共4条,见表3-11。

表 3-11 不带进位的加法指令

汇编语言指令	指令功能	指令编码	字节数(B)	机器周期(个)
ADD A, #data	A←(A) + data	24 data	2	1
ADD A, direct	A←(A) + (direct)	25 direct	2	1
ADD A, Rn	A←(A) + (Rn)	28 + n	1	1
ADD A, @Ri	A←(A) + ((Ri))	26 + i	1	1

这组指令的功能是把累加器 A 中的内容和源操作数中的内容相加,并将结果送入累加器 A 中。对程序状态字寄存器 PSW 的进位标志 CY、辅助进位标志 AC、溢出标志 OV、奇偶标志 P 的影响如下。

进位标志 CY:相加的过程中,若和的最高位(位7)有进位,(CY) =1,否则,(CY) =0。

辅助进位标志 AC:相加的过程中,若和的位 3 有进位,(AC) =1,否则,(AC) =0。

溢出标志 OV:和的位 7、位 6 只有一个有进位时,(OV) =1;和的位 7、位 6 同时有进位或同时无进位时,(OV) =0。也即 OV 的值由位 7 的进位与位 6 的进位经过逻辑异或得到。溢出表示运算的结果超出了数值允许的范围,如果两个带符号数相加,出现两个正数相加得负数或两个负数相加得正数均属错误,此时(OV) =1。

奇偶标志 P:当累加器 A 中 1 的个数为奇数时,(P) =1;为偶数时,(P) =0。

例如:若(A) =7AH,(R0) =65H,执行指令

ADD A, R0

```
        D7  D6  D5  D4  D3  D2  D1  D0
  (A)    0   1   1   1   1   0   1   0      7AH
+ (R0)   0   1   1   0   0   1   0   1      65H
        ─────────────────────────────────────
         1   1   0   1   1   1   1   1
```

执行后,累加器 A 和 PSW 相关位的内容如下:

(A) =0DFH,(CY) =0,(AC) =0,(OV) =1,(P) =1。

如果将这个数作为无符号数,相加的结果是否溢出(即大于 255)就要看进位标志 CY 是否为 1,在本例中(CY) =0,说明没有溢出,即结果没有大于 255。如果作为有符号数,相加的结果是否溢出就要看溢出标志 OV 是否为 1,在本例中(OV) =1,说明溢出,即结果超出了 -128 ~ +127 的范围,结果是错误的。如在本例中两正数相加,结果变成了负数。

2. 带进位的加法指令

带进位的加法指令共 4 条,见表 3-12。

表 3-12 带进位的加法指令

汇编语言指令	指令功能	指令编码	字节数(B)	机器周期(个)
ADDC A,#data	A←(A) + data + (CY)	34 data	2	1
ADDC A, direct	A←(A) + (direct) + (CY)	35 direct	2	1
ADDC A, Rn	A←(A) + (Rn) + (CY)	38 + n	1	1
ADDC A, @Ri	A←(A) + ((Ri)) + (CY)	36 + i	1	1

这组指令的功能是把累加器 A 中的内容和源操作数中的内容相加,再与进位标志 CY

的值相加,将结果送入累加器 A 中。

这组指令的操作影响程序状态字寄存器 PSW 的进位标志 CY、辅助进位标志 AC、溢出标志 OV、奇偶标志 P。

需要说明的是,这里所加的进位标志 CY 的值是在该指令执行之前已经存在的进位标志的值,而不是执行该指令过程中产生的进位。换句话说,若这组指令执行之前(CY) = 0,则执行结果与不带进位的加法指令结果相同。

例如:若(A) = 81H,(30H) = 0C3H,(CY) = 1,执行指令

ADDC   A,30H

	D7	D6	D5	D4	D3	D2	D1	D0	
(A)	1	0	0	0	0	0	0	1	81H
+ (30H)	1	1	0	0	0	0	1	1	C3H
+ (CY)	0	0	0	0	0	0	0	1	01H
	1	0	1	0	0	0	1	0	1

执行后,累加器 A 和 PSW 相关位的内容如下:

(A) = 45H,(CY) = 1,(AC) = 0,(OV) = 1,(P) = 1。

3. 加 1 指令

加 1 指令共 5 条,见表 3-13。

表 3-13　加 1 指令

汇编语言指令	指令功能	指令编码	字节数(B)	机器周期(个)
INC A	A←(A) + 1	04	1	1
INC direct	direct←(direct) + 1	05 direct	2	1
INC Rn	Rn←(Rn) + 1	08 + n	1	1
INC @ Ri	(Ri)←((Ri)) + 1	06 + i	1	1
INC DPTR	DPTR←(DPTR) + 1	A3	1	2

这组指令的功能是把源操作数所指定的内容加 1,结果再送回原单元。这些指令仅"INC   A"影响奇偶标志位 P,其余指令不影响 PSW 的标志位。

例如:若(A) = 0FH,(50H) = 19H,(R0) = 20H,(20H) = 06H,(DPTR) = 3DH,则:

INC   A   ;(A)←(A) + 1,(A) = 10H

INC   50H   ;50H←(50H) + 1,(50H) = 1AH

INC   R0   ;R0←(R0) + 1,(R0) = 21H

INC   @ R0   ;(R0)←((R0)) + 1,(20H) = 07H,(R0) = 20H

INC   DPTR   ;DPTR←(DPTR) + 1,(DPTR) = 3EH

4. 十进制调整指令

十进制调整指令有 1 条,见表 3-14。

表 3-14　十进制调整指令

汇编语言指令	指令功能	指令编码	字节数(B)	机器周期(个)
DA A	对 A 中的结果进行十进制调整	D4	1	1

该指令的功能是对两个BCD码相加后存放在累加器A中的结果进行十进制调整,使之成为一个正确的两位BCD码,以完成十进制加法功能(进行十进制加法操作时,要把十进制数转换成BCD码来进行)。

两个压缩的BCD码按二进制相加后,必须经过调整方能得到正确的压缩BCD码的和。调整要完成的任务是:

(1)当累加器A中的低4位数出现了非BCD码(1010~1111)或低4位产生进位((AC)=1)时,则应在低4位加6调整,以产生低4位正确的BCD码。

(2)当累加器A中的高4位数出现了非BCD码(1010~1111)或高4位产生进位((CY)=1)时,则应在高4位加6调整,以产生高4位正确的BCD码。

例如:8 + 5

		1	0	0	0	8 的 BCD 码
+		0	1	0	1	5 的 BCD 码
		1	1	0	1	非 BCD 码
+		0	1	1	0	+6 调整
	1	0	0	1	1	正确的 BCD 码

在调整过程中若有进位,则进位标志CY置1,若无进位,进位标志CY不变,辅助进位标志AC和溢出标志OV均不受此指令的影响。由于该条指令只能用于ADD或ADDC的加法指令之后,而且参加运算的两位数必须均为BCD码形式。另外,该指令不能对减法指令进行十进制调整。

例如,执行下面的指令:

MOV　A, #65H

ADD　A, #58H

结果:(A)=0BDH,(CY)=0。

所得结果并不是BCD码,若接着执行以下指令:

DA　A

则结果:(A)=23H,(CY)=1。

(二)减法指令

1. 带借位的减法指令

带借位的减法指令共4条,见表3-15。

表3-15　带借位的减法指令

汇编语言指令	指令功能	指令编码	字节数(B)	机器周期(个)
SUBB　A, #data	A←(A) – data – (CY)	94 data	2	1
SUBB　A, direct	A←(A) – (direct) – (CY)	95 direct	2	1
SUBB　A, Rn	A←(A) – (Rn) – (CY)	98 + n	1	1
SUBB　A, @Ri	A←(A) – ((Ri)) – (CY)	96 + i	1	1

这组指令的功能是把累加器A中的内容减去源操作数指定的单元的内容及借位标志CY的值,结果再送入累加器A中。AT89S51单片机指令系统当中没有不带借位的减法指

令,但可用此组指令来完成不带借位的减法,只需先将借位标志 CY 清零即可。

该组指令对于程序状态字寄存器 PSW 中标志位的影响如下:

借位标志 CY:相减过程中,若差的位 7 需借位时,(CY)=1,否则,(CY)=0。

辅助借位标志 AC:相减的过程中,若差的位 3 需借位时,(AC)=1,否则,(AC)=0。

溢出标志 OV:差的位 7、位 6 只有一个有借位时,(OV)=1;差的位 7、位 6 同时有有借位或同时无借位时,(OV)=0;也即 OV 的值由位 7 的借位与位 6 的借位经过逻辑异或得到。溢出表示运算的结果超出了数值允许的范围。

例如:若(A)=0B8H,(20H)=65H,(CY)=1,执行指令

SUBB   A,20H

```
              D7  D6  D5  D4  D3  D2  D1  D0
     (A)      1   0   1   1   1   0   0   0     B8H
   -(20H)     0   1   1   0   0   1   0   1     65H
   -(CY)      0   0   0   0   0   0   0   1     01H
              ─────────────────────────────
              0   1   0   1   0   0   1   0
```

执行后,累加器 A 和 PSW 相关位的内容如下:

(A)=52H,(CY)=0,(AC)=0,(OV)=1,(P)=1。

若看做两个无符号数相减,则结果为 52H 是正确的;若看做两个有符号数相减,则一个负数减去一个正数,显然结果是错误的,此时溢出标志(OV)=1,用户可通过 OV 判断结果的正误。

2. 减 1 指令

减 1 指令共 4 条,见表 3-16。

表 3-16　减 1 指令

汇编语言指令	指令功能	指令编码	字节数(B)	机器周期(个)
DEC　A	A←(A)-1	14	1	1
DEC　direct	direct←(direct)-1	15 direct	2	1
DEC　Rn	Rn←(Rn)-1	18+n	1	1
DEC　@Ri	(Ri)←((Ri))-1	16+i	1	1

这组指令的功能是把源操作数所指定的单元内容减 1,结果再送回原单元。这些指令仅"DEC　A"影响奇偶标志位 P,其余指令不影响 PSW 的各标志位。

例如:若(A)=00H,(60H)=19H,(R1)=30H,(30H)=0EH,则:

DEC　A　　　;A←(A)-1,(A)=0FFH

DEC　60H　　;60H←(60H)-1,(60H)=18H

DEC　R1　　　;R1←(R1)-1,(R1)=2FH

DEC　@R1　　;(R1)←((R1))-1,(30H)=0DH,(R1)=30H

(三)乘法指令

乘法指令有 1 条,见表 3-17。

表 3-17　乘法指令

汇编语言指令	指令功能	指令编码	字节数(B)	机器周期(个)
MUL　AB	BA←(A)×(B)	A4	1	4

该指令的功能是把累加器 A 与寄存器 B 中的 8 位无符号数相乘,所得到的 16 位乘积的高 8 位存放在寄存器 B 中,低 8 位存放在累加器 A 中。当乘积大于 255(0FFH)时,溢出标志(OV)=1,否则(OV)=0,而进位标志 CY 总是被清零。

例如:若(A)=50H,(B)=0A0H,执行指令

MUL　AB　　;BA←(A)×(B)

结果为:(A)=00H,(B)=32H,(OV)=1,(CY)=0。

(四)除法指令

除法指令有 1 条,见表 3-18。

表 3-18　除法指令

汇编语言指令	指令功能	指令编码	字节数(B)	机器周期(个)
DIV　AB	累加器 A 除以寄存器 B	84	1	4

该指令的功能是把累加器 A 中的 8 位无符号数与寄存器 B 中的 8 位无符号数相除,所得到的商放在累加器 A 中,余数放在寄存器 B 中,进位标志 CY 和溢出标志 OV 总是被清零。

若寄存器 B 中除数为 0,则执行除法指令后,A 中的内容和 B 中的内容为不定值,且溢出标志(OV)=1,而进位标志 CY 总是被清零。

例如:若(A)=0FBH(251),(B)=12H(18),执行指令

DIV　AB

结果为:(A)=0DH,(B)=11H,(OV)=0,(CY)=0。

四、逻辑运算与移位类指令

逻辑运算指令包括与、或、异或、清零和取反操作,共 20 条。循环移位指令有 4 条,是对累加器 A 的循环移位操作,包括左、右方向以及带进位与不带进位等移位方式。

(一)逻辑与指令

逻辑与指令共 6 条,见表 3-19。

表 3-19　逻辑与指令

汇编语言指令	指令功能	指令编码	字节数(B)	机器周期(个)
ANL　A,#data	A←(A)∧data	54 data	2	1
ANL　A,direct	A←(A)∧(direct)	55 direct	2	1
ANL　A,Rn	A←(A)∧(Rn)	58+n	1	1
ANL　A,@Ri	A←(A)∧((Ri))	56+i	1	1
ANL　direct,A	direct←(direct)∧(A)	52 direct	2	1
ANL　direct,#data	direct←(direct)∧data	53 direct data	3	2

这组指令中,前 4 条指令的功能是把累加器 A 中的内容和源操作数所指定的单元内容按位相与,结果送入累加器 A 中。后 2 条指令的功能是把直接地址 direct 单元中的内容和源操作数所指定的单元内容按位相与,结果送入直接地址指定的单元。

逻辑与的特点是:有 0 出 0,全 1 为 1。

例如:若(A) = 23H,(20H) = 5DH,(R1) = 30H,(30H) = 0B6H,(60H) = 7CH,则:

ANL　A,20H 　　　　　　;A←(A)∧(20H),(A) = 01H

ANL　A,@R1 　　　　　　;A←(A)∧((R1)),(A) = 22H,(R1) = 30H

ANL　60H,#0FH 　　　　;60H←(60H)∧0FH,(60H) = 0CH

(二)逻辑或指令

逻辑或指令共 6 条,见表 3-20。

表 3-20　逻辑或指令

汇编语言指令	指令功能	指令编码	字节数(B)	机器周期(个)
ORL　A,#data	A←(A)∨data	44 data	2	1
ORL　A,direct	A←(A)∨(direct)	45 direct	2	1
ORL　A,Rn	A←(A)∨(Rn)	48 + n	1	1
ORL　A,@Ri	A←(A)∨((Ri))	46 + i	1	1
ORL　direct,A	direct←(direct)∨(A)	42 direct	2	1
ORL　direct,#data	direct←(direct)∨data	43 direct data	3	2

这组指令中,前 4 条指令的功能是把累加器 A 中的内容和源操作数所指定的单元内容按位相或,结果送入累加器 A 中。后 2 条指令的功能是把直接地址 direct 单元中的内容和源操作数所指定的单元内容按位相或,结果送入直接地址指定的单元。

逻辑或的特点是:有 1 出 1,全 0 为 0。

例如:若(A) = 0C3H,(R0) = 55H,(P1) = 62H,则:

ORL　A,R0 　　　　;A←(A)∨(R0),(A) = 0D7H

ORL　P1,A 　　　　;P1←(P1)∨(A),(P1) = 0E3H

(三)逻辑异或指令

逻辑异或指令共 6 条,见表 3-21。

表 3-21　逻辑异或指令

汇编语言指令	指令功能	指令编码	字节数(B)	机器周期(个)
XRL　A,#data	A←(A)⊕data	64 data	2	1
XRL　A,direct	A←(A)⊕(direct)	65 direct	2	1
XRL　A,Rn	A←(A)⊕(Rn)	68 + n	1	1
XRL　A,@Ri	A←(A)⊕((Ri))	66 + i	1	1
XRL　direct,A	direct←(direct)⊕(A)	62 direct	2	1
XRL　direct,#data	direct←(direct)⊕data	63 direct data	3	2

这组指令中,前 4 条指令的功能是把累加器 A 中的内容和源操作数所指定的单元内容按位进行逻辑异或,结果送入累加器 A 中。后 2 条指令的功能是把直接地址 direct 单元中的内容和源操作数所指定的单元内容按位进行逻辑异或,结果送入直接地址指定的单元。

逻辑异或的特点是:相同为 0,相异为 1。

例如:若(A)=90H,(40H)=73H,(R0)=60H,(60H)=08H,则:

XRL　A,40H　　　;A←(A)⊕(40H),(A)=0E3H

XRL　A,@R0　　　;A←(A)⊕((R0)),(A)=98H,(R0)=60H

(四)累加器清零和取反指令

累加器清零和取反指令共 2 条,见表 3-22。

表 3-22　累加器清零和取反指令

汇编语言指令	指令功能	指令编码	字节数(B)	机器周期(个)
CLR　A	A←0	E4	1	1
CPL　A	把 A 中的内容按位取反	F4	1	1

第一条指令的功能是把累加器 A 中的内容清零,第二条指令的功能是把累加器 A 中的内容按位取反。

例如:若(A)=25H,则:

CLR　　A　　　;A←0,(A)=00H

CPL　　A　　　;A←/A,(A)=0DAH

(五)移位指令

移位指令共 4 条,见表 3-23。

表 3-23　移位指令

汇编语言指令	指令功能	指令编码	字节数(B)	机器周期(个)
RL　A	累加器 A 中内容循环左移 1 位	23	1	1
RR　A	累加器 A 中内容循环右移 1 位	03	1	1
RLC　A	A 中内容带进位循环左移 1 位	33	1	1
RRC　A	A 中内容带进位循环右移 1 位	13	1	1

1. 累加器 A 中内容循环左移

指令为:RL　A

这条指令的功能是把累加器 A 中的内容循环左移 1 位,累加器 A 的位 7 循环移入位 0,如图 3-1 所示,不影响标志位。

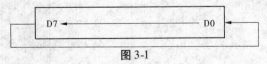

图 3-1

2. 累加器 A 中内容带进位循环左移

指令为:RLC　A

这条指令的功能是把累加器 A 中的内容和进位标志 CY 一起循环左移 1 位,累加器 A 的位 7 移入进位标志 CY,CY 移入累加器 A 的位 0。如图 3-2 所示,不影响标志位。

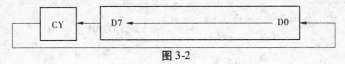

图 3-2

3. 累加器 A 中内容循环右移

指令为:RR   A

这条指令的功能是把累加器 A 中的内容循环右移 1 位,累加器 A 的位 0 循环移入累加器 A 的位 7,如图 3-3 所示,不影响标志位。

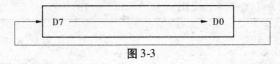

图 3-3

4. 累加器 A 中内容带进位循环右移

指令为:RRC   A

这条指令的功能是把累加器 A 中的内容和进位标志 CY 一起循环右移 1 位,累加器 A 的位 0 移入进位标志 CY,CY 移入累加器 A 的位 7。如图 3-4 所示,不影响标志位。

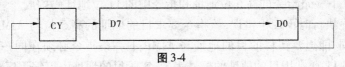

图 3-4

在使用移位指令时,要求被移位的数据必须放在累加器 A 中。

例如:若(A) =0C5H,执行指令"RL   A"后,(A) =8BH。

若(A) =0D5H,执行指令"RR   A"后,(A) =0EAH。

若(A) =0C5H,(CY) =0,执行指令"RLC   A"后,(A) =8AH,(CY) =1。

若(A) =0D5H,(CY) =0,执行指令"RRC   A"后,(A) =6AH,(CY) =1。

五、控制转移类指令

通常情况下,程序执行是按顺序进行的,有时因操作需要改变程序的执行顺序,这种情况称做程序转移。单片机的某些指令具有修改程序计数器 PC 的值的功能,单片机执行这些指令就能控制程序转移到新的 PC 地址。单片机具有一定的智能性,主要是控制转移类指令的作用。

89S51 系列单片机的指令系统有 17 条控制转移类指令,可分为无条件转移指令、条件转移指令、子程序调用与返回及空操作指令。有了丰富的控制转移类指令,就能很方便地实现程序的向前、向后跳转,并根据条件进行分支运行、循环运行、调用子程序等。

(一)无条件转移指令

无条件转移指令的功能是控制程序计数器 PC 从现行值无条件转移到该指令提供的目的地址。根据转移的距离和寻址方式的不同,又分为 AJMP(短转移)、LJMP(长转移)、SJMP(相对转移)和 JMP(间接转移)四种指令。所有无条件转移指令均不影响标志位。无条件转移指令的格式见表 3-24。

表 3-24　无条件转移指令

汇编语言指令	指令功能	指令编码	字节数（B）	机器周期（个）
AJMP　addr11	$PC \leftarrow (PC) + 2$ $PC_{10 \sim 0} \leftarrow addr11$ $PC_{15 \sim 11}$ 不变	$a_{10}a_9a_800001$ $a_7 \sim a_0$	2	2
LJMP　addr16	$PC \leftarrow addr16$	02 addrH addrL	3	2
SJMP　rel	$PC \leftarrow (PC) + 2$ $PC \leftarrow (PC) + rel$	80 rel	2	2
JMP　@ A + DPTR	$PC \leftarrow (A) + (DPTR)$	73	1	2

1. 短转移指令

"AJMP　addr11"为短转移指令,也称为 11 位地址的无条件转移指令。该指令为双字节指令,指令编码中的 00001 为操作码,$a_{10 \sim 0}$ 为目的地址的低 11 位。

指令执行时,先将 PC 的内容加 2(这时 PC 指向的是 AJMP 的下一条指令),然后把指令中的 11 位地址码 addr11 传送到 $PC_{10 \sim 0}$,而 $PC_{15 \sim 11}$ 保持原来内容不变。这样实际转移的目的地址由 AJMP 下一条指令的高 5 位地址和指令中的 11 位地址码构成。

要保证程序执行时不发生错误,该指令要求目的地址的高 5 位与 AJMP 下一条指令的高 5 位地址相同,即想要转移的目的地址与 AJMP 下一条指令必须在同一个 2KB 范围内。程序设计中 addr11 通常用目的地址的标号表示,实际目的地址由汇编程序自动算出。

【例 3-1】　短转移指令 AJMP 在程序存储器中的首地址为 2500H,要求转移到 2250H 地址处执行程序,试确定能否使用 AJMP 指令实现转移。如果能实现,其指令编码是什么?

解:因为 AJMP 指令的首地址为 2500H,其下一条指令的首地址为 2502H,2502H 与转移的目的地址 2250H 在同一个 2KB 地址范围内,故可用 AJMP 指令实现程序的转移。

指令编码:0100 0001 0101 0000B = 4150H。

【例 3-2】　分析下面指令执行后,程序转移至何处,PC 的值为多少。

```
地址              指令
0200H            AJMP    K1
  …              …
0700H        K1:MOV   R1, #2FH
  …              …
```

解:AJMP　K1 指令执行后,程序转移至标号为 K1 的指令处,PC 的值变为 0700H。

2. 长转移指令

"LJMP　addr16"为长转移指令,addr16 为 16 位的目的地址。该指令为 3 字节指令:操作码、16 位地址的高 8 位、16 位地址的低 8 位。

指令执行时,将 16 位的目的地址 addr16 转入 PC,程序无条件转向指定的目的地址执行。转移的目的地址可在 64KB 程序存储器地址空间的任意单元,不影响任何标志位。在程序设计中,addr16 通常用转移目的地址的标号来表示。

例如:K1: LJMP　K2

　　　　　　　　　　　⋮

　　　　K2：MOV　　A，#03H

　　若标号 K1 的地址为 0030H，标号 K2 的地址为 1000H，则指令执行后，(PC) = 1000H，程序直接转移到标号 K2(1000H)处去执行。

　　3. 相对转移指令

　　"SJMP　rel"为相对转移指令，rel 表示相对转移指令的偏移量，是一个用补码形式表示的 8 位有符号数，取值范围是 - 128 ~ + 127(补码 80H ~ FFH 表示 - 128 ~ - 1，00H ~ 7FH 表示 0 ~ + 127)。负数表示向后(低地址)方向转移，正数表示向前(高地址)方向转移。

　　该指令为双字节指令，指令执行时，先将 PC 内容加 2 作为 PC 当前值，再加上相对地址偏移量 rel，就得到了转移的目的地址。在程序设计中，rel 通常用转移目的地址的标号来表示。

　　例如：在(PC) = 0100H 地址单元有条"SJMP　rel"指令，若 rel = 55H(正数)，则向前转移到 0102H + 0055H = 0157H 地址处；若 rel = F6H(负数)，则向后转移到 0102H + FFF6H = 00F8H 地址处。

　　通常用"SJMP　$"指令来实现动态停机的操作(称原地踏步)，$表示该指令在程序存储器中的首地址。

　　需要说明的是，以上三条指令的操作数在指令表中有 addr11、addr16、rel 三种助记符，但在实际程序设计中，通常用转移目的地址的标号来表示。

　　4. 间接转移指令

　　"JMP　@ A + DPTR"为间接转移指令，又称为基址加变址间接转移指令，或叫做散转指令，还可以叫做多分支选择转移指令。

　　该指令的功能是把累加器 A 中的 8 位无符号数与数据指针寄存器 DPTR 中的 16 位数相加，得到的 16 位地址转入程序计数器 PC 作为转移的目的地址。该指令执行时对 DPTR、A 及 PSW 的各标志位均无影响。

　　例如：(A) = 02H，(DPTR) = 2000H，执行指令"JMP　@ A + DPTR"后，(PC) = 2002H。也就是说，程序转移到 2002H 地址单元去执行。

　　例如：有一段程序如下：

　　　　MOV　DPTR，#TABLE　　　;表格首地址送 DPTR
　　　　JMP　@ A + DPTR　　　　;根据 A 中内容转移
　　TABLE：AJMP　PM0
　　　　AJMP　PM1
　　　　AJMP　PM2
　　　　AJMP　PM3

　　当(A) = 00H 时，程序将转到 PM0 处执行；当(A) = 02H 时，程序将转到 PM1 处执行。可见，这是一段多路转移程序，进入的路数由累加器 A 中的内容决定。由于 AJMP 为双字节指令，在程序存储器中占 2 个单元，所以累加器 A 中内容必须为偶数。

　　(二)条件转移指令

　　条件转移指令是指当条件满足时程序转移，条件不满足时程序顺序执行下一条指令。目的地址在以下一条指令的起始地址为中心的 256B 范围(- 128 ~ + 127)中。

1. 累加器判 0 转移指令

累加器判 0 转移指令共 2 条,见表 3-25。

表 3-25　累加器判 0 转移指令

汇编语言指令	指令功能	指令编码	字节数(B)	机器周期(个)
JZ　rel	(A)=00H 时, PC←(PC)+2+rel (A)≠00H 时, PC←(PC)+2	60 rel	2	2
JNZ　rel	(A)≠00H, PC←(PC)+2+rel (A)=00H, PC←(PC)+2	70 rel	2	2

说明:

第一条指令的功能是如果累加器 A 中内容为 0,程序转移,否则程序顺序执行下一条指令。

第二条指令的功能是如果累加器 A 中内容不为 0,程序转移,否则程序顺序执行下一条指令。

指令中的偏移量 rel 通常以目的地址的标号形式出现。

【例 3-3】　编一个程序,将外部数据存储器 RAM 的一个数据块传送到内部数据存储器 RAM,两者的首地址分别为 DATA1 和 DATA2,遇到传送的数据为零时停止。

解:程序为:

```
        ORG   0030H
        MOV   DPTR, #DATA1    ;外部 RAM 数据块始地址送 DPTR
        MOV   R0, #DATA2      ;内部 RAM 数据块始地址送 R0
MAIN:   MOVX  A, @DPTR        ;取外部 RAM 数据送 A
        JZ    QUIT            ;若(A)=0,则跳转到 QUIT 处,否则往下执行
        MOV   @R0, A          ;A 中的数据送给内部 RAM 单元中
        INC   DPTR            ;修改外部 RAM 地址指针,指向下一数据地址
        INC   R0              ;修改内部 RAM 地址指针,指向下一数据地址
        SJMP  LOOP            ;循环执行
QUIT:   SJMP  $               ;停止
```

2. 比较不相等转移指令

比较不相等转移指令共 4 条,见表 3-26。

表 3-26　比较不相等转移指令

汇编语言指令	指令编码	字节数(B)	机器周期(个)
CJNE　A, #data, rel	B4 data rel	3	2
CJNE　A, direct, rel	B5 direct rel	3	2
CJNE　Rn, #data, rel	B8+n data rel	3	2
CJNE　@Ri, #data, rel	B6+i data rel	3	2

这组指令的功能是比较目的操作数和源操作数的大小,若目的操作数的内容等于源操作数的内容,则程序继续往下执行,进位标志 CY 清零;若目的操作数的内容不等于源操作数的内容,则转移,转移的目的地址为当前的 PC 值加指令的字节数3,再加上指令中给出的偏移量;若目的操作数的内容大于源操作数的内容,则进位标志 CY 清零;若目的操作数的内容小于源操作数的内容,则进位标志 CY 置1。

(1)指令"CJNE   A,#data, rel"的功能可表达为:

若(A) = data,则 PC←(PC) +3,CY←0;

若(A) > data,则 PC←(PC) +3 + rel,CY←0;

若(A) < data,则 PC←(PC) +3 + rel,CY←1。

(2)指令"CJNE   A, direct, rel"的功能可表达为:

若(A) = (direct),则 PC←(PC) +3,CY←0;

若(A) > (direct),则 PC←(PC) +3 + rel,CY←0;

若(A) < (direct),则 PC←(PC) +3 + rel,CY←1。

(3)指令"CJNE   Rn, #data, rel"的功能可表达为:

若(Rn) = data,则 PC←(PC) +3,CY←0;

若(Rn) > data,则 PC←(PC) +3 + rel,CY←0;

若(Rn) < data,则 PC←(PC) +3 + rel,CY←1。

(4)指令"CJNE   @Ri, #data, rel"的功能可表达为:

若((Ri)) = data,则 PC←(PC) +3,CY←0;

若((Ri)) > data,则 PC←(PC) +3 + rel,CY←0;

若((Ri)) < data,则 PC←(PC) +3 + rel,CY←1。

说明:

(1)偏移量 rel 通常用目的地址的标号来表示;

(2)利用这组指令可以比较两个无符号数的大小;

(3)这组指令可以用做控制循环结束的条件。

【例3-4】 编程将内部数据存储单元 30H ~3FH 内容清零。

解:程序如下:

```
      ORG   0030H
MAIN: CLR   A
      MOV   R0, 30H
LOOP: MOV   @R0,A
      INC   R0
      CJNE   R0, 40H, LOOP
HERE: SJMP   HERE
      END
```

3. 减1 不为 0 转移指令

减1 不为 0 转移指令共2 条,见表3-27。

表 3-27　减 1 不为 0 转移指令

汇编语言指令	指令编码	字节数(B)	机器周期(个)
DJNZ　Rn,rel	d8 + n rel	2	2
DJNZ　direct,rel	d5 direct rel	3	2

这组指令每执行一次,便将目的操作数的循环控制单元的内容减 1,然后判断其是否为 0。若不为 0,则转移到目的地址继续循环;若为 0,则结束循环,程序顺序往下执行。

(1)指令"DJNZ　Rn, rel"的功能可表达如下:

$\quad$ PC←(PC) + 2,Rn←(Rn) − 1

若(Rn)≠0,则 PC←(PC) + rel,继续循环转移;

若(Rn) = 0,则结束循环,程序顺序往下执行。

(2)指令"DJNZ　direct, rel"的功能可表达如下:

$\quad$ PC←(PC) + 3,direct←(direct) − 1

若(direct)≠0,则 PC←(PC) + rel,继续循环转移;

若(direct) = 0,则结束循环,程序顺序往下执行。

说明:该指令主要用于控制程序循环,如预先把寄存器或内部数据存储器单元赋值成循环次数,则利用减 1 后是否为 0 作为转移条件,实现按次数控制循环。

【例 3-5】　编程求 1 到 10 的和,将结果存入累加器 A。

解:程序如下:

```
        ORG   0030H
MAIN: CLR   A
        MOV   R0, #0AH    ;设置循环次数
LOOP: ADD   A, R0
        DJNZ   R0, LOOP    ;判断是否结束
HERE: SJMP   HERE
        END
```

(三)子程序调用和返回指令

在程序设计中,常常把具有一定功能的公用程序段编制成子程序。当主程序转至子程序时用调用指令,而在子程序的最后安排一条返回指令,使执行完子程序后再返回到主程序。为保证正确返回,每次调用子程序时自动将下条指令地址保存到堆栈,返回时按"先进后出"的原则再把地址弹出到 PC 中。

1. 子程序调用指令

子程序调用指令共 2 条,见表 3-28。

表 3-28　子程序调用指令

汇编语言指令	指令编码	字节数(B)	机器周期(个)
ACALL　addr11	$a_{10}a_9a_8 10001$ $a_7 \sim a_0$	2	2
LCALL　addr16	12addrH addrL	3	2

第 1 条指令是短调用指令。执行时,先将 PC 的内容加 2,指向下条指令的首地址(即断口地址),然后将断口地址压入堆栈,最后用指令中的 11 位地址去修改 PC 中的低 11 位(高 5 位不变),形成子程序的入口地址,程序就转去执行子程序。被调用的子程序首地址必须设在从断点地址开始的 2KB 范围之内。

指令"ACALL addr11"的功能描述如下:

$PC \leftarrow (PC) + 2$, $SP \leftarrow (SP) + 1$, $(SP) \leftarrow (PC_{7\sim0})$

$SP \leftarrow (SP) + 1$, $(SP) \leftarrow (PC_{15\sim8})$, $PC_{10\sim0} \leftarrow addr11$

第 2 条指令是长调用指令。执行时,先将 PC 的内容加 3,指向下条指令的首地址(即断口地址),然后将断口地址压入堆栈,最后将指令中的 16 位地址送入 PC,形成子程序的入口地址,程序就转去执行子程序。被调用的子程序首地址可以设在 64KB 范围内的程序存储器空间的任何位置。

指令"LCALL addr16"的功能描述如下:

$PC \leftarrow (PC) + 3$, $SP \leftarrow (SP) + 1$, $(SP) \leftarrow (PC_{7\sim0})$

$SP \leftarrow (SP) + 1$, $(SP) \leftarrow (PC_{15\sim8})$, $PC \leftarrow addr16$

注意:在实际程序设计中,addr11 通常用标号代替,上述过程由汇编程序去自动完成。

例如:设(SP) = 60H,标号地址 START 为 0100H,标号 SUB 为 8100H,执行指令

START: LCALL SUB

结果为:(SP) = 62H,(61H) = 03H,(62H) = 01H,(PC) = 8100H。

2. 子程序返回指令

子程序返回指令有 1 条,见表 3-29。

表 3-29 子程序返回指令

汇编语言指令	指令功能	指令编码	字节数(B)	机器周期(个)
RET	$PC_{15\sim8} \leftarrow ((SP))$, $SP \leftarrow (SP) - 1$ $PC_{7\sim0} \leftarrow ((SP))$, $SP \leftarrow (SP) - 1$	22	1	2

RET 是子程序返回指令,表示结束子程序的执行。

执行该指令时,从堆栈中弹出调用子程序时压入的返回地址(断点),使程序返回到原调用指令的下一条指令处(断点)继续往下执行。

3. 中断返回指令

中断返回指令 1 条,见表 3-30。

表 3-30 中断返回指令

汇编语言指令	指令功能	指令编码	字节数(B)	机器周期(个)
RETI	$PC_{15\sim8} \leftarrow ((SP))$, $SP \leftarrow (SP) - 1$ $PC_{7\sim0} \leftarrow ((SP))$, $SP \leftarrow (SP) - 1$	32	1	2

RETI 是中断服务程序返回指令。中断服务程序执行完后,用该指令把响应中断时压入堆栈的断点地址送回到 PC 中,使程序回到原处继续顺序执行。除此之外,还有清除中断响应时被置位的优先级状态、开放优先级中断和恢复中断逻辑等功能。

4. 空操作指令

空操作指令共 1 条,见表 3-31。

表 3-31　空操作指令

汇编语言指令	指令功能	指令编码	字节数(B)	机器周期(个)
NOP	PC←(PC)+1	00	1	1

执行该指令 CPU 不产生任何操作,只是将程序计数器 PC 的内容加 1,转向执行下一条指令。指令的执行不影响任何寄存器和标志位。执行该指令需要 1 个机器周期,所以常用来实现精确延时或等待。

六、位操作类指令

位操作又称布尔操作,它是以位为单位进行的各种操作。89S51 系列单片机内部有一个位处理器,对位地址空间具有丰富的位操作指令。在进行位操作时,以进位标志作为位累加器,用字符"C"表示。

位操作类指令的对象是位累加器 C 和直接位地址。在位操作类的指令中,位地址的表示方法有 4 种:

(1)用直接位地址表示,如 0D5H。

(2)用位名称表示,如 F0。

(3)用"字节地址．位序"表示,如 0D0H.5。

(4)用"寄存器名．位序"表示,如 PSW.5。

下面对位操作的 17 条指令分类介绍。

(一)位变量传送指令

位变量传送指令共 2 条,表 3-32。

表 3-32　位变量传送指令

汇编语言指令	指令功能	指令编码	字节数(B)	机器周期(个)
MOV　bit, C	bit←(C)	92 bit	2	2
MOV　C, bit	C←(bit)	A2 bit	2	1

第一条指令的功能是把位累加器 C 中的内容传送到指定的位中,第二条指令的功能是把直接位地址中的内容送入位累加器 C 中。

例如:(C)=1,(P2)=1100 0101B,(P1)=0011 0101B,执行以下指令:

```
    MOV  P1.3, C      ;P1.3←(C)
    MOV  C, P2.3      ;C←(P2.3)
    MOV  P1.2, C      ;P1.2←(C)
```

结果为:(C)=0,P2 内容未变,P1 中的内容为 0011 1001B。

注意:位与位之间的传送必须通过位累加器 C,不能直接传送。

(二)位清零和置位指令

位清零和置位指令共 4 条,见表 3-33。

表 3-33 位清零和置位指令

汇编语言指令	指令功能	指令编码	字节数(B)	机器周期(个)
CLR C	C←0	C3	1	1
CLR bit	bit←0	C2 bit	2	1
SETB C	C←1	D3	1	1
SETB bit	bit←1	D2 bit	2	1

前两条指令的功能是将位累加器 C 和直接位地址单元中的内容清零,后两条指令的功能是将位累加器 C 和直接位地址单元中的内容置 1。

例如:若(P1) = 1001 1101B,执行指令"CLR P1.3"后,(P1) = 1001 0101B。

若(P1) = 0011 1100B,执行指令"SETB P1.0"后,(P1) = 0011 1101B。

(三)位逻辑运算指令

位逻辑运算指令共 6 条,见表 3-34。

表 3-34 位逻辑运算指令

汇编语言指令	指令功能	指令编码	字节数(B)	机器周期(个)
ANL C,bit	C←(C)∧(bit)	82 bit	2	2
ANL C, /bit	C←(C)∧/(bit)	B0 bit	2	2
ORL C, bit	C←(C)∨(bit)	72 bit	2	2
ORL C, /bit	C←(C)∨/(bit)	A0 bit	2	2
CPL C	C 中的内容取反	B3	1	1
CPL bit	位地址单元中的内容取反	B2 bit	2	1

前两条指令的功能是把位地址单元中的内容或把位地址单元中的内容取反后与累加器 C 中的内容逻辑相与,并把结果送累加器 C。

中间两条指令的功能是把位地址单元中的内容或把位地址单元中的内容取反后与累加器 C 中的内容逻辑相或,并把结果送累加器 C。

最后两条指令的功能是把位累加器 C 中的内容或位地址单元中的内容取反。

例如:若(P1) = 1001 1100B,(C) = 1,执行指令

ANL C, P1.0 ;C←(C)∧(P1.0)

结果为:(P1) = 1001 1100B,(C) = 0。

(四)位条件转移指令

位条件转移指令共 5 条,见表 3-35。

表 3-35 位条件转移指令

汇编语言指令	指令功能	指令编码	字节数(B)	机器周期(个)
JB bit,rel	PC←(PC)+3 若(bit)=1,则转移,PC←(PC)+rel 若(bit)=0,则顺序执行下条指令	20 bit rel	3	2
JBC bit,rel	PC←(PC)+3 若(bit)=1,则转移,PC←(PC)+rel,且(bit)清零 若(bit)=0,则顺序执行下条指令	10 bit rel	3	2
JNB bit,rel	PC←(PC)+3 若(bit)=0,则转移,PC←(PC)+rel 若(bit)=1,则顺序执行下条指令	30 bit rel	3	2
JC rel	PC←(PC)+2 若(C)=1,则转移,PC←(PC)+rel 若(C)=0,则顺序执行下条指令	40 rel	2	2
JNC rel	PC←(PC)+2 若(C)=0,则转移,PC←(PC)+rel 若(C)=1,则顺序执行下条指令	50 rel	2	2

这几条指令可以分别判断指定的位是 1 还是 0,条件符合转移,否则继续顺序执行程序。

说明:

(1)JC 和 JNC 两条指令通常与 CJNE 指令一起使用,可以判断两数的大小,形成大于、等于、小于三个分支。

(2)偏移量 rel 通常用目的地址的标号来表示。指令的转移范围为以当前地址为准,向前 128 字节,向后 127 字节。

【例3-6】 设内部数据存储器 RAM 存储单元的 30H 和 31H 之中各存放有一个 8 位无符号数,请找出其中较大者送入 40H 单元。

解:程序如下:

```
        ORG   0030H
MAIN:MOV   A, 30H          ;A←(30H)
        CJNE   A, 31H, K1    ;(30H)≠(31H)时转移
        MOV   40H, A
        SJMP   $
K1:    JC   K2               ;(CY)=1 时转移,即(30H)<(31H)时转移
        MOV   40H, A          ;40H←(30H)
        SJMP   $
K2:    MOV   40H, 31H        ;40H←(31H)
        SJMP   $
        END
```

实训项目二 简易彩灯系统制作

1. 项目目的

利用单片机制作一个简易彩灯系统,使接于 P1 口的 8 个指示灯顺次点亮,反复循环。通过简易彩灯系统的制作,让学生了解产品的设计过程、开发工具的使用方法,熟悉单片机相关指令以及指令的执行过程,进一步理解单片机的工作原理,进而为单片机的应用程序设计打下基础。

2. 项目分析

彩灯的应用十分广泛。由数字电路设计的彩灯系统亮灯方式单调,花样不多,维修及改变灯光控制方式十分复杂;而由单片机设计的彩灯系统,成本低,控制方式灵活,维修及改变灯光控制方式方便,只需改变单片机的程序即可实现多种亮灯控制方式。

本设计中选用 AT89S51 单片机,其内部有 4KB 的可在线编程的 Flash ROM,40 脚接 +5 V 电源,20 脚接地,18 脚、19 脚外接 12 MHz 晶振及两个 30 pF 瓷片电容,9 脚接复位电路,P1 口作输出口驱动 8 只发光二极管。8 只发光二极管采用共阳极连接,即 8 只发光二极管正极通过一个 470 Ω 电阻接到 +5 V 电源,负极接到 P1 口的 8 个引脚;若接成共阴极形式,驱动能力不够,发光二极管亮度低。简易彩灯系统电路原理图如图 3-5 所示。

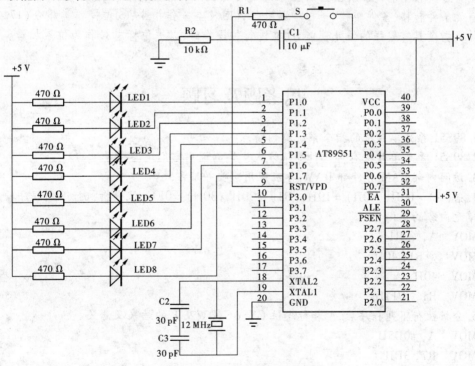

图 3-5 简易彩灯系统电路原理图

3. 项目实施

(1)根据任务要求进行硬件电路设计。
(2)运用编译软件进行汇编程序设计。

(3)按照硬件原理图焊接元器件,仿真调试运行,直到完全满足设计任务要求为止。

(4)将程序的目标代码下载到单片机的程序存储器中,进行脱机运行。

本章小结

指令系统的功能强弱决定了计算机性能的高低。89S51 系列单片机的指令系统共有 111 条指令,执行时间短、字节数少,位操作指令极为丰富。

指令主要由操作码和操作数组成。操作码表明指令要执行的操作性质,操作数表明参与操作的数据或数据所存放的地址。89S51 系列单片机的指令按其编码长短可分为 3 种格式:单字节指令、双字节指令和三字节指令。

寻址方式是寻找存放操作数的地址并将其读出的方法。89S51 系列单片机共有 7 种基本的寻址方式:立即寻址、直接寻址、寄存器寻址、寄存器间接寻址、变址寻址、相对寻址和位寻址。

111 条指令共分为五类:①数据传送类指令(29 条),数据传送类指令在单片机中使用最频繁,其特点是执行的结果不影响标志位的状态;②算术运算类指令(24 条),此类指令的特点是执行的结果通常影响标志位的状态;③逻辑运算与移位类指令(24 条),此类指令执行的结果一般不影响标志位 CY、AC 和 OV,仅在涉及累加器 A 时才对标志位 P 产生影响;④控制转移类指令(17 条),在控制程序的转移时利用转移指令,89S51 系列单片机的转移指令有无条件转移、条件转移、子程序调用与返回及空操作指令;⑤位操作类指令(17 条),位操作类指令具有较强的位处理能力,在进行位操作时,以进位标志 C 作为位累加器。

思考题及习题

1. 89S51 系列单片机的指令系统有何特点?

2. 89S51 系列单片机有哪几种寻址方式? 举例说明它们是怎样寻址的。

3. 访问内部 RAM 和外部 RAM,各应采用哪些寻址方式?

4. 若(A) = 00H,(40H) = 19H,(R1) = 30H,(30H) = 0EH,试分析执行下列程序段后上述各单元内容的变化。

    MOV   A, @R1
    MOV   @R1, 40H
    MOV   40H, A
    MOV   R1, #7FH

5. 分析执行下列程序后,A 和标志位 CY、AC、OV 及 P 的结果及意义。

    MOV   A, #0D5H
    MOV   R7, 3DH
    ADD   A, R7

6. 若(A) = 0E8H,(R0) = 40H,(R1) = 20H,(R4) = 3AH,(40H) = 2CH,(20H) = 0FH,试分析下列各指令独立执行后有关寄存器和存储单元的内容。

    (1)MOV   A, @R0
    (2)ANL   40H, #0FH

(3) ADD　A, R4

(4) SWAP　A

(5) DEC　@R1

(6) XCHD　A, @R1

7. 若(50H) = 40H, 试写出执行以下程序段后累加器 A、寄存器 R0 及内部 RAM 的
40H、41H、42H 单元中的内容各为多少。

MOV　A, 50H

MOV　R0, A

MOV　A, #00H

MOV　@R0, A

MOV　A, 3BH

MOV　41H, A

MOV　42H, 41H

8. 将 P1 口的低 4 位清零, 高 4 位保持不变, 应执行一条什么指令?

9. 将 P1 口的低 4 位保持不变, 高 4 位求反, 应执行一条什么指令?

10. 设(SP) = 60H, 内部 RAM 的(30H) = 24H, (31H) = 10H, 在下列程序段注释的括号
内填上执行的结果。

PUSH　30H　　　; (SP) = (　　　　)

PUSH　31H　　　; (SP) = (　　　　)

POP　DPL　　　; (SP) = (　　　), (DPL) = (　　　)

POP　DPH　　　; (SP) = (　　　), (DPH) = (　　　)

MOV　A, #00H

MOVX　DPTR, A

最后执行的结果是(　　　　　　　　　　)。

11. 设相对转移指令"SJMP　rel"中, rel = 7EH, 并假设该指令存放在 2114H 和 2115H
单元中。当该条指令执行后, 程序将跳转到何地址?

12. 简述 SJMP 指令和 AJMP 指令的主要区别。

13. 编程将内部 RAM 的 20H 单元的内容传送给外部 RAM 的 2000H 单元。

14. 编程查找 20H ~ 4FH 单元中出现 00H 的次数, 并将查找结果存入 50H 单元。

15. 试用位操作指令实现下列逻辑操作, 要求不得改变未涉及位的内容。

(1) 使 ACC. 0 置位;

(2) 清除累加器高 4 位;

(3) 清除 ACC. 3, ACC. 4, ACC. 5, ACC. 6。

16. 若(C) = 1, (P1) = 1010 0011B, (P3) = 0110 1100B, 试指出执行下列程序段后, C、
P1 口及 P3 口内容的变化情况。

MOV　P1. 3, C

MOV　P1. 4, C

MOV　C, P1. 6

MOV　P3. 6, C

MOV　C, P1. 0

MOV　P3. 4, C

第四章 AT89S51 单片机的汇编语言
程序设计

本章主要内容

本章是本书的重点内容。现在 AT89S51 单片机的程序设计主要采用两种语言:一种是汇编语言,另一种是高级语言。汇编语言的源程序结构紧凑、灵活,汇编生成的目标程序效率高,具有占用存储空间少、运行速度快、实时性强等优点,应用相当广泛。

本章主要讨论用汇编语言编程的方法,主要包括汇编语言程序设计的步骤和方法以及结构等内容。

任务三 8 个发光二极管流水灯控制

1. 任务目的

教师现场演示发光二极管流水灯控制的单片机简单的应用实例,让学生对单片机简单的应用系统有一个感性认识,通过实例演示使学生了解以下几个方面:

(1)了解单片机的指令、编程方法、运行环境和执行过程。

(2)了解并行输入/输出方式的使用方法。

2. 任务内容

运用 AT89S51 单片机及相应的硬件电路实现一个单一流水广告灯左移右移的控制。硬件电路如图 4-1 所示,8 个发光二极管 LED1 ~ LED8 分别接在单片机的 P1.0 ~ P1.7 接口上,当 P1 口某位输出"0"时,相应的发光二极管亮,按 P1.0→P1.1→P1.2→P1.3→…→P1.7→P1.6→…→P1.0 亮的顺序,重复循环。

3. 任务展示

通过 Proteus 或直接在实验板上演示,观看设计效果。

第一节 汇编语言程序设计概述

单片机应用系统是合理的硬件与完善的软件的有机结合。软件就是各种指令依据某种规律组合成的程序。程序设计是为了解决某一个问题,将指令有序地组合在一起。程序有繁有简,某些复杂程序往往是由简单的基本程序所构成的。本章首先介绍程序设计的语言及程序设计的基本方法,然后通过例子介绍几种基本结构程序设计的方法。

一、计算机程序设计语言简介

为计算某一算式或完成某一工作,需要将若干指令有序地组合在一起。计算机的全部工作概括起来,就是执行这一指令序列的过程。这一指令序列称为程序。为计算机准备这一指令序列的过程称为程序设计。通常,计算机的配置不同,设计程序时所使用的语言也就

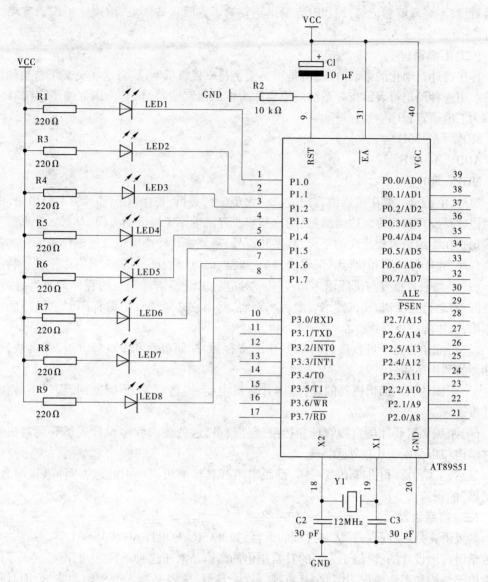

图 4-1 流水广告灯原理图

不同。目前用于程序设计的语言基本上可分为三种:机器语言、汇编语言和高级语言。下面先对这三种语言作一简单说明,然后重点介绍 AT89S51 单片机的汇编语言。

(一)机器语言

机器语言是由二进制机器码组成的可直接被计算机识别和执行的语言。在计算机中,所有的数符都是用二进制代码来表示的,指令也用二进制代码来表示。直接用机器语言编写的程序称为手编程序或机器语言程序。如:

11100101 00110000

00100101 01000000

11110101 01010000

计算机可以直接识别这些机器语言,并加以执行。显然对于使用者来说,机器语言程序不易看懂，不好理解和记忆，编程时容易出错。为了克服这些缺点，出现了汇编语言和高级语言。

(二)汇编语言

程序设计自动化的第一阶段，就是用英文字符来代替机器语言，这些英文字符被称为助记符。用这种助记符表示指令系统的语言称为汇编语言或符号语言，用汇编语言编写的程序称为汇编语言程序。如：

MOV　A，30H
ADD　A，40H
MOV　50H，A

显然，汇编语言要比机器语言前进了一大步。它醒目、易懂、便于记忆、不易出错，即使出错也容易发现和修改。这给编制、阅读和修改程序带来了极大的方便。但是，计算机不能直接识别在汇编语言中出现的字母、数字和符号，需要将其转换成用二进制代码表示的机器语言程序，才能够识别和执行。汇编语言是一种面向机器的符号语言，具有以下几个特点：

(1)汇编语言指令与机器语言指令一一对应。用汇编语言编写的程序效率高，占用存储空间小，运行速度快，比机器语言要容易理解，然而它必须通过汇编程序(如 A51)翻译成机器语言，才能被机器执行。

(2)汇编语言指令可直接访问 CPU 中的寄存器、存储单元和 I/O 口，响应速度快，程序存储器的利用率高。

(3)汇编语言是面向机器的，与具体计算机类型、构造有关，不能通用，程序不易移植，是低级语言。

(4)汇编语言程序能直接管理和控制硬件设备，这就要求程序设计人员必须对机器的硬件结构和指令系统比较熟悉。

显然，汇编语言和机器语言一样，都脱离不开具体的机器。因此，这两种语言均为"面向机器"的语言。

(三)高级语言

高级语言是一种面向算法和过程的语言，如 BASIC、FORTRAN、PASCAL 等，都是一些参照数学语言而设计的、近似于人们的日常用语的语言。对于这种语言，人们不必深入了解计算机内部结构和工作原理。因此，其直观、易学、易懂，更容易被人们理解和掌握，而且通用性强，易于移植到不同类型的机器中去；但程序长，占用存储空间大，执行速度慢，且必须经过编译程序(如 C51)进行翻译生成目标代码，单片机才能执行。用高级语言编程时，程序存储器的利用率比汇编语言要低，在处理中断与接口技术时比较困难。和汇编语言相比，高级语言实时性差，常用在计算与管理的场合。

由于高级语言不受具体机器的限制，而且使用了许多数学公式和习惯用语，从而简化了程序设计的过程，因此是一种面向问题或面向过程的语言。近年来，高级语言发展很快，相继出现了许多面向工程设计、自动控制、人工智能等方面的语言，譬如，APT、PROLOG、LISP、PL/M 以及 C 语言等。

但是，汇编语言是计算机能提供给用户的最快而又有效的语言，也是能利用计算机所有硬件特性并能直接控制硬件的唯一语言。因此，只有掌握了汇编语言程序设计，才能真正理解单片机的工作原理及软件对硬件的控制关系。设计者应具有"软硬结合"的功底，在一定程度上可以说,掌握汇编语言是学习单片机的基本功。虽然 C 语言编程快捷,无需考虑单元分配等细节,然而它的目标程序的反汇编依然是汇编语言程序,调试中出了问题,有时还需从反汇编的汇编语言程序方面分析原因,一些公司提供的资料是汇编语言程序,现有的大量资料也是汇编语言程序,因此本书主要对 AT89S51 单片机汇编语言及其程序设计的方法和技巧进行介绍。

支持写入单片机或仿真调试的目标程序有两种文件格式:". BIN 文件"和". HEX 文件"。". BIN 文件"是由编译器生成的二进制文件,是程序的机器码;". HEX 文件"是由 Intel 公司定义的一种格式文件,这种格式包括地址、数据和校验码,并用 ASCII 码来存储,可供显示和打印。". HEX 文件"需通过符号转换程序 OHS51 进行转换。目前很多公司将编辑器、汇编器、编译器、连接/定位器、符号转换程序做成集成软件包,用户进入该集成环境,编辑好程序后,只需单击相应菜单,就可以完成上述的各步,如 WAVE、Keil 等。Keil 集成软件的使用详见附录 C。

二、汇编语言程序的汇编

不论是汇编语言还是高级语言都要转化为机器语言才能为计算机所用。因此,机器语言程序又称为目标程序,而用汇编语言和高级语言编写的程序称为源程序。将汇编语言程序转化为目标程序的过程称为汇编。汇编分为人工汇编和机器汇编。

(一)人工汇编

人工汇编就是根据指令表,将源程序由指令逐条翻译成指令代码,并把这些代码以字节为单元从起始地址依次排列成目标程序。

人工汇编烦琐,工作量大,费时长且极易出错,只在某些简单的单片机系统上应用。但通过一些小程序的人工汇编可以促进我们对单片机指令、程序和工作过程的理解与掌握。

人工汇编分两步进行:

第一步:确定各条指令(第一字节)的地址并翻译出各条指令的机器码。对于指令中出现的各种标号,有明确定义者,用其定义值代替,否则暂不处理。

第二步:将第一步未处理的标号进行代替,即求出标号所代表的具体地址值或地址偏移量,形成代码。

(二)机器汇编

机器汇编是由计算机的汇编软件将汇编语言源程序自动生成机器语言程序。汇编软件称为汇编程序,注意不要混淆汇编程序和汇编语言程序。

机器汇编可由单片机开发系统(如仿真器)上的汇编软件实现,称驻留汇编;也可在其他计算机(如 PC 机)上进行,称交叉汇编。因 PC 机使用方便,我们往往在其上编制汇编语言程序,然后汇编成目标程序,再传输给单片机。

三、汇编语言程序设计的一般方法

为了使用计算机求解某一问题或完成某一特定的功能,就要先对问题或特定功能进行分析,确定相应的算法和步骤,然后选择相应的指令,按一定的顺序排列起来,这样就构成了求解某一问题或实现特定功能的程序。通常把这一编制程序的工作称为程序设计。

（一）流程图

在程序设计中,常常使用程序流程图把解决问题的方法和步骤用框图表示出来,以便于程序的编制和查找以及修改程序的错误。组成流程图的几种框图符号如图 4-2 所示。

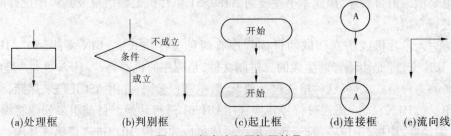

图 4-2　程序流程图框图符号

（1）处理框:用于说明一段程序或一条指令所完成的功能,这种框通常是一个入口,一个出口。

（2）判别框:表示进行程序的分支流向判别,框内写入判别条件。这种框通常是一个入口,两个或两个以上的出口。在每个口上都要注明分支流向条件。

（3）起止框:表示一个程序或一个程序模块的开始和结束。起始框内通常用程序名、标号或"开始"字符来表示,它仅有一个出口。终止框内通常用"结束"、"返回"等字符来表示,它仅有一个入口。

（4）连接框:当一个程序比较复杂,它的流程图需要分布在几张纸上时,可以用连接框表示两根流向线的连接关系。框内标有字母或数字,框内有相同字母或数字就表示它们有连接关系。它只有一个入口或出口。

（5）流向线:它表示程序的流向,即程序执行的顺序关系。如果程序的流向是从上向下或从左到右,通常可以不画箭头,其余情况需用箭头指明程序的流向。

（二）程序设计的一般步骤

程序设计有时可能是一件很复杂的工作,为了把复杂的工作条理化,就要有相应的步骤和方法。汇编语言程序设计的一般步骤如下:

（1）分析问题,明确任务。

首先,要对单片机应用系统预完成的任务进行深入的分析,明确系统的设计任务、功能要求和技术指标。其次,要对系统的硬件资源和工作环境进行分析。这是单片机应用系统程序设计的基础和条件。

（2）建立数学模型,确定算法。

对复杂的问题进行具体的分析,建立其数学模型,找出合理的计算方法及适当的数据结构,从而确定解题的步骤。这是能否编出高质量程序的关键。算法是解决具体问题的方法。应用系统经过分析、研究和明确任务后,对应实现的功能和技术指标可以利用严密的数学方法或数学模型来描述,从而把实际问题转化成由计算机进行处理的问题。

（3）按功能划分模块,确定各模块之间的相互关系及参数传递。

（4）根据算法和解题思路绘制程序流程图。

经过任务分析、算法优化后,就可以进行程序的总体构思,确定程序的结构和数据形式,并考虑资源的分配和参数的计算等。然后根据程序运行的过程,勾画出程序执行的逻辑顺序,用图形符号将总体设计思路及程序流向绘制在平面图上,从而使程序的结构关系直观明了,便于检查和修改。清晰正确的流程图是编制正确无误的应用程序的基础和条件。所以,绘制一个好的流程图,是程序设计的一项重要内容。

流程图可以分为总流程图和局部流程图。总流程图侧重反映程序的逻辑结构和各程序模块之间的相互关系。局部流程图反映程序模块的具体实施细节。对于简单的应用程序,可以不画流程图。但是当程序较为复杂时,绘制流程图是一个良好的编程习惯。

（5）合理分配寄存器和存储单元,编写汇编语言源程序(. ASM 文件),并进行必要的注释,以方便阅读、调试和修改。

用汇编语言把程序流程图所表明的步骤描述出来,实现流程图中每一个框内的要求,从而编制出一个有序的指令流,即汇编语言源程序。

（6）仿真调试、汇编、修改,直至满足任务要求(仿真调试可以软件模拟仿真,也可以硬件仿真,硬件仿真器需单独购买)。

汇编语言是用指令助记符代替机器码的编程语言,所编写的程序是不能在计算机上直接执行的,因此利用它所编写的汇编语言程序必须转换为单片机能执行的机器码形式的目标程序才能运行,这一过程即为汇编。

将汇编语言程序汇编成目标程序后,还要进行调试,排除程序中的错误。只有通过上机调试并得出正确结果的程序,才是正确的程序。

（7）将调试好的目标文件(. BIN 或 . HEX)烧录进单片机内,上电运行。

任何大型复杂的程序,都由基本结构程序构成,通常有顺序结构、选择结构、循环结构、子程序结构等形式。本章通过编程实例,使读者进一步熟悉和掌握单片机的指令系统及程序设计的方法和技巧,提高单片机程序的编程能力。

第二节 汇编语言程序设计的方法

程序设计的一种理想方法是结构化程序设计方法。结构化程序设计是对用到的控制结构类程序作适当的限制,特别是限制转向语句(或指令)的使用,从而控制程序的复杂性,力求程序的上、下文顺序与执行流程保持一致,使程序易读易理解,减少逻辑错误和易于修改、调试。

根据结构化程序设计的观点,功能复杂的程序结构可由三种基本结构,即顺序结构、选择结构和循环结构来组成,再加上使用广泛的子程序及中断服务程序,共有五种基本结构。

采用结构化方式的程序设计已成为软件工作的重要原理。它使得程序结构简单清晰,易读写、调试方便、生成周期短、可靠性高。这种规律性极强的编程方法,正日益被程序设计者所重视和广泛应用。本节结合 AT98S51 单片机指令集,简要介绍这五种基本结构的设计方法。

一、顺序结构程序

顺序结构是按照逻辑操作顺序,从某一条指令开始逐条顺序执行,直至某一条指令为止。顺序结构是所有程序设计中最基本、最单纯的程序结构形式,它无分支、无循环,也不调用子程序,即程序是按程序计数器 PC 自动加 1 的顺序执行的。顺序结构程序是一种最简单、应用最普遍的程序结构,因此在程序设计中使用最多。一般实际应用程序远比顺序结构复杂得多,但顺序结构是组成复杂程序的基础、主干。

在实际编程中,如何正确选择指令、寻址方式和合理使用工作寄存器,包括数据存储器单元等,都体现了最基本的汇编语言程序设计技巧。

下面介绍的数据传送和交换、查表及简单计算的例子均属顺序结构。

(一)数据传送和交换

任何程序,都必须进行数据的传输。数据传输程序段虽然很简单,但在任何程序中均出现频繁,所占比例极大。因此,其设计的好坏,涉及整个程序的质量和效率。一个好的传送程序段,应该是程序长度短,占用存储空间少,执行速度快。

【例4-1】 片内 RAM 的 20H ~ 23H 单元中存储的数据如图4-3(a)所示,试编写程序实现图4-3(b)所示的数据传送结果。

解:方法一:

```
MOV   A, 23H        ;2B, 1 个机器周期
MOV   23H, 22H      ;3B, 2 个机器周期
MOV   22H, 21H      ;3B, 2 个机器周期
MOV   21H, 20H      ;3B, 2 个机器周期
MOV   20H,#00H      ;3B, 2 个机器周期
```

方法二:

```
CLR   A             ;1B, 1 个机器周期
XCH   A,20H         ;2B, 1 个机器周期
XCH   A,21H         ;2B, 1 个机器周期
XCH   A,22H         ;2B, 1 个机器周期
XCH   A,23H         ;2B, 1 个机器周期
```

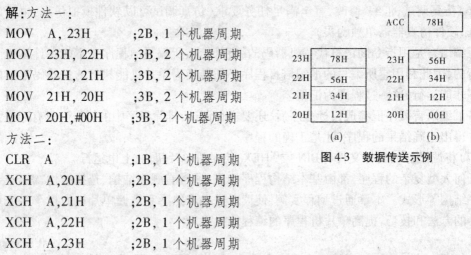

图 4-3　数据传送示例

以上两种方法均可以实现所要求的传送任务。方法一使用的指令代码占 14B,执行时间为 $9T_{cy}$(T_{cy} 为机器周期)。方法二的指令代码只有 9B,执行时间也减少到了 $5T_{cy}$。在实际应用中,我们应尽量采用指令代码字节数少、执行时间短的高效率程序,注意程序的优化。

【例4-2】 编写拆拼字程序。将片内 RAM 的 50H、51H 两个单元中的低 4 位分别取出,合并成一个字节后,存入52H 单元。

解:程序如下:

```
START:MOV   R1,#50H       ;设置数据指针
      MOV   A, @R1        ;取50H 单元中的数据
      ANL   A, #0FH       ;高 4 位清零,低 4 位不变
      SWAP  A             ;低 4 位移至高 4 位
      INC   R1            ;数据指针加1,指向下一个单元
      XCH   A, @R1        ;字节交换
      ANL   A, #0FH       ;取51H 单元的低 4 位
      ORL   A, @R1        ;拼字
      INC   R1            ;数据指针加1,指向下一个单元,即52H 单元
      MOV   @R1, A        ;存结果
      RET
```

（二）查表程序

在微机应用系统中，一般使用的表均为线性表，它是一种最常用的数据结构。一个线性表是 n 个数据元素 $a_1, a_2, \cdots, a_n$ 的集合，各元素之间具有线性（一维）的位置关系，亦即数据元素在线性表中的位置取决于它们自己的序号。在比较复杂的线性表中，一个元素可以由若干个数据项组成。线性表可以有不同的存储结构，而最简单、最常用的是用一组连续的存储单元顺序存储线性表的各元素，称为线性表的顺序分配。

查表就是根据变量 x，在表格中查找对应的 y 值，使 $y = f(x)$。y 与 x 的对应关系可有各种形式，而表格也可有各种结构。

一般表格常量设置在程序存储器的某一区域内。在 AT89S51 指令集中，设有两条查表指令：

MOVC　A，@ A + DPTR

MOVC　A，@ A + PC

这两条指令有如下特点：

（1）这两条指令均从程序存储器的表格区域读取表格值。

（2）DPTR 和 PC 均为基址寄存器，指示表格首地址。但两者的区别是：选用 DPTR 做表格首地址指针，表域可设置在程序存储器 64KB 范围内的任何区域；采用 PC 作为表格首地址指针，则表域必须跟在该查表指令之后，这使表域设置受到限制，因此一般只用于单用表格，且编程较难，但可节省存储空间。

（3）在指令执行前，累加器 A 的内容指示查表值距表格首地址的无符号偏移量，因而由它限制了表格的长度，一般不超过 256 个字节单元。

（4）当上述查表指令执行完，自动恢复原 PC 值，仍指向查表指令的下一条指令继续顺序执行。

下面举例说明根据查表参数（或序号）查找对应值的查表方法。

【例4-3】　在片内 RAM 的 20H 单元有一位数字（其取值范围为 0 ~ 9），要求编制一段程序求该数字的 ASCII 码，并存入片内 RAM 的 21H 单元。

解：程序如下：

```
        ORG    1000H
START: MOV   DPTR, #2000H
        MOV   A, 20H
        MOVC  A, @ A + DPTR
        MOV   21H, A
        SJMP  $
        ORG   2000H
TABLE: DB    30H, 31H, 32H, 33H, 34H, 35H, 36H, 37H, 38H, 39H
        END
```

在程序存储器的一段存储单元中建立起 0 ~ 9 九个数字的 ASCII 码表。用数据指针 DPTR 指向 ASCII 码表的首地址，则该数字与数据指针之和的地址单元中的内容就是其 ASCII 码值。

本例采用"MOVC　A,@A+PC"指令也可以实现查表功能,且不破坏 DPTR 内容,从而可以减少保护 DPTR 的内容所需的开销。但表格只能存放在"MOVC　A,@A+PC"指令后的 256B 内,即表格存放的地点和空间有一定的限制。请读者考虑本例使用"MOVC　A,@A+PC"查表,应如何修改程序。

【例 4-4】　设有一个巡回检测报警装置,需对 16 路输入进行控制,每路有一个最大额定值,为双字节数。控制时需根据检测的路数,找出该路对应的最大额定值进行比较,检查输入量是否大于最大允许额定值,如超过则报警。设 R2 用于寄存检测路号,对应的最大额定值存放于 R3 和 R4 中。试编制查找最大允许额定值子程序。

解:程序如下:

```
TB3:MOV   A, R2
     ADD   A, R2          ;(R2)×2→(A)
     MOV   R3, A          ;保存指针
     ADD   A, #6          ;加偏移量
     MOVC  A, @A+PC       ;查第一字节
     XCH   A, R3
     ADD   A, #3
     MOVC  A, @A+PC       ;查第二字节
     MOV   R4, A
     RET
TAB3:DW    1520,3721,42645,7580    ;最大允许额定值表
     DW    3483,32657,883,9943
     DW    10000,40511,6758,8931
     DW    4468,5871,13284,27808
```

上述表格长度不能超过 256B,且表格只能存放于"MOVC　A,@A+PC"指令以下的 256 个单元中。如果表格长度超过 256B,应选用数据指针寄存器 DPTR 作为基址寄存器,且需对 DPH 和 DPL 分别进行运算,求出数据元素地址。

(三) 简单计算

由于 51 系列单片机指令系统中只有单字节加、减法指令,因此对于多字节的加、减运算必须从低位字节开始分字节进行。对于加法运算来说,除最低字节可以使用 ADD 指令外,其他字节相加时要把低字节的进位考虑进去,这时就应该使用 ADDC 指令;而对于减法运算,由于 8051 系列单片机指令系统中只提供了 SUBB 指令,情况又不一样,最低位没有借位问题,因此在进行减法之前,先必须将 CY 清零,再使用 SUBB 指令实现减法运算。

【例 4-5】　双字节无符号数加法程序。设被加数存放在内部 RAM 的 51H、50H 单元,加数存放在内部 RAM 的 61H、60H 单元,相加的结果存放在内部 RAM 的 51H、50H 单元,进位存放在位寻址区的 00H 位中。

解:实现此功能的程序段如下:

```
MOV   R0, #50H
MOV   R1, #60H
MOV   A, @R0          ;A←(50H)
```

ADD　A, @R1	;A←(50H) + (60H)
MOV　@R0, A	;(50H)←A
INC　R0	
INC　R1	
MOV　A, @R0	;A←(51H)
ADDC　A, @R1	;A←(CY) + (51H) + (61H)
MOV　@R0, A	;(51H)←A
MOV　00H, C	;进位信息存放在位寻址区的 00H 位中

【例 4-6】　编写求和程序,将内部 RAM 中 40H、41H、42H 三个单元中的无符号数相加,其和存入 R0(高位)及 R1(低位)。

分析:三个单字节数相加,其和可能超过一个字节,要按双字节处理。

解:程序如下:

MOV　A, 40H	;取 40H 单元值
ADD　A, 41H	;40H 单元值 +41H 单元值,结果存于 A 中,并影响标志位 CY
MOV　R1, A	;结果暂存于 R1
CLR　A	;A 清零
ADDC　A, #00H	;进位标志 CY 送 A
MOV　R0, A	;CY 送高位
MOV　A, 42H	;取 42H 单元值
ADD　A, R1	;前两单元和的低位与 42H 单元内容相加,并影响标志位 CY
MOV　R1, A	;和的低位存于 R1
CLR　A	
ADDC　A, R0	;两次高位相加
MOV　R0, A	;高位和存于 R0

二、选择结构程序

选择结构程序的主要特点是程序执行流程必然包含有条件判断,选择符合条件要求的处理路径。编程的主要方法和技巧是合理选用具有逻辑判断功能的指令。由于选择结构程序不像顺序结构程序那样走向单一,因此在程序设计时,必须借助程序框图(判断框)来指明程序的走向。一般情况下,每个选择分支均需单独编制一段程序,在程序的起始地址赋予一个地址标号,以便当条件满足时转向指定地址单元去执行。51 系列单片机的判断指令极其丰富,功能极强,特别是位处理判跳指令,对复杂问题的编程提供了极大方便。

分支程序常利用条件转移指令实现,即根据条件对程序的执行情况进行判断,满足条件则转移,否则顺序执行。用于判断分支转移的指令有 JZ、JNZ、JC、JNC、JB、JNB、JBC、CJNE、DJNZ、JMP　@A + DPTR 等。通过这些指令就可以完成各种各样的条件判断。

注意:执行一条判断指令时,只能形成两路分支,若要形成多路分支,就要进行多次判断。

选择结构程序的形式,有单分支结构、双分支结构和多分支结构等。

（一）单分支结构程序

若程序的判别仅有两个出口,两者选其一,称为单分支结构。通常用条件判跳指令来选择并转移。单分支结构如图4-4所示。若条件成立,则执行程序段A,然后继续执行该指令下面的指令;如条件不成立,则不执行程序段A,直接执行该指令的下条指令。

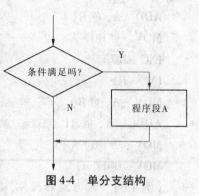

图4-4　单分支结构

【例4-7】　设计程序将1位十六进制数(即4位二进制数)转换成相应的ASCII码。设待转换的十六进制数放在R0中,转换后的ASCII码存放于R2中。

解:程序如下:

```
HASC:MOV   A, R0      ;取4位二进制数
     ANL   A, #0FH    ;屏蔽掉高4位
     PUSH  ACC        ;4位二进制数入栈(在堆栈操作指令中,不能用A,须用
                       ACC,否则编译时会出现错误)
     CLR   C          ;清进(借)位标志位
     SUBB  A, #0AH    ;用借位标志位的状态判断该数在0~9还是A~F之间
     POP   ACC        ;弹出原4位二进制数
     JC    LOOP       ;借位标志位为1,跳转至LOOP
     ADD   A, #07H    ;借位标志位为0,该数在A~F之间,应加37H,此步先加07H
LOOP:ADD   A, #30H    ;加30H
     MOV   R2, A
```

【例4-8】　设计单分支程序。假设在内部RAM的30H与31H单元中有两个无符号数,现要找出其中的较大者,并将其存入30H单元中,较小者存入31H单元。

解:程序如下:

```
START:MOV   A, 30H    ;取第一个数
      CLR   C         ;CY清零,准备做减法
      SUBB  A, 31H    ;第一个数减第二个数(比较)
      JNC   EXIT      ;若第一个数大,第二个数小,则转移
      MOV   A, 30H    ;以下三条是实现30H和31H单元内容交换
      XCH   A, 31H
      MOV   30H, A
EXIT: SJMP  $
```

（二）双分支结构程序

双分支结构如图4-5所示。若条件成立,执行程序段A;否则执行程序段B。

【例4-9】　x、y均为8位二进制数,设x存入R0,y存入R1,试设计程序满足下列方程。

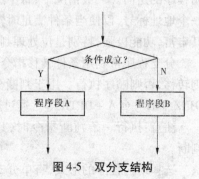

图4-5　双分支结构

$$y = \begin{cases} +1, & x > 80 \\ -1, & x < 80 \\ 0, & x = 80 \end{cases}$$

解:程序流程图如图4-6所示。程序如下：

```
START:  CJNE   R0, #50H, SUL1   ;R0 中的数与80 比较不等转移
        MOV    R1, #00H         ;相等, R1←0
        SJMP   SUL2
SUL1:   JC   NEG                ;两数不等, 若(R0) <80, 转向 NEG
        MOV    R1, #01H         ;(R0) >80, 则 R1←01H
        SJMP   SUL2
NEG:    MOV    R1, #0FFH        ;(R0) <80, 则 R1←0FFH
SUL2:   RET
```

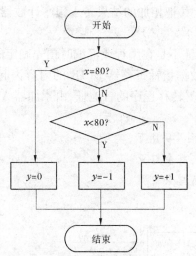

图4-6　程序流程图

【例4-10】　空调制冷控制系统中,空调制冷是通过启动压缩机来完成的,即当环境温度超过预置值时,启动压缩机实现制冷,见图4-7。设读取的温度值存放在 A 中,预置温度值存放在 R7 中,压缩机是利用电磁继电器控制的,设继电器由 P3.7 驱动(即 P3.7 置1 则启动压缩机,P3.7 置0 则停止压缩机)。要求编写程序实现上述功能。

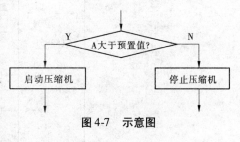

图4-7　示意图

解:程序如下：

```
            ORG   0200H
COMPRESSOR:CJNE   A, R7 ,CON      ;与预置温度值比较
           SJMP   STOP
CON:       JC   STOP
           SETB   P3.7            ;启动压缩机
           SJMP   TIMEEND
```

```
STOP:     CLR   P3.7                    ;停止压缩机
TIMEEND:RET
```

(三)多分支结构程序

当程序的判别部分有两个以上的出口流向时，称为多分支结构，如图4-8所示。

一般微机要实现多分支选择需由若干个双分支判别进行组合来实现。这不仅复杂，执行速度慢，而且分支数有一定限制。89S51系列单片机指令系统中有两类多分支选择指令：

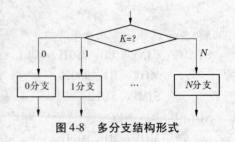

图4-8　多分支结构形式

散转指令:JMP　@A+DPTR;

比较指令:CJNE　A,direct,rel(共有4条)。

用散转指令可以很容易地实现散转功能。该指令把累加器中的8位无符号数与16位数据指针寄存器的内容相加，并把相加的结果转入程序计数器PC,控制程序转向目标地址去执行。

其特点是,转移的目标地址不是在编程或汇编时预先确定的,而是在程序运行过程中动态地确定的。目标地址是以数据指针寄存器DPTR的内容为起始的256B范围内的指定地址,即由DPTR的内容决定分支转移程序的首地址,由累加器A的内容来动态选择其中的某一个分支转移程序。

【例4-11】　已知电路如图4-9所示,实现如下功能:

(1)S0单独按下,红灯亮,其余灯灭。

(2)S1单独按下,绿灯亮,其余灯灭。

(3)其余情况,黄灯亮。

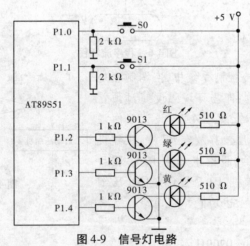

图4-9　信号灯电路

解:程序如下:

```
SGNL: ANL   P1, #11100011B        ;红绿黄灯灭
      ORL   P1, #00000011B        ;置P1.0、P1.1输入态, P1.5~P1.7状态不变
SL0:  JNB   P1.0, SL1             ;P1.0=0,S0未按下,转判S1
      JNB   P1.1, RED             ;P1.0=1,S0按下,且P1.1=0,S1未按下,转红
```

		灯亮
YELW:	SETB P1.4	;黄灯亮
	CLR P1.2	;红灯灭
	CLR P1.3	;绿灯灭
	SJMP SL0	;转循环
SL1:	JNB P1.1,YELW	;P1.0＝0,S0 未按下;P1.1＝0,S1 未按下,转黄灯亮
GREN:	SETB P1.3	;绿灯亮
	CLR P1.2	;红灯灭
	CLR P1.4	;黄灯灭
	SJMP SL0	;转循环
RED:	SETB P1.2	;红灯亮
	CLR P1.3	;绿灯灭
	CLR P1.4	;黄灯灭
	SJMP SL0	;转循环

【例 4-12】 根据工作寄存器 R0 内容的不同,设计程序使之转入相应的分支。

(R0)＝0,对应的分支程序标号为 PR0;

(R0)＝1,对应的分支程序标号为 PR1;

$\vdots$

(R0)＝N,对应的分支程序标号为 PRN。

解:程序如下:

LP0:	MOV DPTR,#TAB	;取表头地址
	MOV A,R0	
	ADD A,R0	;R0 内容乘以 2
	JNC LP1	;无进位转移
	INC DPH	;加进位标志位
LP1:	JMP @A＋DPTR	;跳至散转表中相应位置
TAB:	AJMP PR0	
	AJMP PR1	
	$\vdots$	
	AJMP PRN	

说明:本例程序仅适用于散转表首地址 TAB 和处理程序入口地址 PR0, PR1, …, PRN 在同一个 2KB 范围的存储区内的情形。若超出 2KB 范围可在分支程序入口处安排一条长跳转指令(LJMP),而 LJMP 指令是 3 字节指令,则要采用如下程序:

	MOV DPTR,#TAB	;取表头地址
	MOV A,R0	
	MOV B,#03H	;由于散转表中每条指令是 3 字节,所以应乘以 3
	MUL AB	
	XCH A,B	

```
        ADD    A, DPH
        MOV    DPH, A              ;将 R0 乘以 3 后的高字节加到 DPH 中
        XCH    A, B
        JMP    @ A + DPTR
    TAB:LJMP   PR0                 ;长跳转指令占 3 个字节
        LJMP   PR1
          ⋮
        LJMP   PRN
```

三、循环结构程序

在程序设计中，只有简单程序和分支程序是不够的。因为简单程序，每条指令只执行一次，而分支程序则根据条件的不同，会跳过一些指令，执行另一些指令。它们的特点是，每一条指令至多执行一次。在解决实际问题时，往往会遇到同样的一组操作需要重复多次的情况，这时应采用循环结构，以简化程序，缩短程序的长度及节省存储空间。例如，要做 1 到 100 的加法，没有必要写 100 条加法指令，而只需写一条加法指令，使其执行 100 次，每次执行时操作数亦作相应的变化，同样能完成原来规定的操作。可见重复次数越多，循环程序的优越性就越明显，但是并不节省程序的执行时间。由于要有循环准备、结束判断等指令，速度要比简单程序稍慢些。

循环程序一般由如下五部分组成：

(1)循环初始化部分。在进入循环体之前所必要的准备工作：需给用于循环过程的工作单元设置初值，如循环控制计数的初值、地址指针的起始地址的设置、为变量预置初值等，都属于循环程序初始化部分。它是保证循环程序的正确执行所必需的。

(2)循环处理部分。这是循环程序的核心部分，完成实际的处理工作，是需要反复循环执行的部分，故又称为循环体。这部分的内容取决于需处理问题的本身。

(3)循环修改部分。每执行一次循环体后，对指针做一次修改，使指针指向下一数据所在的位置，为进入下一轮处理做准备。

(4)循环控制部分。这是控制循环程序的循环与结束的部分，根据循环次数计数器的状态或循环条件，检查循环是否能继续进行，若循环次数达到或循环条件不满足，应退出循环，否则继续循环。

循环控制必须准确设置，否则会使循环体多执行一次或少执行一次，产生错误结果，甚至出现死循环。循环的次数有已知的和未知的两种，对于已知循环次数的程序可根据次数判断循环是否结束(常用 DJNZ 指令)，对于未知循环次数的程序，由条件转移指令判断循环是否结束。

(5)结束部分。这部分是对循环程序执行的结果进行分析、处理和存放。

循环结构一般有先执行后判断和先判断后执行两种基本结构，如图 4-10 和图 4-11 所示。

图 4-10 为先执行后判断的循环程序结构图。其特点是先进入处理部分，再控制循环，即至少执行一次循环体。

图 4-11 为先判断后执行的循环程序结构图。先控制循环，后进入处理部分。即先根据

判断结果,控制循环执行与否,有时可以不进入循环体就退出循环程序。

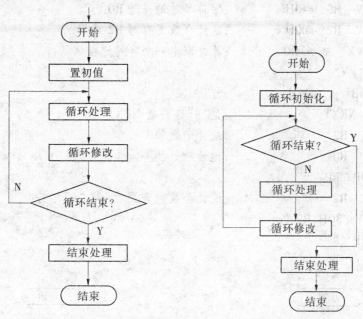

图 4-10   先执行后判断   图 4-11   先判断后执行

循环结构的程序不论是先执行后判断,还是先判断后执行,其关键是控制循环的次数。根据需要解决问题的实际情况,对循环次数的控制方法有多种。循环次数已知的,用计数器来控制循环;循环次数未知的,可以按条件控制循环,也可以用逻辑尺控制循环。

循环程序又分单循环和多重循环,下面分别举例说明循环程序的使用。

(一)单循环结构

【例 4-13】   设在片外 RAM 40H 开始的存储区中有若干个字符,已知最后一个字符为"$"(并且只有 1 个),试编程统计字符的个数(包括$字符),结果存入片内 RAM 30H 单元中。

分析:本例是循环次数未知的循环程序。它的结束条件是查找结束字符"$"。用 R2 来统计字符的个数,置初值为 0,用 R0 作为地址指针寄存器。下面的程序分别用两种结构来编写。

解:方法 1:先执行后判断。程序流程图如图 4-12 所示,程序如下:

```
START:MOV   R0, #40H        ;字符串首地址送 R0
      MOV   R2, #00H        ;统计个数寄存器 R2 清零
LP:   MOVX  A, @ R0         ;片外取出一个字符送给 A
      INC   R2             ;统计个数加 1
      INC   R0             ;地址指针加 1
      CJNE  A, #24H, LP    ;(A) ≠ "$" 则循环,"$" 的 ASCII 码为 24H
      MOV   30H, R2        ;存结果
      SJMP  $
      END
```

方法2:先判断后执行。程序流程图如图4-13所示,程序如下:

```
START:MOV   R0, #40H        ;字符串首地址送 R0
      MOV   R2, #00H        ;统计个数寄存器 R2 清零
LP:   MOVX  A, @R0          ;片外取出一个字符送给 A
      CLR   C
      SUBB  A, #24H         ;与$相减
      JZ    NEXT            ;是"$"字符转 NEXT
      INC   R2              ;统计个数加1
      INC   R0              ;地址指针加1
      SJMP  LP
NEXT: INC   R2              ;统计个数包含最后1个"$"字符
      MOV   30H,R2
      SJMP  $
      END
```

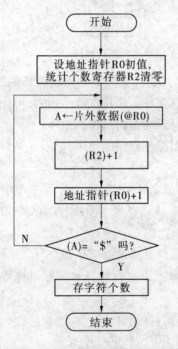

图 4-12　程序流程图(先执行后判断)

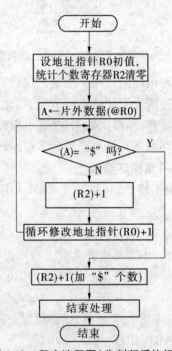

图 4-13　程序流程图(先判断后执行)

【例 4-14】　内部 RAM 20H 单元开始存有 8 个数,试编程找出其中最大的数,送入 MAX
单元。

解:程序如下:

```
      ORG   0000H
      MAX   EQU   2AH
SMAX:MOV   R0, #20H         ;置数据区首地址
      MOV   MAX, @R0        ;读第一个数暂作最大数
```

```
                MOV    R7, #7            ;置数据长度(N-1)(没有 H 后缀,为十进制)
        LOOP: INC    R0                ;指向下一个数
                MOV    A,@R0             ;读下一个数
                CJNE   A,MAX,NEXT       ;数值比较,在 C 中产生大小标志
        NEXT: JC     LOP1             ;C=1,表明 A 值小,转
                MOV    MAX,A            ;C=0,表明 A 值大,大数据送 MAX
        LOP1: DJNZ   R7,LOOP          ;判数据比完否? 未比完比较下一个
                RET                      ;数据比完,退出循环
```

【例 4-15】 编程将内部 RAM 以 40H 为起始地址的 10 个单元中的内容传到以 50H 开始的 10 个单元中。

解: 本例的编程思路是先读取一个单元的内容,将读取的内容送到指定单元,再循环送第二个,反复送,直到送完为止,程序如下:

```
        ORG    0100H
        MOV    R0,#40H           ;定内部 RAM 取数单元的起始地址
        MOV    R1,#50H           ;定内部 RAM 存数单元的起始地址
        MOV    R7,#10            ;定送数的个数
LOOP: MOV    A,@R0             ;读出的数暂存 A
        MOV    @R1,A            ;读出的数送到 50H 单元
        INC    R0               ;取数单元加 1,指向下一个单元
        INC    R1               ;存数单元加 1,指向下一个存数单元
        DJNZ   R7,LOOP          ;10 个数送完了吗? 未完转到 LOOP 继续送
        END                      ;送完了顺序执行,结束
```

【例 4-16】 将内部 RAM 以 40H 为起始地址的 10 个单元中的内容传到外部存储器以 2000H 开始的 10 个单元中。

解: 此程序与例 4-15 的区别是传到外部存储器,注意外部存储器的地址是 16 位地址,传送 16 位地址的数有专门的指令,读(外传内)外部存储器单元的方法是:

```
        MOV    DPTR, #2000H
        MOVX   A, @DPTR
```

写(内传外)外部存储器单元的方法是:

```
        MOV    DPTR, #2000H
        MOVX   @DPTR, A
```

这些专用语句要牢记,不能错,有了这些知识我们可编写程序如下:

```
        ORG    0100H
        MOV    R0, #40H          ;定内部 RAM 存数单元的起始地址
        MOV    DPTR, #2000H      ;定外部存储器取数单元的起始地址
        MOV    R7, #10           ;定送数的个数
LOOP: MOV    A, @R0            ;读出的数暂存 A
        MOVX   @DPTR, A         ;送数到新单元
        INC    R0               ;取数单元加 1,指向下一个单元
```

```
        INC   DPTR              ;存数单元加1,指向下一个存数单元
        DJNZ  R7, LOOP          ;10个数送完了吗? 未完转到LOOP继续送
        END                     ;送完了顺序执行,结束
```

【例4-17】 将外部存储器以2000H开始的10个单元中的内容传到内部RAM以40H为起始地址的10个单元中。

解:仿照例4-16写出程序如下:

```
        ORG   0100H
        MOV   R0, #40H          ;定内部RAM存数单元的起始地址
        MOV   DPTR, #2000H      ;定外部存储器取数单元的起始地址
        MOV   R7, #10           ;定送数的个数
LOOP:   MOVX  A, @DPTR          ;读出的数暂存A
        MOV   @R0, A            ;送数到新单元
        INC   DPTR              ;取数单元加1,指向下一个单元
        INC   R0                ;存数单元加1,指向下一个存数单元
        DJNZ  R7, LOOP          ;10个数送完了吗? 未完转到LOOP继续送
        END                     ;送完了顺序执行,结束
```

【例4-18】 将外部存储器以2000H开始的10个单元中的内容传到外部存储器以4000H为起始地址的10个单元中。

解:编程时可以参考以上编程思路,但在循环时要将DPTR分成两个字节,编程如下:

```
        ORG   0000H
        MOV   R2, #00H          ;定外部存储器取数单元的起始地址低字节
        MOV   R3, #20H          ;定外部存储器取数单元的起始地址高字节
        MOV   R4, #00H          ;定外部存储器存数单元的起始地址低字节
        MOV   R5, #40H          ;定外部存储器存数单元的起始地址高字节
        MOV   R7, #10           ;定送数的个数
LOOP:   MOV   DPL, R2
        MOV   DPH, R3
        MOVX  A, @DPTR          ;读出2000H单元的数暂存A
        MOV   DPL, R4
        MOV   DPH, R5
        MOVX  @DPTR, A          ;送数到4000H单元
        INC   R2                ;取数单元加1,指向下一个单元
        INC   R4                ;存数单元加1,指向下一个存数单元
        DJNZ  R7, LOOP          ;10个数送完了吗? 未完转到LOOP继续送
        END                     ;送完了顺序执行,结束
```

(二)多重循环结构

从上面例子可知,循环体为顺序结构或分支结构,每循环一次,执行一次循环体程序。对某些复杂问题,尚不能较方便地解决问题,必须采用在循环内套循环的结构形式,这种循环内套循环的结构称多重循环。多重循环是指在一个循环程序中又包含一个或多个小的循

环,又称为循环嵌套。若把每重循环的内部看做一个整体,则多重循环的结构与单循环的结构是一样的,也由五部分组成。

注意:多重循环中的各重循环不能交叉,即不能从外循环跳入内循环。

多重循环经常用在延时程序中,所谓延时,就是让 CPU 做一些与主程序功能无关的操作(例如将一个数字逐次减 1 直到 0)来消耗掉 CPU 的时间。例如:f_{osc}(晶振频率)$= 6$ MHz,则 $T_{cy} = 12/f_{osc} = 2\ \mu s$,执行一条 DJNZ 指令的时间为:$2\ \mu s \times 2 = 4\ \mu s$,如果执行 250 次,则可延时 $4\ \mu s \times 250 = 1$ ms。

【例 4-19】 编写延时 10 ms 子程序,已知 $f_{osc} = 12$ MHz。

解:$f_{osc} = 12$ MHz,一个机器周期为 1 μs。程序如下:

```
DY10ms:MOV   R6, #20        ;置外循环次数
DLP1：  MOV   R7, #250       ;置内循环次数
DLP2：  DJNZ  R7,DLP2        ;2×250 = 500(机器周期)
        DJNZ  R6,DLP1        ;500×20 = 10000(机器周期)
        RET
```

说明:MOV Rn 指令为 1 个机器周期;

DJNZ 指令为 2 个机器周期;

RET 指令为 2 个机器周期。

$$\{[(2 \times 250) + 1 + 2] \times 20 + 1 + 2\} \times 1\ \mu s = 10\ 063\ \mu s \approx 10\ ms$$

【例 4-20】 设计一个延时 1 s 的延时程序,设单片机时钟晶振频率 $f_{osc} = 6$ MHz。

分析:要达到延时 1 s,可采用外循环、内循环嵌套的多重循环结构。

解:程序如下:

```
DELAY1s:MOV   R5, #5         ;置外循环次数(1 个机器周期)
LOOP0：  MOV   R6, #200       ;置中循环次数(1 个机器周期)
LOOP1：  MOV   R7, #248       ;置内循环次数(1 个机器周期)
LOOP2：  DJNZ  R7, LOOP2      ;2 个机器周期
        NOP
        DJNZ  R6, LOOP1      ;2 个机器周期
        DJNZ  R5, LOOP0      ;2 个机器周期
        RET                 ;2 个机器周期
```

上述延时程序实际延时时间为:

$$\{[(2 \times 248 + 1 + 1 + 2) \times 200 + 1 + 2] \times 5 + 2 + 1\} \times 2\ \mu s = 1000036\ \mu s \approx 1\ s$$

适当选择外、中、内循环次数可以编制其他要求的延时子程序。若要实现更长时间的延时,可采用多重循环,如采用 7 重循环,延时可达几年。

【例 4-21】 编制一个循环闪烁灯的程序。设 AT89S51 单片机的 P1 口作为输出口,经驱动电路 74LS240(8 反相三态缓冲/驱动器)接 8 只发光二极管,如图 4-14 所示。当输出位为"1"时,发光二极管点亮,输出位为"0"时为暗。试编程实现:每个灯闪烁点亮 10 次,再转移到下一个灯闪烁点亮 10 次,循环不止。

解:程序如下:

```
        ORG   0100H
```

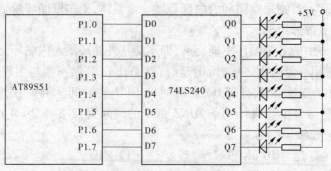

图 4-14　LED 闪烁电路

```
FLASH:MOV   A，#01H          ;置灯亮初值
FSH0: MOV   R2，#0AH         ;置闪烁次数
FLOP: MOV   P1，A            ;点亮
      LCALL DY1s             ;延时 1 s
      MOV   P1，#00H         ;熄灭
      LCALL DY1s             ;延时 1 s
      DJNZ  R2，FLOP         ;闪烁 10 次
      RL    A                ;左移一位
      SJMP  FSH0             ;循环
      END
DY1s: MOV   R5，#5
LOOP0:MOV   R6，#200
LOOP1:MOV   R7，#248
LOOP2:DJNZ  R7，LOOP2
      NOP
      DJNZ  R6，LOOP1
      DJNZ  R5，LOOP0
      RET
```

四、子程序及参数调用

在不同的程序中，或者在同一个程序的不同位置，常常要用到功能完全相同的程序段，比如数制之间的转换、代码转换等。如果每次使用这些程序段都从头编写，不仅烦琐，而且浪费存储空间，同时使得调试也很困难。为此，通常的做法是把这些常用的运算与操作编写成独立的程序段，在需要的时候直接调用，这样不仅使编写的程序占据的存储空间小，而且使得程序简洁、调试方便。我们把这些具有独立功能的程序段称为子程序，调用子程序的程序称为主程序或主调程序。主程序与子程序是相对的，子程序还可以调用另外的子程序，这称为子程序嵌套调用。不论是主程序调用子程序，还是子程序调用子程序，在调用时，都需要应用堆栈对调用前的相关参数或中间结果进行保护。

在程序调用时所用到的指令为 LCALL 或 ACALL，当程序执行到调用指令时，CPU 首先将调用指令的下一条指令首地址即断点地址压入堆栈保存，然后转到子程序的入口地址去执行子程序;当执行完子程序的返回指令 RET 后,CPU 将压入堆栈里的断点地址弹出到程序计数器 PC,这样,CPU 又返回到断点处继续执行主程序。

在设计和编写子程序时,应注意以下几点:

(1)子程序必须命名,以便主程序或其他程序调用。一般在子程序的第一条指令前加一个标号,称之为入口地址。

(2)注意现场的保护与恢复。在很多情况下,主程序与子程序共用的有关寄存器或存储单元,在调用子程序前,必须先将这些寄存器或存储单元的内容保存起来,称为保护现场;在返回主程序后,再将这些寄存器或存储单元的内容恢复,称为恢复现场。否则子程序会将这些共用单元的内容改变,存储在共用单元中的中间结果发生改变,将导致主程序运行错误。

(3)有关参数的传递。主程序调用子程序前,必须将相关参数送入约定的寄存器或存储单元,而子程序以约定的寄存器或存储单元作为输入的参数使用,即要满足入口条件;在返回主程序前,子程序必须将数据的处理结果保存到约定的寄存器或存储单元,以便返回后主程序能够从约定的寄存器或存储单元取出结果来应用。

(4)子程序的最后一条指令必须是返回指令 RET。

在 51 系列单片机指令集中,为了尽可能地节省存储空间,特设如下的指令:

第一,绝对(短)调用指令:ACALL addr11。这是一条双字节指令,它提供低 11 位调用目标地址,高 5 位地址不变。这就意味着被调用的子程序首地址与调用指令的下一条指令的距离在 2KB 范围内。

第二,长调用指令:LCALL addr16。这是一条 3 字节指令,它提供 16 位目标地址码。因此,子程序可设在 64KB 的任何存储器区域。

调用指令自动将断点地址(当前 PC 值)压入堆栈保护,以便子程序执行完毕,正确返回原程序,从断点处继续往下执行。

第三,返回指令:RET。常设置在子程序的末尾,表示子程序执行完毕。它的功能是自动将断点地址从堆栈弹出送 PC,从而实现程序返回原程序断点处继续往下执行。

在子程序的调用过程中,可能出现子程序再次调用其他子程序的情况。主程序执行时,调用子程序 1,子程序 1 执行过程中又去调用子程序 2,子程序 2 执行时还可再去调用子程序 3,即一级一级地调用。当子程序执行完后返回时也是一级一级地返回,即子程序 3 执行完后返回到子程序 2,子程序 2 执行完后返回到子程序 1,最后由子程序 1 返回到主程序。为了不在子程序返回时造成混乱,必须处理好子程序调用与返回之间的关系,处理好有关信息的保护和交换工作。主程序与子程序的关系如图 4-15 所示。

子程序调用时要注意两点:一是现场的保护和恢复;二是主程序与子程序的参数传递。

(一)现场保护和恢复

在子程序执行过程中常常要用到单片机的一些通用单元,如工作寄存器 R0～R7、累加器 A、数据指针寄存器 DPTR 以及有关标志和状态等。而这些单元中的内容在调用子程序结束后的主程序中仍有可能用到,所以需要进行保护,称为现场保护。在执行完子程序,返回继续执行主程序前恢复其原内容,称为现场恢复。

1.在主程序中实现

其特点是结构灵活。示例如下:

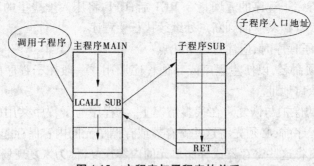

图 4-15　主程序与子程序的关系

SUB1:PUSH　PSW　　　　　　　;保护现场

　　　PUSH　ACC

　　　PUSH　B

　　　MOV　PSW,#10H　　　　;使 RS1 = 1、RS0 = 0,更换当前工作寄存器组

　　　LCALL　ADDR16　　　　;子程序调用

　　　POP　B　　　　　　　　;恢复现场

　　　POP　ACC

　　　POP　PSW

　　　⋮

2. 在子程序中实现

其特点是程序规范、清晰。示例如下:

SUB1:PUSH　PSW　　　　　　　;保护现场

　　　PUSH　ACC

　　　PUSH　B

　　　⋮

　　　MOV　PSW,#10H　　　　;换当前工作寄存器组

　　　⋮

　　　POP　B　　　　　　　　;恢复现场

　　　POP　ACC

　　　POP　PSW

　　　RET

应该注意的是,无论采用哪种方法,保护和恢复的顺序都要对应,否则程序将会发生错误。

(二)参数传递

由于子程序是主程序的一部分,所以在程序执行时必然要发生数据上的联系。在调用子程序时,主程序应通过某种方式把有关参数(即子程序的入口参数)传给子程序;当子程序执行完毕后,又需要通过某种方式把有关参数(即子程序的出口参数)传给主程序。通常传递参数的方法有如下 3 种。

1. 利用累加器或寄存器

在这种方式中,要把预传递的参数存放在累加器 A 或工作寄存器 R0 ~ R7 中。即在主程序调用子程序时,应事先把子程序需要的数据送入累加器 A 或指定的工作寄存器中,当子程序执行时,可以从指定的单元中取得数据,执行运算。反之,子程序也可以用同样的方法把结果传送给主程序。

【例4-22】 编写程序,假设 a、b 均小于 10,实现 $c = a^2 + b^2$,其中 a,b,c 分别存于内部 RAM 的 30H,31H,32H 三个单元中。

解: 程序如下:

```
START:MOV  A,30H            ;取 a
      ACALL  SQR            ;调用 SQR 子程序,求 a²
      MOV  R1,A             ;a² 暂存于 R1
      MOV  A,31H            ;取 b
      ACALL  SQR            ;调用查 SQR 子程序,求 b²
      ADD  A,R1             ;a²+b² 之和存于 A
      MOV  32H,A            ;送结果
      SJMP  $
SQR:  MOV  DPTR,#TAB        ;入口参数和出口参数均放在 A 中
      MOVC  A,@A+DPTR
      RET
TAB:  DB  0,1,4,9,16,25
      DB  36,49,64,81
      END
```

2.利用存储器

当传送的数据量比较大时,可以利用存储器实现参数的传递。在这种方式中,事先要建立一个参数表,用指针指示参数表所在的位置。当参数表建立在内部 RAM 时,用 R0 或 R1 作参数表的指针。当参数表建立在外部 RAM 时,用 DPTR 作参数表的指针。

【例4-23】 编写子程序,将 1 个字节的十六进制数转换成 ASCII 码。

入口条件:将待转换的十六进制数存于 R2 中。

出口条件:转换后的 ASCII 码仍存于 R2 中。

解:程序如下:

```
HEXASC:PUSH  PSW
       PUSH  ACC           ;保护现场
       MOV  A,R2
       ANL  A,#0FH         ;取出待转换的数据
       PUSH  ACC           ;存入堆栈
       CLR  C
       SUBB  A,#0AH        ;和 10 进行比较
       POP  ACC            ;弹回 A 中
       JC  NEXT            ;该数小于 10 转 NEXT
       ADD  A,#07H         ;否则加 7
NEXT:  ADD  A,#30H         ;加 30H(48)
```

```
        MOV   R2, A                    ;转换后的结果存入 R2 中
        POP   ACC                      ;恢复现场
        POP   PSW
        RET
```

此例利用寄存器来完成参数的传递。

3. 利用堆栈

利用堆栈传递参数是在子程序嵌套中常采用的一种方法。在调用子程序前,用 PUSH 指令将子程序中所需数据压入堆栈,执行子程序时,再用 POP 指令从堆栈中弹出数据。

【例4-24】 把内部 RAM 20H 单元中的 1 个字节的十六进制数转换为 2 位 ASCII 码,存放在 R0 指示的两个单元中。

解:程序段如下(堆栈使用情况如图 4-16 所示):

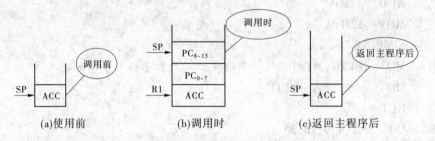

(a)使用前   (b)调用时   (c)返回主程序后

图 4-16　子程序调用堆栈使用情况

```
MAIN:  MOV   A,20H
        SWAP  A
        PUSH  ACC             ;参数入栈
        ACALL HEASC
        POP   ACC
        MOV   @R0,A           ;存高位十六进制数转换结果
        INC   R0              ;修改指针
        PUSH  20H             ;参数入栈
        ACALL HEASC
        POP   ACC
        MOV   @R0,A           ;存低位十六进制数转换结果
        SJMP  $
HEASC: MOV   R1, SP          ;借用 R1 为堆栈指针
        DEC   R1
        DEC   R1              ;R1 指向被转换数据
        XCH   A,@R1           ;取被转换数据
        ANL   A,#0FH          ;取 1 位十六进制数
        ADD   A,#2            ;偏移量调整,所加值为 MOVC 与 DB 间字节数
        MOVC  A,@A+PC         ;查表
        XCH   A,@R1           ;1B 指令,存结果于堆栈
```

```
        RET                     ;1B 指令
ASCTAB:DB   30H,31H,32H,33H,34H,35H,36H,37H
        DB   38H,39H,41H,42H,43H,44H,45H,46H
```

五、中断服务程序

中断程序一般包含中断控制程序和中断服务程序两部分。

中断服务程序是一种为中断源的特定事态要求服务的独立程序段,以中断返回指令 RETI 结束,中断服务完后返回到原来被中断的地方(即断点),继续执行原来的程序。在程序存储器中设置有五个固定的单元作为中断服务程序的入口,即 0003H、000BH、0013H、001BH 及 0023H 单元。

中断服务程序和子程序一样,在调用和返回时,也有一个保护断点和现场的问题。在中断响应过程中,断点的保护主要由硬件电路自动实现。它将断点压入堆栈,再将中断服务程序的入口地址送入程序计数器 PC,使程序转向中断服务程序,即为中断源的请求服务。

中断时,现场保护要由中断服务程序来进行。因此,在编写中断服务程序时必须考虑保护现场的问题。在 89S51 系列单片机中,现场保护一般包括累加器 A、工作寄存器 R0 ~ R7 以及程序状态字寄存器 PSW 等。保护的方法与子程序相同。

89S51 系列单片机具有多级中断功能(即多重中断嵌套),为了不至于在保护和恢复现场时,由于 CPU 响应其他中断请求而使现场破坏,一般规定,在保护和恢复现场时,CPU 不响应外界的中断请求,即关中断。因此,在编写程序时,应在保护和恢复现场之前,关闭 CPU 中断;在保护和恢复现场之后,再根据需要使 CPU 开中断。

【例 4-25】 编写串行接口以工作方式 2 发送数据的中断服务程序。

解:程序设计如下:

```
SPINT:CLR   0AFH                ;关中断
      PUSH   PSW                ;保护现场
      PUSH   ACC
      SETB   0AFH               ;开中断
      SETB   PSW.4              ;切换寄存器工作组
      CLR    TI                 ;清除发送中断请求标志
      MOV    A,@ R0             ;取数据,且置奇偶标志位
      MOV    C, P               ;送奇偶标志位
      MOV    TB8,C
      MOV    SBUF,A             ;数据写入发送缓冲器,启动发送
      INC    R0                 ;数据地址指针 R0 加 1
      CLR    0AFH               ;恢复现场
      POP    ACC
      POP    PSW
      SETB   0AFH
      CLR    PSW.4              ;切换寄存器工作组
      RETI
```

总之,程序结构主要有以上五种形式。通过五种程序结构的组合,可实现各种各样的应用程序设计。因此,它是程序设计的基础,必须理解、掌握并在实际中应用。

实训项目三　可预置可逆4位计数器

1. 项目目的

通过实训项目促使学生把理论应用于实践中,让学生学会程序编制、硬件设计以及硬件、软件结合起来进行调试的技能,为学生以后从事单片机设计工作打下坚实的基础。

任务要求:设计可预置可逆的4位计数器,要求用单片机的I/O口接发光二极管来指示计数器的数据,并具有加计数、减计数和可预置计数初值的功能。

2. 项目分析

首先硬件上应该完成单片机的最小系统的设计。对于 AT89S51 单片机,其内部有4KB的可在线编程的 Flash ROM,用它组成最小系统时,只要在外围接上电源、时钟电路和复位电路即可。

本项目设计时可利用 AT89S51 单片机的 P1.0 ~ P1.3 端口接四个发光二极管 LED1 ~ LED4,用来指示当前计数的数据;用 P1.4 ~ P1.7 端口作为预置数据的输入端,接四个拨动开关 K1 ~ K4,用 P3.6/$\overline{WR}$和 P3.7/$\overline{RD}$端口接两个轻触开关,用来作加计数和减计数开关。

设计内容如下:

(1)两个独立式按键识别的处理过程;

(2)预置初值读取的问题;

(3)LED 输出指示;

(4)做出实验板,写入程序,做成一个完整的系统。

参考电路原理图如图 4-17 所示。

3. 项目实施

按照原理图焊接元器件,按照要求的功能编制源程序并调试,最后把调试好的程序写入单片机硬件系统进行联合调试,直到完全满足设计任务要求为止。

本章小结

在进行程序设计时,首先需要对单片机的应用系统预完成的任务进行深入的分析,明确系统的设计任务、功能要求、技术指标。然后要对系统的硬件资源及工作环境进行分析和熟悉。经过分析、研究和明确任务后,利用数学方法或数学模型来对其进行描述,从而把一个实际问题转化为由计算机进行处理的问题。最后,对各种算法进行比较分析,并进行合理的优化,最终得到一个最优的方案。

编制程序的方法和技巧:一是采用结构化的程序设计方法。应用系统的程序由包含多个模块的主程序和各种子程序组成。各程序模块都要完成一个明确的任务,实现某个具体的功能,如发送、接收、延时、打印和显示等。结构化的程序设计方法具有明显的优点。把一个多功能的复杂的程序划分为若干个简单的、功能单一的程序模块,有利于程序的设计和调试,有利于程序的优化和分工,提高了程序的阅读性和可靠性,使程序的结构层次一目了然。

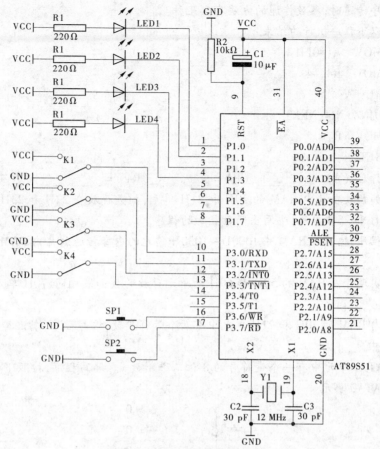

图 4-17　项目三参考电路原理图

二是尽量采用循环结构和子程序。采用循环结构和子程序可以使程序的长度减少,少占用内存空间。对于通用的子程序,除用于存放子程序入口参数的寄存器外,子程序中用到的其他寄存器的内容应压入堆栈进行现场保护,并要特别注意堆栈操作的压入和弹出的平衡。

结构化的程序设计方法具有明确的优点,所以,进行程序设计的学习,开始时就应该建立起结构化的设计思想。本章讲解了顺序结构程序、分支结构程序、循环结构程序、子程序和中断服务程序的设计方法。

总之,汇编语言程序设计是实践性较强的一种单片机应用技能,需要较多的编程训练和实际应用训练以及经验的积累,在学习中应做到以下几点:

(1)程序设计的关键在于指令熟悉和算法(思路)正确、清晰,对复杂的程序应先画出流程图。

(2)伪指令是非执行指令,仅为汇编程序提供汇编信息,应正确使用。

(3)只有多做练习,多上机调试,熟能生巧,才能编出高质量的程序。

思考题及习题

1.常用的程序结构有哪几种? 特点如何?

2. 子程序传递时,参数传递的方法有哪几种?

3. 分析以下程序执行的结果:

```
        MOV    A,#0FH
        MOV    R4,#4
NEXT:RL    A
        DJNZ    R4,NEXT
        MOV    B,A
        RET
```

程序执行后,(A) = _____ ,(B) = _____ ,(R4) = _____ 。

4. 设被加数放在片内 RAM 的 20H 和 21H 单元,加数存放在 22H 和 23H 单元,若要求和存放在 24H 和 25H 单元,编写出两数相加的程序。

5. 编写程序,把片外 RAM 中 1000H~1030H 单元的内容传送到片内 RAM 的 30H~60H 单元中。

6. 编程实现片内 RAM 的 50H 和 60H 两单元存放的数如果相同,70H 单元便存入 1,否则存 0。

7. 设片内 RAM 的 20H 和 21H 单元中有两个带符号数,编写程序,求出其中的大数存放在 22H 单元中。

8. 在 DATA1 单元中有一个带符号的 8 位二进制数 x。编写程序,按照下面的关系计算 y 值,并送 DATA2 单元。

$$y = \begin{cases} x + 5, & x > 0 \\ x, & x = 0 \\ x - 5, & x < 0 \end{cases}$$

9. 编写一个将十六进制数转换为十进制数的子程序。

10. 编写一个延时 10 ms 的子程序(设单片机晶振频率为 6 MHz)。

11. 若 AT89S51 单片机的晶振频率为 6 MHz,试计算如下延时子程序的延时时间。

```
DELAY:    MOV    R7, #0F6H
LP:        MOV    R6, #0FAH
          DJNZ    R6, $
          DJNZ    R7, LP
          RET
```

12. 编写程序,求 $1^2 + 2^2 + 3^2 + 4^2 + 5^2$。

13. 编写程序实现两个双字节无符号数相乘,乘数存放在 R2R3 中(R2 中存放高位字节,R3 中存放低位字节),被乘数存放在 R6R7 中(R6 中存放高位字节,R7 中存放低位字节),乘积存放在 R4R5R6R7 中。

14. 试编写一个三字节无符号数的除法程序。

第五章 AT89S51 单片机的中断系统

本章主要内容

中断是计算机应用中的一种重要技术手段,本章主要介绍了中断的一些概念和与中断相关的 4 个特殊功能寄存器,重点讨论了中断的使用方法和编程方法。

任务四 单键改变发光二极管状态演示

1. 任务目的

(1)理解中断及相关知识。

(2)掌握广告灯电路的制作。

(3)掌握常用单片机的输出接口的电路形式及应用。

(4)会使用外部中断。

(5)掌握中断处理程序的编程方法。

2. 任务内容

单片机的 I/O 口作输出口,接 8 个 LED 发光二极管,通过编程实现发光二极管的点亮、闪烁和流水灯效果,并用按键改变发光二极管的显示状态。硬件线路原理图如图 5-1 所示。

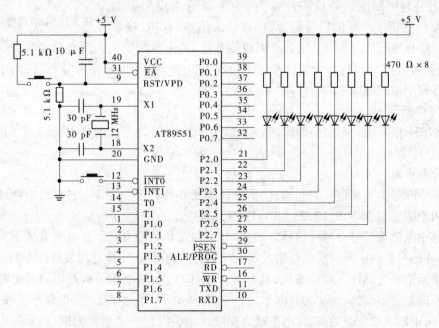

图 5-1 外部中断 INT0 控制广告流水灯电路图

3. 任务演示

通过 Proteus 或直接在实验台上演示,使主程序将 P2 口的 8 个 LED 做左移右移,中断

（按INT0）时使 P2 口的 8 个 LED 闪烁 5 次。源程序见本章例 5-4。

第一节　中断系统概述

中断是打断正在执行的工作,转去做另外一件事,它是 CPU 与外部设备交换信息的一种方式。利用中断功能,计算机将具有实时处理外部事件的能力,可解决 CPU 与外部设备的配合问题,提高 CPU 的效率和处理故障的能力。下面首先介绍有关中断的一些基本概念。

一、中断、中断源和中断优先级

（一）中断

我们从一个生活中的例子引入。例如,你在看书——手机响了——你在书上作个记号——你接通电话和对方聊天——谈话结束——从书上的记号处继续看书。这就是一个中断过程。通过中断,你一个人在一特定的时刻,同时完成了看书和打电话两件事情。用计算机语言来描述,所谓的中断就是,当 CPU 正在处理某项事务的时候,如果外界或者内部发生了紧急事件,要求 CPU 暂停正在处理的工作而去处理这个紧急事件,待处理完后,再回到原来中断的地方,继续执行原来被中断的程序。中断过程如图 5-2 所示。

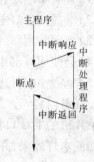

图 5-2　中断过程示意图

在中断系统中,通常将 CPU 正常情况下运行的程序称为"主程序";把引起中断的设备或事件称为"中断源";由中断源向 CPU 所发出的请求中断的信号称为"中断请求信号";CPU 接收中断申请终止现行程序而转去为服务对象服务称为"中断响应";为服务对象服务的程序称为"中断服务程序"（也称为中断处理程序）;现行程序中断的地方称为"断点";为中断服务对象服务完毕后返回原来的程序叫"中断返回"。

（二）中断源

AT89S51 单片机有 5 个中断源,分为三类:外部中断（2 个）、定时中断（2 个）和串行口中断（1 个）。

1. 外部中断

外部中断是由外部信号引起的,包括外部中断 0 和外部中断 1。它们的中断请求信号分别由两个固定引脚INT0（P3.2）和INT1（P3.3）输入。

外部中断请求信号有两种信号方式,即电平方式和脉冲方式。在电平方式下为低电平有效,单片机只要在中断请求信号输入端采样到有效的低电平,即能激发外部中断。而脉冲方式的中断请求为脉冲下降沿有效,这种方式中,CPU 在两个相邻机器周期对中断请求输入端进行的采样中,如前一次为高电平,后一次为低电平,即为有效的中断请求。注意:在脉冲方式下,中断请求信号的高、低电平状态都应该至少维持一个机器周期,以确保电平变化能被单片机采样到。

2. 定时中断

定时中断是为满足定时或计数溢出处理的需要而设置的。

定时方式中的中断请求是由单片机内部产生的,输入脉冲是内部产生的周期固定的脉冲信号(1 个机器周期),无需在芯片外部设置输入端。

计数方式中的中断请求是由单片机外部引起的,脉冲信号由 T0(P3.4)或 T1(P3.5)引脚输入,脉冲下降沿为计数有效信号。这种脉冲周期是不固定的。

当定时/计数器中计数值发生溢出时,表明定时时间或计数值已到,这时以计数溢出信号作为中断请求使溢出标志位置 1,即 T0 中断请求标志位 TF0 = 1,或 T1 中断请求标志位 TF1 = 1。如果允许中断,则请求中断处理。

3. 串行中断

串行中断是为满足串行数据的传送需要而设置的。每当串行口接收或发送完一组串行数据时,就置位中断请求标志 RI 或 TI,请求中断。串行中断也是在单片机芯片内部自动发生的,所以也不用在芯片上设置中断请求信号的输入端。

(三)优先级

一个单片机系统通常有多个中断源,而单片机 CPU 在某一时刻只能响应一个中断源的中断请求,当多个中断源同时向 CPU 发出中断请求时,就存在 CPU 优先响应哪一个中断请求的问题。为此系统根据中断源的轻重缓急进行排队,规定每个中断源都有一个中断优先级别,优先处理最紧急事件的中断请求。

二、中断控制和操作

AT89S51 单片机有 5 个中断源,每个中断源均有 2 个优先级(高级中断、低级中断),实现两级中断嵌套,通过 4 个控制器(IE、IP、TCON、SCON)进行中断管理。中断控制是通过硬件实现的,但须进行软件设置。用户可以用软件来屏蔽所有的中断请求,也可以用软件使 CPU 接受中断请求;每一个中断源可以用软件独立地控制为开中断或关中断状态;每一个中断源的中断优先级均可用软件设置。AT89S51 的中断系统内部结构如图 5-3 所示。

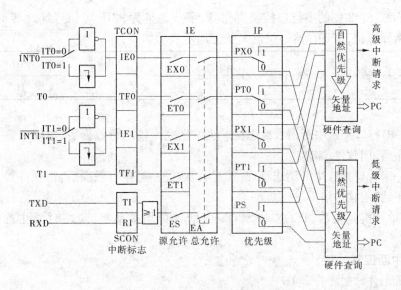

图 5-3　AT89S51 的中断系统结构

（一）中断请求标志

AT89S51 单片机的 5 个中断源都有相应的中断请求标志位,CPU 依据这些标志位是否置位来判断有何种中断请求,对于外部中断源,还需设定中断请求信号的形式。在中断系统中,可由特殊功能寄存器中的定时/计数器控制寄存器(TCON)和串行口控制寄存器(SCON)的相关位来规定。

1. TCON 寄存器

TCON 是一个 8 位的定时/计数器控制寄存器,字节地址为88H,可位寻址。其 8 个位中有 6 个位与中断有关,位定义及位地址表示如下:

位地址	8FH	8DH	8BH	8AH	89H	88H
位符号	TF1	TF0	IE1	IT1	IE0	IT0

TF0 和 TF1——定时/计数器(T0 和 T1)计数溢出标志位。当计数器产生计数溢出时,相应的溢出标志位由硬件置 1。当转向中断服务时,再由硬件自动清零。计数溢出标志位的使用有两种情况:采用中断方式时,作中断请求标志位来使用;采用查询方式时,作查询状态位来使用。

IE0 和 IE1——外部中断请求标志位。当 CPU 采样到$\overline{INT0}$(或$\overline{INT1}$)端出现有效中断请求信号时,IE0(IE1)位由硬件置 1。当中断响应完成转向中断服务程序时,再由硬件将 IE0(或 IE1)自动清零。

IT0 和 IT1——外部中断信号触发方式控制位。因为外部中断请求有电平和脉冲两种信号方式,所以外部中断才需要有中断信号触发方式控制。

IT0(IT1)=1,脉冲触发方式,下降沿有效。

IT0(IT1)=0,电平触发方式,低电平有效。

2. SCON 寄存器

SCON 是一个 8 位的串行口控制寄存器,字节地址为98H,可位寻址。其 8 个位中有 2 个位是中断标志位,该寄存器的位定义及位地址表示如下:

位地址							99H	98H
位符号							TI	RI

TI——串行口发送中断请求标志位。当发送完一帧串行数据后,由硬件置 1;在转向中断服务程序后,用软件清零。

RI——串行口接收中断请求标志位。当接收完一帧串行数据后,由硬件置 1;在转向中断服务程序后,用软件清零。

注意:单片机复位后,TCON 和 SCON 中的各位均被清零,应用时要注意各位的初始状态。

（二）中断控制

1. 中断允许控制寄存器 IE

该寄存器用于控制是否允许使用中断。它是一个 8 位寄存器,字节地址为 A8H,可位寻址。其位定义及位地址表示如下:

位地址	AFH	AEH	ADH	ACH	ABH	AAH	A9H	A8H
位符号	EA	—	—	ES	ET1	EX1	ET0	EX0

EA——中断允许总控制位。

EA=0,中断总禁止,禁止所有中断。

EA=1,中断总允许,总允许后中断禁止或允许由各中断源的中断允许控制位进行设置。

EX0 和 EX1——外部中断允许控制位。

EX0(EX1)=0,禁止外部中断。

EX0(EX1)=1,允许外部中断。

ET0 和 ET1——定时/计数器中断允许控制位。

ET0(ET1)=0,禁止定时/计数器中断。

ET0(ET1)=1,允许定时/计数器中断。

ES——串行中断允许控制位。

ES=0,禁止串行中断。

ES=1,允许串行中断。

注意:系统复位后,IE 中各中断允许位均被清零,即禁止所有的中断。

若使某一个中断源允许中断,必须同时使 CPU 开放中断。

【例5-1】 假设允许片内定时/计数器中断,禁止其他中断源的中断申请。试根据假设条件设置 IE 的相应值。

解:(1)用位操作指令来编写:

CLR　　ES　　;禁止串行口中断

CLR　　EX0　　;禁止外部中断 0 中断

CLR　　EX1　　;禁止外部中断 1 中断

SETB　　ET0　　;允许定时/计数器 T0 中断

SETB　　ET1　　;允许定时/计数器 T1 中断

SETB　　EA　　;CPU 开中断

(2)用字节操作指令来编写:

MOV　　IE,#8AH

2. 中断优先级控制寄存器 IP

AT89S51 单片机有两个中断优先级,可由软件设置每个中断源为高优先级中断或低优先级中断,即可以实现两级中断嵌套。两级中断嵌套的过程如图5-4所示。

每个中断源的中断优先级都是由 IP 设定的。IP 也是一个 8 位的特殊功能寄存器,字节地址为 B8H,可位寻址,其位定义及位地址表示如下:

位地址	BFH	BEH	BDH	BCH	BBH	BAH	B9H	B8H
位符号	—	—	—	PS	PT1	PX1	PT0	PX0

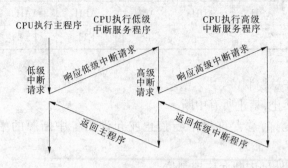

图 5-4 两级中断嵌套

PX0 和 PX1——外部中断 0 和外部中断 1 优先级设定位。

PT0 和 PT1——定时/计数器 T0 和 T1 中断优先级设定位。

PS——串行口中断优先级设定位。

以上各位设置为"0"时,则相应的中断源为低优先级;设置为"1"时,则相应的中断源为高优先级。

注意:当系统复位后,IP 的低 5 位全部清零,即将所有的中断源设置为低优先级中断。

【例 5-2】 设置 IP 寄存器初始值,使 AT89S51 的两个外部中断请求为高优先级,其他中断请求为低优先级。

解:(1)用位操作指令来编写:

SETB PX0 ;外部中断 0 设置为高优先级

SETB PX1 ;外部中断 1 设置为高优先级

CLR PT0 ;定时/计数器 T0 设置为低优先级

CLR PT1 ;定时/计数器 T1 设置为低优先级

CLR PS ;串行口设置为低优先级

(2)用字节操作指令来编写:

MOV IP,#05H

AT89S51 单片机中断优先级遵循以下几条原则:

(1)CPU 同时接收到几个中断请求时,首先响应优先级最高的中断请求。

(2)如果有几个同一优先级的中断源同时向 CPU 请求中断,则 CPU 通过内部硬件查询,按自然优先级确定应该响应哪一个中断请求。自然优先级顺序是由硬件形成的,其顺序由高至低依次为外部中断 0→定时中断 0→外部中断 1→定时中断 1→串行中断。

(3)正在进行的中断过程不能被新的同级或低优先级的中断请求所中断。

(4)正在进行的低优先级中断服务程序能被高优先级中断请求所中断。

为了实现以上的优先原则,中断系统内部有两个对用户不透明的、不可寻址的"中断优先级状态触发器"。其中一个用于指示某一高优先级中断正在进行服务,从而屏蔽其他高优先级中断;另一个用于指示某一低优先级中断正在进行服务,从而屏蔽其他低优先级中断,但不能屏蔽高优先级的中断。

三、中断响应过程及中断矢量地址

(一)中断响应过程

从中断请求发生到中断被响应,再转向执行中断服务程序,去完成中断所要求的操作,是一个完整的中断处理过程。下面简要说明 AT89S51 的中断响应过程。

1. 外部中断请求采样

对于外部中断请求,中断请求信号来自于单片机外部,而且是随机的,计算机要想知道有没有中断请求发生,必须对信号进行采样。

(1)电平触发方式的外部中断请求(IT0/IT1 = 0)采样到高电平时,表明没有中断请求,IE0 或 IE1 继续为"0"。采样到低电平时,IE0/IE1 由硬件自动置"1",表明有外部中断请求发生。

(2)脉冲触发方式的外部中断请求(IT0/IT1 = 1)在相邻的机器周期采样到的电平由高电平变为低电平时,则 IE0/IE1 由硬件自动置"1",否则为"0"。

2. 中断查询

由 CPU 测试 TCON 和 SCON 中的各个中断标志位的状态,确定有哪个中断源发生请求,查询时按优先级顺序进行查询,即先查询高优先级再查询低优先级。如果同级,按以下顺序查询:

$$\overline{INT0} \rightarrow T0 \rightarrow \overline{INT1} \rightarrow T1 \rightarrow 串行口$$

如果查询到有标志位为"1",表明有中断请求发生,接着就从相邻的下一机器周期开始进行中断响应。

3. 中断响应

CPU 要在以下三个条件同时具备的情况下才有可能响应中断:首先是中断源有中断请求;其次是 CPU 的中断允许位 EA 被置位,即开放中断;最后是相应的中断允许位被置位,即某个中断源允许中断。后两条可通过编程来设置。

此外,若是某个中断源通过编程设置处于被打开的状态,并满足中断响应的条件,也并不是所有的请求都被响应,当遇到下列情况之一时不响应这些中断请求:

(1)CPU 正在处理一个同级或者高级的中断服务。

(2)当前指令还没有执行完毕。

(3)当前指令是 RET、RETI 或者是访问 IP、IE 的指令,执行完这些指令后,还必须再执行一条指令,才响应中断请求。

当中断请求被响应之后,由硬件自动产生一条 LCALL 指令,LCALL 指令执行时,首先将 PC 内容压入堆栈进行断点保护,再把中断矢量地址(入口地址)装入 PC,使程序转向相应的中断区入口地址。LCALL 指令的形式如下:

LCALL   addr16   ;addr16:中断入口地址

(二)中断矢量地址(中断入口地址)

中断矢量地址已由系统设定,如表 5-1 所示。

表 5-1　中断矢量地址

中断源	入口地址
外部中断 0	0003H
定时/计数器 T0 中断	000BH
外部中断 1	0013H
定时/计数器 T1 中断	001BH
串行口中断	0023H

从表 5-1 中可以看出,每个中断区只有 8 个单元,很难安排下一个中断程序,一般是在中断入口地址处加一条跳转指令,跳转到用户的服务程序入口。编写中断服务程序的格式一般如下:

```
        ORG    0000H
        SJMP   MAIN
        ORG    0003H
        AJMP   INT_0
MAIN:…
        SJMP   $
INT_0:…                ;中断响应程序
        RETI
        END
```

中断服务程序完成后,一定要执行一条 RETI 指令,执行这条指令后,CPU 将会把堆栈中保存着的地址取出,送回 PC,那么程序就会从主程序的中断处继续往下执行了。

四、中断请求的撤销

中断响应后,TCON 和 SCON 的中断请求标志位应及时撤销。否则意味着中断请求仍然存在,有可能造成中断的重复查询和响应,因此需要在中断响应完成后,撤销其中断标志。

(一)定时中断请求的撤销

定时中断后,硬件自动把标志位 TF0(TF1)清零,即中断请求是自动撤除的,不需要用户干预。

(二)串行中断请求的撤销

对于串行口中断,CPU 响应中断后,没有用硬件清除它们的中断请求标志位 TI、RI,必须在中断服务程序中用软件清除,以撤销其中断请求,即用如下指令进行标志位清除:

```
CLR   TI        ;清 TI 标志位
CLR   RI        ;清 RI 标志位
```

(三)外部中断请求的撤销

外部中断请求的撤销包括中断标志位 IE0(或 IE1)的清零和外部中断请求信号的撤除。其中,IE0(或 IE1)的清零是在中断响应后由硬件电路自动完成的。剩下的只是外部中断引脚请求信号的撤除了。下面对脉冲和电平两种触发方式分别进行讨论。

1. 脉冲触发方式的外部中断请求撤销

对于脉冲方式的中断请求,由于脉冲信号过后就消失了,因此其中断请求信号是自动撤销的。

2. 电平触发方式的外部中断请求撤销

对于电平方式的中断请求,中断标志位的清零是自动的,但中断请求信号的低电平可能持续存在,在以后的机器周期采样时,又会把中断请求标志位(IE0/IE1)置位。为此,要彻底解决电平方式外部中断请求的撤销,除标志位清零外,必要时还需在中断响应后把中断请求信号引脚从低电平强制改变为高电平。为此,可在系统中增加如图 5-5 所示的电路。

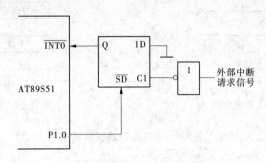

图 5-5　电平触发方式的外部中断请求撤销

通过直接置位端SD(低电平有效)使中断请求信号强制从低电平变为高电平,要实现此功能需要在中断入口地址处加入如下两条指令:

```
CLR     P1.0
SETB    P1.0
```

可见,电平触发方式的外部中断请求信号的完全撤销,是通过软硬件相结合的方法实现的。

第二节　中断系统的应用实例

中断系统虽然是硬件系统,但需要有相应的软件配合才能正确使用。在中断系统的实际应用当中,除了进行硬件连接,把中断请求信号加到单片机中断引脚上,还需要进行必要的中断程序的设计。本节将介绍中断程序设计的一般方法,并通过几个简明易懂的实例说明中断系统的应用。

一、中断程序的一般设计方法

为实现中断而设计的有关程序称为中断程序。中断程序由中断控制程序和中断服务程序两部分组成。中断控制程序用于实现对中断的控制,通常称之为中断初始化程序;中断服务程序用于完成中断源所要求的各种操作。从程序所处位置看,中断控制程序在主程序中,作为主程序的一部分并和主程序一起运行,中断服务程序则存放在主程序之外的其他存储区,只是在主程序运行过程中发生中断时,CPU 才暂停主程序执行,转而去执行中断服务程序。中断服务完毕之后,还得再转回来继续执行主程序。图 5-6(a)所示为主程序框图,图 5-6(b)所示为中断服务程序框图。

(a)主程序框图　　　　　　　　(b)中断服务程序框图

图 5-6　中断处理过程流程图

(一)中断初始化

要使 CPU 在执行主程序的过程中能够响应中断,就必须先对中断系统进行初始化。AT89S51 单片机中断系统初始化包括设置堆栈、选择中断触发方式(对外部中断而言)、开中断、设置中断优先级等。

(1)设置堆栈指针 SP,即设置适宜的堆栈深度。如深度要求不高且工作寄存器组 1~3不用,可维持复位时状态:SP=07H,深度为 24B(20H~2FH 为位寻址区);如要求有一定深度,可设 SP=60H 或 50H,这时深度分别为 32B 和 48B。

(2)根据中断源的轻重缓急,通过设置 IP 优先级控制位来划分高优先级和低优先级。

(3)一般情况下,以定义脉冲触发方式为宜。若外部中断必须采用电平触发方式,应在硬件电路上和中断服务程序中采取撤除中断请求信号的措施。

(4)由于 AT89S51 采用了两级中断控制方式,因此开放中断必须同时开放两级中断控制,即同时置位 EA 和需要开放中断的中断允许控制位。

图 5-6(a)所示为具有中断功能的主程序框图。现在假设应用程序中有两个中断源:外部中断 0 和定时/计数器 T1,则与中断初始化有关的指令的一般编写格式如下:

```
        ORG   0000H
        LJMP   MAIN
        ORG   0003H        ;外部中断 0 入口地址
        LJMP   SUB1        ;转向外部中断 0 服务程序入口地址
          ⋮
        ORG   001BH        ;定时/计数器 T1 中断入口地址
        LJMP   SUB4        ;转向定时/计数器 T1 中断服务程序入口地址
          ⋮
        ORG   0030H
MAIN:⋯
```

· 108 ·

```
              ⋮
       MOV   SP,#60H      ;设置堆栈指针
       SETB  IT0          ;外部中断 0 选择脉冲触发方式
       SETB  EA           ;CPU 开中断
       SETB  EX0          ;外部中断 0 开中断
       SETB  ET1          ;定时/计数器 T1 开中断
       SETB  PT1          ;设置定时/计数器 T1 中断为高优先级
              ⋮           ;执行主程序
       ORG   0100H        ;外部中断 0 中断服务程序入口地址
SUB1:…
       ⋮
       RETI              ;中断返回
       ⋮
       ORG   0200H        ;定时/计数器 T1 中断服务程序入口地址
SUB4:…                    ;定时/计数器 T1 的服务程序
       ⋮
       RETI
       END
```

(二)中断服务程序

中断服务程序是一种具有特定功能的独立程序段。它为中断源的特定要求服务,以中断返回指令结束。如图5-6(b)所示为中断服务程序框图。在中断响应过程中,断点的保护和恢复主要由硬件电路来实现。对用户来说,在编写中断服务程序时,主要须考虑是否有需要保护的现场(指在主程序中用到的寄存器、存储单元等,在中断中也使用了),如果有,则注意不要遗漏;在恢复现场时,要注意压栈与出栈指令必须成对使用,先入栈的内容应该后弹出。另外,还要及时清除需要用软件清除的中断标志。

现场保护和恢复前的关中断,主要是避免在进行现场保护和恢复时被打扰,影响现场保护和恢复工作,其后的开中断又是为了允许有更高级的中断打断此中断服务程序,为系统保留中断嵌套功能。如果不允许其他中断,则在中断服务程序执行过程中须一直关中断。

中断服务程序一般编写格式如下:

```
INT_0:CLR   EA          ;关中断
      PUSH  ACC         ;保护现场
      PUSH  PSW
             ⋮
      SETB  EA          ;开中断(如果不希望高优先级中断进入,则不用开中断)
             ⋮          ;中断处理程序
      CLR   EA          ;关中断
             ⋮
      POP   PSW         ;恢复现场
      POP   ACC
```

```
        SETB    EA          ;开中断
        RETI                ;中断返回
```
对于只需要一次中断服务的程序,中断返回前可设关中断。

二、中断系统的应用

【例5-3】 在 AT89S51 单片机的 $\overline{\text{INT0}}$ 引脚外接脉冲信号,要求每送来一个脉冲,把 30H 单元内容加 1,若 30H 单元计满则进位 31H 单元。试利用中断结构,编制一个脉冲计数程序。

分析:采用中断方法编制程序,一般要包括以下几个内容。

(1)主程序中必须有一个初始化部分,用于设置堆栈位置、定义触发方式以及对中断优先级控制寄存器、中断允许控制寄存器赋值等。

(2)选择中断服务程序的入口地址。

(3)编制中断服务程序。

解:程序编制如下:

```
        ORG     0000H
        AJMP    MAIN        ;设置主程序入口
        ORG     0003H       ;外部中断 0 入口
        AJMP    INT_0       ;中断服务程序入口
        ORG     0100H
MAIN:   CLR     A
        MOV     30H,A
        MOV     31H,A       ;30H、31H 单元内容清零
        MOV     SP,#70H     ;设置堆栈指针
        SETB    EA          ;开中断
        SETB    EX0         ;允许 INT0 中断
        SETB    IT0         ;设置 INT0 为脉冲触发方式
        AJMP    $           ;等待中断
INT_0:  PUSH    ACC         ;外部中断 0 中断服务程序
        INC     30H         ;30H 单元内容加 1
        MOV     A,30H
        JNZ     NEXT        ;30H 单元内容不为 0,则转 NEXT
        INC     31H
NEXT:   POP     ACC         ;恢复现场
        RETI                ;返回
        END
```

【例5-4】 编程使主程序将 P2 端口所接的 8 个 LED 做左移右移,中断(按 $\overline{\text{INT0}}$)时使 P2 端口所接的 8 个 LED 闪烁 5 次。硬件连接图如图 5-1 所示。

解:程序编制如下:

```
        ORG     0000H       ;起始地址
```

```
        LJMP   START          ;跳到主程序 START
        ORG    0003H          ;外部中断 0 入口地址
        LJMP   EXT0           ;外部中断 0 服务程序
;以下是主程序
START： MOV    SP,#70H        ;设定堆栈初值
        SETB   EA             ;开总中断
        SETB   EX0            ;开外部中断 0
        SETB   PX0            ;外部中断 0 设置为高优先级
        SETB   IT0            ;外部中断 0 为脉冲触发
;循环左移 8 次
LOOP：  MOV    A,#0FFH        ;左移初值
        CLR    C              ;C = 0
        MOV    R2,#08         ;设定左移 8 次
LOOP1： RLC    A              ;带进位左移一位
        MOV    P2,A           ;输出至 P2
        ACALL  DELAY          ;调用延时 0.2 s 子程序
        DJNZ   R2,LOOP1       ;左移 8 次?
;循环右移 7 次
        MOV    R2,#07         ;设定右移 7 次
LOOP2： RRC    A              ;带进位右移一位
        MOV    P2,A           ;输出至 P2
        ACALL  DELAY          ;调用延时 0.2 s 子程序
        DJNZ   R2,LOOP2       ;右移 7 次?
        LJMP   LOOP           ;重复主程序
;以下为外部中断 0 服务程序
EXT0：  PUSH   ACC            ;现场保护
        PUSH   PSW
        SETB   RS0
        CLR    RS1            ;设定工作寄存器组 1
        MOV    A,#00H         ;使 P2 全亮
        MOV    R2,#10         ;闪烁 5 次(全亮、全灭共计 10 次)
LOOP3： MOV    P2,A           ;将 A 输出至 P2
        ACALL  DELAY          ;调用延时 0.2 s 子程序
        CPL    A              ;将 A 值取反
        DJNZ   R2,LOOP3       ;闪烁 5 次(亮灭 5 次)?
        CLR    RS0            ;设定工作寄存器组 0
        POP    PSW            ;现场恢复
        POP    ACC
```

```
                RETI
;以下是 0.2 s 延时子程序(晶振频率为 12 MHz)
DELAY: MOV    R5,#20
D1:    MOV    R6,#20
D2:    MOV    R7,#248
D3:    DJNZ   R7,D3
       DJNZ   R6,D2
       DJNZ   R5,D1
       RET
       END
```

实训项目四　中断控制流水灯设计

1. 项目目的

通过对流水灯的设计,理解中断及相关知识,会使用外部中断及定时中断,掌握中断处理程序的编程方法和广告灯电路的制作。

2. 项目分析

在现在诸多的娱乐场所、理发店、宾馆、饭店、公司等的门外,都可以看到各式各样的广告流水灯。所谓广告流水灯,就是将一系列有颜色的广告灯串接在一起,然后令这些灯按一定的次序逐个(或几个)依次点亮和熄灭。由于各灯点亮产生的效果就像流动的水一样,因此就称这类广告灯为广告流水灯。

生活中广告流水灯的形式和点亮的次序是多种多样的。有单一颜色的几个灯按固定的次序点亮的,有多个不同颜色的灯构成某一图案依次点亮的,也有多排广告灯按多种组合好的次序循环点亮的,等等。该项目中设计的广告流水灯,只是中断在流水灯设计中的一种应用,是广告流水灯中比较简单的类型。使单片机的 P2 口接 8 个 LED 指示灯,在主程序中设计程序让 8 个 LED 指示灯轮流亮,在外部中断 0 服务程序中让 P2 口外接的 LED 同时闪烁 8 次,在外部中断 1 服务程序中让左右 4 个 LED 交替闪烁,要求外部中断 0 和外部中断 1 互相不影响。

3. 项目实施

1)电路原理图

电路设计中,采用 8 个发光二极管 LED 来代表广告灯。广告灯是由单片机的 P2 端口的 8 个引脚来分别控制的。电源部分用的是 5 V 直流电源,晶体振荡器采用的是 12 MHz 的石英晶体振荡器。硬件电路如图 5-7 所示。

2)电路的调试

通电之前,先用万用表检查各种电源线与地线之间是否有短路现象。然后给硬件系统加电,检查所有插座或器件的电源端是否有符合要求的电压值、接地端电压是否为 0 V。在不插上单片机时,模拟单片机输出低电平,检查相应的外部电路是否正常。方法是:用一根导线将低电平(接地端)分别引到 P1.0 到 P1.7 相对应的集成电路插座的管脚上,观察相应

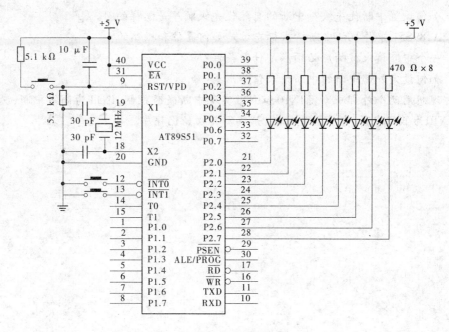

图 5-7　流水灯电路原理图

的发光二极管是否正常发光。

本章小结

本章重点讨论了 5 个中断源、4 个特殊功能寄存器及中断编程使用方法,AT89S51 单片机允许有 5 个中断源,提供两个中断优先级(能实现两级中断嵌套)。5 个中断源是:

(1)$\overline{INT0}$——来自 P3.2 引脚上的外部中断请求(外部中断 0)。

(2)$\overline{INT1}$——来自 P3.3 引脚上的外部中断请求(外部中断 1)。

(3)T0——片内定时/计数器 0 溢出中断请求。

(4)T1——片内定时/计数器 1 溢出中断请求。

(5)串行口——片内串行口完成一帧发送或接收中断请求。

这 5 个中断源可分为两个优先级,由中断优先级控制寄存器 IP 设定它们的优先级。同一优先级别的中断优先权,由系统硬件确定的自然优先级决定。

4 个特殊功能寄存器是 TCON、SCON、IE、IP,要掌握中断相关位的作用和编程使用方法。

思考题及习题

1. 什么是中断? 中断有何作用?

2. 什么是中断源? AT89S51 单片机有几个中断源? 写出其固定入口地址。相应的中断请求标志位是什么? 这些标志位分布在哪几个特殊功能寄存器中?

3. 如何控制中断的开与关?

4. 如何设置中断优先级？中断的自然优先级顺序是怎样的？

5. AT89S51 单片机的中断请求标志位是如何置位和撤销的？

6. 一个中断请求被响应必须满足什么条件？

7. 如何设定外部中断的中断请求信号形式？

8. 现想用两个外部中断源$\overline{INT0}$和$\overline{INT1}$实现中断嵌套控制，$\overline{INT1}$为高级中断，脉冲触发方式；$\overline{INT0}$为低级中断，电平触发方式，试编写其初始化程序。

第六章　AT89S51 单片机的定时/计数器

本章主要内容

本章介绍了 AT89S51 单片机内的两个可编程定时/计数器 T0 和 T1,重点讨论了它的 4 个工作方式,以及它们的使用方法和编程控制方法。

任务五　数字时钟的演示

1. 任务目的

(1) 了解数码管的结构,掌握数码管接口方式和编程方法。

(2) 了解定时器的相关知识,掌握定时器的应用与编程。

(3) 掌握一秒定时电路的制作与编程。

(4) 掌握数码显示电路的制作与编程。

(5) 掌握数字时钟电路的制作与编程。

2. 任务内容

本任务要求是显示时、分、秒。刚打开电源时,应当显示的数据为 12:00:00,然后电路会自动开始计时,电路中应该有时、分、秒的各自单独的时间调整按钮。当显示数据变为 23:59:59 时,接下来的显示数据应变为 00:00:00,而不是 24:00:00。时间调整按钮每按一次,应使相应调整的显示时间值加 1。硬件线路原理图如图 6-1 所示。

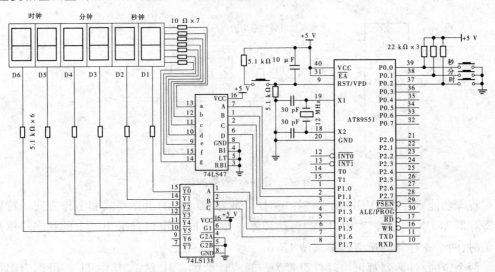

图 6-1　数字时钟电路

3. 任务演示

通过 Proteus 或直接在实验板上演示,并按调整按钮调整时间,查看效果。

第一节　定时/计数器概述

在工业检测与控制中,许多场合都要用到计数或定时功能。例如,对外部脉冲进行计数,产生精确的定时时间等。AT89S51片内有两个可编程的16位定时/计数器T0、T1,可满足需要。这两个定时/计数器都既有定时功能又有计数功能。由于作为定时器使用的机会多一些,所以常把定时/计数器简称为定时器(或T)。

一、计数

计数是指对外部事件进行计数。外部事件的发生以输入脉冲表示,因此计数功能的实质就是对外来脉冲进行计数。AT89S51单片机有T0(P3.4)和T1(P3.5)两个输入引脚,分别是这两个计数器的计数脉冲输入端。每当外部输入的脉冲发生负跳变时,计数器加1。

二、定时

定时是通过计数器的计数来实现的,不过此时的计数脉冲来自单片机的内部,即每个机器周期产生一个计数脉冲,也就是每经过1个机器周期的时间,计数器加1。如果AT89S51采用12 MHz晶体,则计数频率为1 MHz,即每过1 μs的时间计数器加1。这样不但可以根据计数值计算出定时时间,也可以根据定时时间的要求计算出计数器的初值。

三、定时/计数器的结构

AT89S51单片机的定时/计数器结构如图6-2所示,定时/计数器T0由特殊功能寄存器TH0、TL0构成,定时/计数器T1由特殊功能寄存器TH1、TL1构成。

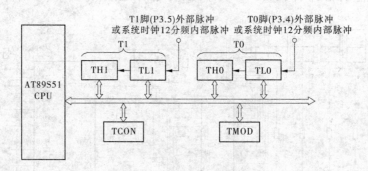

图6-2　定时/计数器的结构

特殊功能寄存器TMOD用于选择定时/计数器T0、T1的工作模式和工作方式。特殊功能寄存器TCON用于控制T0、T1的启动和停止计数,同时也包含了T0、T1的状态。单片机复位时,两个寄存器的所有位都被清零。

两个定时/计数器都可由软件设置为定时或计数的工作方式,其中T1还可作为串行口的波特率发生器。不论T0或T1是工作于定时方式还是计数方式,它们在对内部时钟或外部事件进行计数时,都不占用CPU时间,直到定时/计数器产生溢出。如果满足条件,CPU才会停下当前的操作,去处理"时间到"或者"计数溢出"这样的事件。因此,定时/计数器是与 CPU"并行"工作的,不会影响 CPU 的其他工作。

第二节　定时/计数器的控制寄存器

与两个定时/计数器 T0 和 T1 有关的控制寄存器有 TMOD、TCON 和 IE,它们主要用来设置两个定时/计数器的工作方式、选择定时或计数功能、控制启动运行以及作为运行状态的标志等。

一、定时/计数器控制寄存器 TCON

定时/计数器控制寄存器 TCON 的字节地址为 88H,可位寻址。它的低 4 位用于控制外部中断,已在第五章介绍。TCON 的高 4 位用于控制定时/计数器的启动和中断申请。其格式如下:

	D7	D6	D5	D4	D3	D2	D1	D0	
TCON	TF1	TR1	TF0	TR0					88H

TF0 和 TF1——计数溢出标志位。当计数器产生计数溢出时,相应的溢出标志位由硬件置 1。当转向中断服务时,再由硬件自动清零。计数溢出标志位的使用有两种情况:采用中断方式时,作中断请求标志位来使用;采用查询方式时,作查询状态位来使用。

TR0 和 TR1——运行控制位。

TR0(TR1) = 0 时,停止定时/计数器工作;

TR0(TR1) = 1 时,启动定时/计数器工作。

二、工作方式控制寄存器 TMOD

工作方式控制寄存器 TMOD 用于设置定时/计数器的工作方式。字节地址为 89H,不能位寻址,其格式如下所示:

	D7	D6	D5	D4	D3	D2	D1	D0	
TMOD	GATE	C/$\overline{T}$	M1	M0	GATE	C/$\overline{T}$	M1	M0	89H
	T1方式字段				T0方式字段				

8 位分为两组,高 4 位控制 T1,低 4 位控制 T0,前后半字节的位格式完全对应,位定义如下:

GATE——门控位。

GATE = 0 时,仅由运行控制位 TRX(X = 0,1) = 1 来启动定时/计数器运行。

GATE = 1 时,由运行控制位 TRX(X = 0,1) = 1 和外中断引脚($\overline{INT0}$或$\overline{INT1}$)上的高电平共同启动定时/计数器运行。

C/$\overline{T}$——计数器模式和定时器模式选择位。

C/$\overline{T}$ = 0,为定时器模式。

C/$\overline{T}$ = 1,为计数器模式。

M1、M0——工作方式选择位。

M1、M0 共有 4 种编码,对应于 4 种工作方式。对应关系如表 6-1 所示。

表 6-1　定时/计数器的工作方式选择

M1	M0	工作方式
0	0	方式 0,为 13 位定时/计数器
0	1	方式 1,为 16 位定时/计数器
1	0	方式 2,8 位初值自动重新装入的 8 位定时/计数器
1	1	方式 3,仅适用于 T0,分成两个 8 位计数器,T1 停止计数

三、中断允许控制寄存器 IE

中断允许控制寄存器 IE 在第五章已作过讲述,其中与定时/计数器有关的位是 EA、ET0、ET1,在此不再重复介绍。

第三节　定时/计数器的工作方式

AT89S51 单片机的定时/计数器共有 4 种工作方式,即工作方式 0 ~ 3,由寄存器 TMOD 的 M1、M0 位进行控制,现以定时/计数器 T0 为例进行介绍,定时/计数器 T1 与 T0 完全相同。

一、工作方式 0

(一)逻辑电路结构

工作方式 0 是 13 位计数结构,定时/计数器由 TH0 的全部 8 位和 TL0 的低 5 位构成,TL0 的高 3 位不用。图 6-3 是定时/计数器 0 在工作方式 0 下的逻辑结构。由于采用方式 0 计算初值时比较麻烦且容易出错,故一般情况下应尽量避免采用此方法。方式 0 是为了与早期产品兼容而保留下来的功能,在实际应用中完全可以用方式 1 代替。

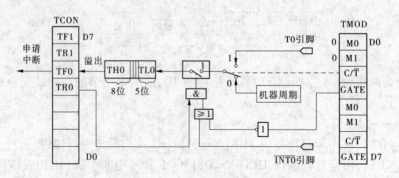

图 6-3　工作方式 0 的逻辑结构图

当 $C/\overline{T}=0$ 时,多路开关接通振荡脉冲的 12 分频输出,13 位计数器以此开始计数,这就是定时方式。

当 $C/\overline{T}=1$ 时,多路开关接通计数引脚 P3.4(T0),外部计数脉冲由引脚 P3.4 输入。当计数脉冲发生负跳变时,计数器加 1,这就是计数方式。

不管是定时方式还是计数方式,当 TL0 的低 5 位计数溢出时,向 TH0 进位,而 13 位计数全部溢出时,则向计数溢出标志位 TF0 进位。在满足中断条件时,向 CPU 申请中断。若需继续进行定时或计数,则应用指令对 TL0、TH0 重新置数;否则,下一次计数将从 0 开始,造成计数或定时时间不准确。

注:由图 6-3 可以看出,T0 能否启动,取决于 TR0、GATE 和引脚$\overline{\text{INT0}}$的状态。

当 GATE = 0 时,GATE 信号封锁了"或"门,使引脚$\overline{\text{INT0}}$信号无效。而"或"门输出端的高电平状态却打开了"与"门,此时由 TR0 控制定时器 T0 的开启和关断。若 TR0 = 1,则"与"门输出为 1,模拟开关接通,定时/计数器 0 工作。若 TR0 = 0,则断开模拟开关,定时/计数器 0 不能工作。

当 GATE = 1,同时 TR0 = 1 时,"或"门、"与"门全部打开,模拟开关是否接通由$\overline{\text{INT0}}$控制。当$\overline{\text{INT0}}$ = 1 时,"与"门输出高电平,模拟开关接通,T0 工作;当$\overline{\text{INT0}}$ = 0 时,"与"门输出低电平,模拟开关断开,T0 停止工作。这种情况可用于测量外部信号的脉冲宽度。

(二)计数初值的计算

工作方式 0 是 13 位计数结构,其最大计数为 2^{13} = 8192,也就是说,每次计数到 8192 都会产生溢出,去置位 TF0。但在实际应用中,经常会有少于 8192 个计数值的要求。例如,要求计数到 2000 就产生溢出,那怎么办呢? 其实,仔细想一下,这个问题很好解决,在计数时,不从 0 开始,而是从一个固定值开始,这个固定值的大小,取决于被计数的大小。如要计数 2000,预先在计数器里放入 6192,再来 2000 个脉冲,就到了 8192。这个 6192 计数初值,也称做预置值。

定时也是同样的问题,并且也可采用同样的方法来解决。假设单片机的晶振频率是 12 MHz,那么每个计时脉冲是 1 μs,计满 8192 个脉冲需要 8.192 ms,如果只需定时 2 ms,可以作这样处理:2 ms 即 2000 μs,也就是计数 2000 时满。因此,计数之前预先在计数器里放入 8192 - 2000 = 6192,开始计数后,计满 2000 个脉冲到 8192 即产生溢出。如果令计数初值为 X,则可按以下公式计算定时时间

$$\text{定时时间} = (2^{13} - X) \times \text{机器周期}$$

因为机器周期 = 12 × 时钟周期,而时钟周期 = 1/晶振频率,则有

$$\text{定时时间} = (2^{13} - X) \times \frac{12}{\text{晶振频率}}$$

例如:如果需要定时 3 ms(3000 μs),晶振频率为 12 MHz,设计数初值为 X,则根据上述公式可得

$$3000 = (2^{13} - X) \times \frac{12}{12}$$

得

$$X = 5192$$

注:单片机中的定时器通常要求不断重复定时,一次定时时间到之后,紧接着进行第二次的定时操作。一旦产生溢出,计数器中的值就回到 0,下一次计数从 0 开始,定时时间将不正确。为使下一次的定时时间不变,需要在定时溢出后马上把计数初值送到计数器。

二、工作方式 1

(一)逻辑电路结构

工作方式 1 是 16 位计数结构,定时/计数器由 TH0 的全部 8 位和 TL0 的全部 8 位构成。其逻辑电路和工作情况与方式 0 基本相同,如图 6-4 所示(以定时/计数器 0 为例)。所不同的只是组成定时/计数器的位数,它比工作方式 0 有更宽的计数范围。

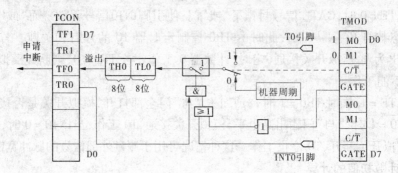

图 6-4　工作方式 1 的逻辑结构图

(二)计数初值的计算

由于工作方式 1 是 16 位计数结构,因此其最大计数值为 $2^{16} = 65536$。也就是说,每次计数到 65536 都会产生溢出,去置位 TF0。如果令计数初值为 X,则可按以下公式计算定时时间

$$定时时间 = (2^{16} - X) \times 机器周期$$

三、工作方式 2

工作方式 0 和工作方式 1 有一个共同特点,就是计数溢出后,定时/计数器中的值为 0,因此循环定时应用时就需要反复设置计数初值。这不但影响定时精度,而且也给程序设计带来麻烦。工作方式 2 就是针对此问题而设置的,它具有自动重新加载计数初值的功能,免去了反复设置计数初值的麻烦。所以,工作方式 2 也称为自动重新加载工作方式。

(一)逻辑电路结构

在工作方式 2 下,16 位定时/计数器被分为两部分,TL0 作为计数器使用,TH0 作为预置寄存器使用,初始化时把计数初值分别装入 TL0 和 TH0 中。当计数溢出后,由预置寄存器 TH0 以硬件方法自动给计数器 TL0 重新加载,变软件加载为硬件加载。图 6-5 是定时/计数器 0 在工作方式 2 下的逻辑结构。

初始化时,8 位计数初值同时转入 TL0 和 TH0 中。当 TL0 计数溢出时,置位 TF0,并用保存在预置寄存器 TH0 中的计数初值自动加载给 TL0,然后开始重新计数。如此重复。这样不但省去了用户程序中的重装指令,而且也有利于提高定时精度。但这种工作方式是 8 位计数结构,计数值有限,最大只能到 255。

这种自动重新加载工作方式适用于循环定时或循环计数。例如,用于产生固定脉宽的脉冲,此外还可以作为串行数据通信的波特率发生器使用。

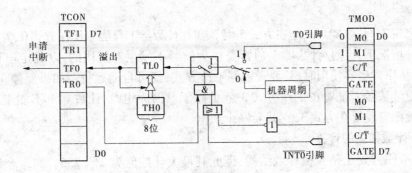

图 6-5　工作方式 2 的逻辑结构图

(二)计数初值的计算

由于工作方式 2 是 8 位计数结构,因此其最大计数值为 $2^8 = 256$,计数值十分有限。如果令计数初值为 X,则可按以下公式计算定时时间:

$$定时时间 = (2^8 - X) \times 机器周期$$

四、工作方式 3

工作方式 3 的作用比较特殊,只适用于定时器 T0。如果企图将定时器 T1 置为工作方式 3,则它将停止计数,其效果与置 TR1 = 0 相同,即关闭定时器 T1。

(一)逻辑电路结构

当 T0 在工作方式 3 时,它被拆成两个独立的 8 位计数器 TL0 和 TH0,其逻辑结构如图 6-6 所示。

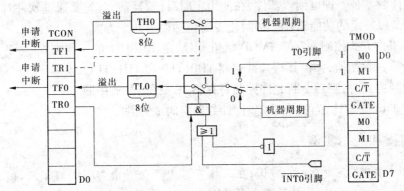

图 6-6　工作方式 3 的逻辑结构图

图 6-6 中,8 位计数器 TL0 享用原定时器 T0 的控制位 C/$\overline{T}$、GATE、TR0 和 $\overline{INT0}$,既可以计数使用,又可以定时使用,其功能和操作与前面介绍的工作方式 0 或工作方式 1 完全相同。

图 6-6 中的 TH0 只能作为简单的定时器使用,而且由于定时/计数器 T0 的控制位已被 TL0 独占,因此只好借用定时/计数器 T1 的控制位 TR1 和 TF1。即以计数溢出去置位 TF1,而定时的启动和停止则受 TR1 的状态控制。

由于 TL0 既能作为定时器使用也能作为计数器使用,而 TH0 只能作为定时器使用却不能作为计数器使用,因此在工作方式 3 下,定时/计数器 0 可以构成两个定时器或一个定时器一个计数器。

注：当定时/计数器 0 工作在方式 3 时，定时/计数器 1 只能工作在方式 0、方式 1 和方式 2。在这种情况下，定时/计数器 1 通常是作为波特率发生器使用的，以确定串行通信的速率。作波特率发生器使用时，只要设置好工作方式，便可自动运行。如果要停止工作，只需要把定时/计数器 1 设置在工作方式 3 就可以了。因为定时/计数器 1 不能工作在方式 3 下，如果硬把它设置在方式 3，它就会停止工作。

（二）计数初值的计算

由于工作方式 3 是 8 位计数结构，因此其最大计数值为 $2^8 = 256$。如果令计数初值为 X，则可按以下公式计算定时时间：

$$定时时间 = (2^8 - X) \times 机器周期$$

注：若单片机的晶体振荡频率为 12 MHz，那么单片机的时钟周期就是 1 μs。此时各工作方式下的最大定时时间分别为：

工作方式 0 $T_{max} = 2^{13} \times 1\ μs = 8.192\ ms$

工作方式 1 $T_{max} = 2^{16} \times 1\ μs = 65.536\ ms$

工作方式 2 和工作方式 3 $T_{max} = 2^8 \times 1\ μs = 0.256\ ms$

第四节　定时/计数器的编程和应用实例

一、定时/计数器的初始化

定时/计数器是一种可编程部件，在使用定时/计数器前，首先要通过软件对它进行初始化，以确定其以特定的功能工作。初始化主要包括以下几个方面：

（1）对工作方式控制寄存器 TMOD 赋值，以确定 T0 和 T1 的工作方式。

（2）计算计数初值，并将其写入寄存器 TH0、TL0 和 TH1、TL1。

（3）中断方式时，则对中断允许控制寄存器 IE 赋值，开放中断。

（4）使 TR0 或 TR1 置位，启动定时/计数器定时或计数。

二、编程和应用实例

【例 6-1】 利用定时/计数器 T0，在工作方式 1 产生一个 50 Hz 的方波，由 P1.1 输出，要求采用中断方式。已知晶振频率为 12 MHz。

解： 由于方波的频率为 50 Hz，故方波周期为 0.02 s = 20 ms = 20000 μs。要输出方波，只需每经过 10000 μs 电平翻转一次，故定时时间为 10000 μs。

由此可得定时/计数器初值为：$X = 2^{16} - 10000\ μs / 1\ μs = 55536D = 0D8F0H$。

（1）TMOD 初始化。

因定时/计数器 T1 不用，可将 TMOD 高 4 位置 0。据题意可设 GATE = 0，即用 TR0 位控制定时/计数器 T0 的启动和停止，又因为是工作方式 1，故 M1M0 = 01。所以，（TMOD）= 01H。

（2）计算定时初值。

上面已分析过，（TH0）= 0D8H，（TL0）= 0F0H。

(3)采用中断方式编程如下：

```
        ORG   0000H
        LJMP  MAIN
        ORG   000BH            ;T0 的中断服务程序入口地址
        LJMP  INT_0            ;转中断服务程序 INT_0
        ORG   0030H
MAIN:MOV   TMOD, #01H          ;TMOD 初始化
        MOV   TH0, #0D8H       ;置计数器初值
        MOV   TL0, #0F0H
        SETB  EA               ;开中断
        SETB  ET0
        SETB  TR0              ;启动定时/计数器 T0
        SJMP  $                ;等待中断
INT_0:CPL  P1.1               ;P1.1 取反
        MOV   TH0, #0D8H       ;重新装入初值
        MOV   TL0, #0F0H
        RETI                   ;中断返回
        END
```

【例6-2】 用定时/计数器 T1,工作方式2,从 P1.0 输出脉宽为 10 ms 的方波。已知晶振频率为 12 MHz。

解: 由于晶振频率为 12 MHz,则机器周期为 1 μs。工作模式 2 的计数器是 8 位的,计数器溢出一次,最大定时时间 $T_{max} = (2^8 - T1\ 初值) \times 机器周期 = (256 - 0) \times 1\ \mu s = 256\ \mu s$,显然计数器溢出一次是无法延时 10 ms 的。如果将计数器一次溢出的定时时间设为 250 μs,让这个 8 位计数器重复定时 40 次,则就能达到定时 10 ms 的目的。

(1)TMOD 初始化。

由于用 T1,而不用 T0,可将低 4 位置 0;由于是工作方式 2,则 M1M0 = 10;T1 工作在定时功能,故 C/$\overline{T}$ = 0;让 TR1 来控制 T1 的开始和停止,故 GATE = 0。则:(TMOD) = 20H。

(2)计算定时初值。

每一轮定时时间为 250 μs,故初值为 06H。即(TH1) = 06H,(TL1) = 06H。

(3)编制程序如下：

```
        ORG   0000H
        LJMP  MAIN
        ORG   001BH            ;T1 的中断服务程序入口地址
        LJMP  INT_1            ;转中断服务程序 INT_1
        ORG   0300H
MAIN:MOV   TMOD, #20H          ;TMOD 初始化
        MOV   TH1, #06H        ;置计数初值
        MOV   TL1, #06H
        MOV   R7, #40          ;置软件计数器初值
```

```
        SETB  EA                  ;开中断
        SETB  ET1
        SETB  TR1                 ;启动定时/计数器 T1
        SJMP  $                   ;等待中断
INT_1:DJNZ  R7，EXIT              ;没有定时够 40 次返回
        CPL  P1.0                 ;定时时间够 10 ms 翻转
        MOV  R7，#40              ;重置软件计数器初值,准备下一个 40 次
EXIT：RETI
        END
```

【例6-3】 利用定时/计数器 T0 门控位 GATE,测试$\overline{\text{INT0}}$(P3.2)引脚上出现的正脉冲的宽度。

解:将定时/计数器 T0 设定为定时功能、工作方式 1、GATE 为 1。当 TR0 = 1 时,一旦 $\overline{\text{INT0}}$(P3.2)引脚出现高电平即开始计数,直到出现低电平为止,然后读取 TL0、TH0 中的计数值,分别送给寄存器 A 和 B。应该知道,由于定时器工作在定时功能,所以计数器计的数值乘以机器周期即得正脉冲宽度。外部正脉冲测试过程如图 6-7 所示。

$\overline{\text{INT0}}$(P3.2)   开始计数   停止计数

图 6-7 外部正脉冲测试过程

编制程序如下:

```
        ORG  0030H
MAIN：MOV  TMOD，#09H          ;T0 工作于定时功能,模式 1,GATE 置 1
        MOV  TH0，#00H          ;计数器初值置 0
        MOV  TL0，#00H
        JB  P3.2,$              ;等待低电平到来
        SETB  TR0               ;TR0 置 1,准备计数
        JNB  P3.2,$             ;等待高电平的到来,开始计数
        JB  P3.2,$              ;等待低电平的到来,停止计数
        CLR  TR0                ;停止计数器计数
        MOV  A，TH0             ;读计数值
        MOV  B，TL0
        END
```

由于定时/计数器方式 1 的 16 位计数长度有限,被测脉冲高电平宽度必须小于 65536 个机器周期。

【例6-4】 有一个由 AT89S51 单片机组成的计数和方波输出系统,如图 6-8 所示。外部输入的脉冲信号接至 P3.4 脚,由 T0 进行计数,要求每当计满 1000 时,内部数据存储单元 50H 内容增 1,当增到 100 时停止计数,并使 P1.2 脚输出低电平,二极管点亮。同时,要求 P1.4 输出一个周期为 20 ms 的方波。已知 AT89S51 单片机采用 12 MHz 晶振。

解：把定时/计数器 T0 设置为工作方式 1 下的外部脉冲计数方式,定时/计数器 T1 设置为工作方式 1 下的定时方式。T0 的初值为

$$X_0 = 65536 - 1000 = 64536 = 0FC18H$$

由 P1.4 输出 20 ms 的方波,即每隔 10 ms 使 P1.4 的电平变化 1 次,则 T1 的初值为

$$X_1 = 65536 - 10000 = 55536 = 0D8F0H$$

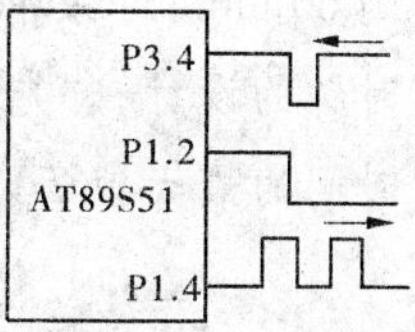

编制程序如下:

图 6-8　例 6-4 示意图

```
        ORG   0000H
        LJMP  MAIN
        ORG   000BH          ;T0 中断入口
        LJMP  SUB1           ;转 T0 中断服务程序入口
        ORG   001BH          ;T1 中断入口
        LJMP  SUB2           ;转 T1 中断服务程序入口
        ORG   0030H
MAIN:   MOV   TL0, #18H       ;T0 赋计数初值
        MOV   TH0, #0FCH
        MOV   TL1, #0F0H      ;T1 赋定时初值
        MOV   TH1, #0D8H
        MOV   TMOD, #00010101B  ;T1 为方式 1 定时,T0 为方式 1 计数
        MOV   TCON, #01010000B  ;启动 T0、T1 工作
        MOV   IE, #10000010B    ;开放 CPU 中断,开放 T0 中断
        MOV   50H, #00H      ;50H 单元清零
        SJMP  $              ;循环等待
        ORG   0100H          ;T0 计数溢出中断服务程序(由 000BH 转来)
SUB1:   PUSH  ACC
        MOV   TL0, #18H       ;重赋初值
        MOV   TH0, #0FCH
        INC   50H
        MOV   A, 50H
        CJNE  A, #100,LP      ;是否增加到 100
        CLR   P1.2           ;使 P1.2 脚输出低电平
        MOV   IE, #88H        ;开放 CPU 中断,开放 T1 中断,关 T0 中断
        CLR   TR0            ;定时器 T0 停止工作
        POP   ACC
LP:     RETI
        ORG   0200H          ;T1 溢出中断服务程序(由 001BH 转来)
SUB2:   MOV   TL1, #0F0H      ;T1 重赋定时初值
        MOV   TH1, #0DBH
```

```
        CPL   P1.4                    ;P1.4 输出取反,形成 20 ms 的方波
        RETI
        END
```

【例 6-5】 用定时器 T1 定时,完成日历时钟秒、分、时的定时。设晶振频率为 12 MHz。

解: 根据题目要求,首先要完成 1 s 的定时。在这个基础上,每计满 60 s,分钟加 1;而每计满 60 min,时钟加 1;计满 24 h,时钟清零,然后从 0 h 开始重复上述过程。因此,要完成日历时钟的设计,首先要解决 1 s 的定时。AT89S51 单片机在工作方式 1 下定时时间最长,定时时间的最大值 T_{max} 为

$$T_{max} = 65536 \ \mu s = 65.536 \ ms$$

显然不能满足 1 s 的定时要求,因此需要设置一个软件计数器,对分、时的计数同样通过软件完成。在此采用片内 50H、51H、52H、53H 单元分别进行秒、分、时及 24 h 的计数。

可要求 T1 定时 50 ms,此时 T1 的初值 X 为

$$X = 65536 - 50000 = 15536 = 3CB0H$$

编制程序如下:

```
        MOV   50H, #20              ;定时 1 s 循环次数
        MOV   51H, #60              ;定时 1 min 循环次数
        MOV   52H, #60              ;定时 1 h 循环次数
        MOV   53H, #24              ;24 h 循环次数
        MOV   TMOD, #10H            ;设定定时器 1 为工作方式 1
        MOV   TH1, #3CH             ;赋初值
        MOV   TL1, #0B0H
        SETB  TR1                   ;启动 T1
L2:     JBC   TF1, L1              ;查询计数溢出,当 TF1 为 1 时,转移到 L1,同时该
                                     位清零
        SJMP  L2
L1:     MOV   TH1, #3CH             ;重赋初值
        MOV   TL1, #0B0H
        DJNZ  50H, L2              ;未到 1 s 继续循环
        MOV   50H, #20
        DJNZ  51H, L2              ;未到 1 min 继续循环
        MOV   51H, #60
        DJNZ  52H, L2              ;未到 1 h 继续循环
        MOV   52H, #60
        DJNZ  53H, L2              ;未到 24 h 继续循环
        MOV   53H, #24
        SJMP  L2                    ;反复循环
```

三、长定时的解决办法

如前面所讲,当系统晶振频率为 12 MHz 的时候,对一次溢出而言,最长的定时时间在工作方式 1 下为 65.536 ms。如果要实现更长时间的定时,如何解决呢? 实际应用中有以下三种办法(以定时 1 s 为例)。

(一)硬件定时 + 计数

即采用定时器和计数器相结合的办法。如图 6-9 所示,欲使 LED 亮 1 s,灭 1 s,周而复始,可将 T0 设为工作方式 1,其定时时间设为 50 ms,T1 设为计数功能。每次定时时间一到,将 P1.0 的输出取反,加到 T1 端作为计数脉冲。由于 T1 只对外来脉冲下降沿计数,因此定时两次,T1 才计数一次,这样 T1 计 10 次数就可完成 1 s 的定时时间要求,即:(50 ms + 50 ms)× 10 = 1 s。

为实现图 6-9 所示的电路功能,可编制如下程序:

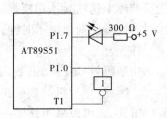

图 6-9　长定时的解决办法

```
           ORG    0000H
MAIN：    SETB   P1.7
           SETB   P1.0
           MOV    TMOD, #61H      ;T0 为定时功能,方式 1
                                   T1 为计数功能,方式 2
           MOV    TH1, #0F6H      ;T1 计数器初值 10D
           MOV    TL1, #0F6H
           SETB   TR1
LOOP1：   CPL    P1.7
LOOP2：   MOV    TH0, #3CH       ;T0 定时器初值 15536D
           MOV    TL0, #0B0H
           SETB   TR0
LOOP3：   JBC    TF0, LOOP4
           SJMP   LOOP3
LOOP4：   CPL    P1.0
           JBC    TF1, LOOP1
           AJMP   LOOP2
           END
```

(二)硬件定时 + 软件计数

方法 1 虽然解决了长定时的问题,但 T0、T1 均被占用。为节约定时/计数器作他用,还可采用硬件定时 + 软件计数的办法。比如用 T0 或 T1 作定时器,用软件对 T0 或 T1 的中断次数进行计数。如果一次溢出定时时间设为 50 ms,要达到 1 s 定时,软件计数的次数为 20 次即可,也就是只要用软件计够 T0 或 T1 产生了 20 次中断即可。例 6-2 就是采用的这种方法。

(三)软件定时

利用程序自动循环执行来实现定时,如前面多次用到的延时程序。这种方法可实现长定时,但较浪费 CPU 时间。

实训项目五　数字时钟的设计

1. 项目目的

通过对数字时钟的设计,使同学们了解数码管的结构和定时/计数器的相关知识,掌握数码管接口方式和定时/计数器的应用与编程,学会数字时钟电路的制作和编程。

2. 项目分析

电子时钟是生活中非常实用的电子部件,比如手机里的时间显示、电子手表里的时间显示等。一般来说,电子时钟应当具有时、分、秒三个部分的内容显示,而且这三个部分还可以分别调整。

现在好一些的电子时钟除有时、分、秒显示外,还有年、月、日显示,闹钟设置等多种功能。实际上这些显示功能都能用单片机来实现。在接下来的设计实训中,将设计一个能显示时、分、秒的简单电子时钟,时、分、秒还可以分别予以调整。

1)原理

由数码管知识可知,数码管的输入数据要求是 BCD 码,而单片机的基本数据为二进制数据。因此,单片机的数据在输送到数码管显示之前,必须进行转换。转换可以采用软件编程的方式,也可以采用外接一个专用转换电路芯片的方式(如 74LS47)。一般来说,为了简化编程,建议采用外接转换电路芯片的方式。

由于设计中会用到 6 位数的显示(时、分、秒都是两位显示数字),因此在设计之前,必须了解多位数显示的一些设计方法。

一般来说,控制多位数码管常采用的方法是扫描显示法,即各数码管共用输入数据,但各数码管的显示控制线则单独控制。这样,若要设计 6 位数字的显示,就只需要 6(控制线)+4(译码前的输入引脚线)=10 条 I/O 引脚。另外,如果控制位数显示的线用译码器芯片来实现,那么实际需要的 I/O 引脚数将会变得更少。比如,我们可以使用 3 线—8 线译码器芯片,那么用 3 条 I/O 引脚就可以实现对 1~8 个数码管的控制了。

用扫描显示法来完成多位数字显示设计,程序设计时,先使要显示的数字位数对应的数码管允许点亮;然后,将要显示的数据输出到数码管;显示时间到了之后,再切换到下一个数码管来进行显示。

不过,为了防止出现数字显示的不稳定,在设计程序时,常常会人为地设计一个显示时间差,即令一个数码管显示时间到之后,在下一个数码管显示之前,先令这个数码管关闭一个短暂的时间(约 50 μs),然后再令下一个数码管的显示数据输出。

2)具体设计任务分析

本设计要求是显示时、分、秒。刚打开电源时,应当显示的数据为 12:00:00,然后电路会自动开始计时,电路中应该有时、分、秒的各自单独的时间调整按钮。当显示数据变为 23:59:59 时,接下来的显示数据应变为 00:00:00,而不是 24:00:00。时间调整按钮每按一次,应使相应调整的显示时间值加 1。

3. 项目实施

由设计任务分析可知,电路中除单片机外,还应有 6 个数码管、1 个数码管显示译码器、1 个 3 线—8 线译码器、3 个按键和一些电阻元件等。

可以用 P1 端口的 P1.3 ~ P1.0 来作为数码管显示数据的输出引脚,用 P1.6 ~ P1.4 引脚来作为 3 线 8 线译码器的输入引脚,用 P0 端口的 P0.2 ~ P0.0 来分别接入时、分和秒的时间调整按钮。当按下按钮时,相应的输入引脚上就会有低电平输入单片机。另外,3 线 8 线译码器的控制端,Y0、Y1、Y2、Y3、Y4 和 Y5 分别控制了电路图中的 D1、D2、D3、D4、D5 和 D6。D6 和 D5 为时显示区,D4 和 D3 为分显示区,D2 和 D1 为秒显示区。实际电路图如图 6-1 所示。

实训项目六　报警器电路的设计

1. 项目目的

通过对报警器电路的设计,使同学们了解定时/计数器的相关知识,掌握定时/计数器的应用与编程,能编程产生不同频率的音频信号,并学会解决与报警器工作原理相类似的设计问题。

2. 项目分析

生活中有许多场所会用到报警器,比如保险柜、大门、防盗窗等。在接下来的实训中,我们将会设计一个简单的报警器电路。通过这个具体设计,我们将学会利用单片机控制产生声音的设计原理和方法。

1) 原理

我们知道,人耳能听到的声音频率范围是几十到几千赫兹之间。太高或太低频率的声音是不能被人耳所听到的。

单片机的 I/O 输出引脚上是能输出高电平或低电平信号的。如果能设计一个程序,令单片机的某一个引脚按照一定的时间间隔来输出一些符合规律的高低电平信号,那么就能得到一系列的矩形波。而如果这种时间间隔反映的频率是在人耳所能接听的频率范围之内,那么就可以输出一定的声音信息了。

要输出稳定的矩形波,或者说是声音信息,可以利用定时/计数器来控制输出高电平或低电平的持续时间;然后,当持续时间到时,就令该信号反相,从而实现电平的转换,如图 6-10 所示。

图 6-10 中,从单片机引脚上输出的信号,高电平和低电平保持的时间分别是 t_1 和 t_2,信号的基本输出周期为 T,即所要求的频率 f 的倒数。我们在程序编写时,可令 t_1 和 t_2 相等。

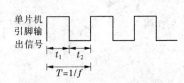

图 6-10　声音输出示意图

这样,当要产生某一频率(或说某一周期时间)的音频信号时,只要先计算得到这个周期时间的一半(即每周期内保持高电平或低电平输出的时间),然后利用定时/计数器来定时控制单片机的输出引脚在该时间内输出稳定的高电平或低电平。当该时间结束时,又利用程序使单片机该输出引脚的输出信号电平反相。如此循环执行之后,就能得到设计要求的音频信号了。

例如,要产生 200 Hz 的音频信号。200 Hz 音频对应的变化周期为 1/200 s 即 5 ms。这样,其对应的半周期时间为 2.5 ms。由此分析,只要使定时/计数器 T0 工作在方式 1 下,设置 T0 初值 $X = 65536 - 2500 = 63036 = 0F63CH$,就能完成 2.5 ms 的定时,从而就能完成这个

200 Hz 音频信号的输出了。

2)具体设计任务分析

本项目是设计一个报警器电路,要实现的功能如下:

当报警的按钮被按下时,单片机应当立即启动执行报警程序。程序应使喇叭(或蜂鸣器)发出 1 kHz 频率声音响 100 ms 与 500 Hz 频率声音响 200 ms,两音频信号相互交替。当报警被解除时,单片机应停止报警程序的执行。

根据以上的设计功能要求,我们知道,本设计实训中要产生的报警信号,即两个不同频率的声音信号。这两个声音信号的频率分别为 1 kHz 和 500 Hz。对应来说,这两个信号的变化周期分别是 1 ms 和 2 ms。根据前面的原理分析方法,可以求得其半周期时间分别为 0.5 ms 和 1 ms。

3. 项目实施

由前面的设计功能要求知,本实训项目应有单片机、报警按钮、喇叭(或蜂鸣器)等电路元件。因此,根据这些要求,可以得到如图 6-11 所示的报警器电路。

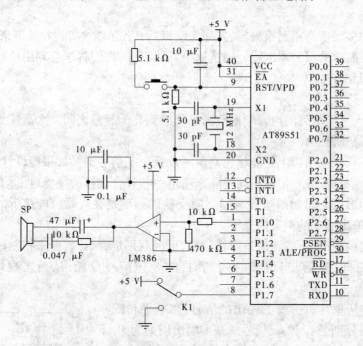

图 6-11　报警器电路图

图 6-11 中,单片机的晶体振荡器采用 12 MHz 的石英晶体振荡器,用 P1.7 引脚作为报警按钮信息的输入引脚,用 P1.0 引脚作为音频信号的输出引脚。

当 P1.7 引脚上的电平信号从高电平转为低电平时,系统自动报警;反之,当 P1.7 引脚上的电平信号从低电平转为高电平时,系统停止报警。另外,从单片机引脚中输出的报警音频信号比较弱,而且还伴有一些干扰信号的影响。因此,为了能得到清晰和稳定的音频信号,在单片机输出引脚和喇叭之间,加入了功率放大器和一些电阻、电容组成的滤波电路。这样,从单片机引脚中输出的报警音频信号经 LM386 的功率放大和电阻、电容的滤波之后,就能由喇叭(8 Ω)SP 得到清晰稳定的输出了。

本章小结

AT89S51 单片机内部有两个 16 位可编程的定时/计数器,即 T0 和 T1。它们既可用做定时器方式,又可用做计数器方式。定时/计数器的工作方式、定时时间、计数值和启停控制由程序来确定。

定时/计数器有 4 种工作方式(工作方式由工作方式控制寄存器 TMOD 中的 M1、M0 位确定):

工作方式 0:13 位计数器。

工作方式 1:16 位计数器。

工作方式 2:具有自动重装初值功能的 8 位计数器。

工作方式 3:T0 分为两个独立的 8 位计数器,T1 停止工作。

定时/计数器的定时和计数功能,由工作方式控制寄存器 TMOD 中的 $C/\overline{T}$ 位确定。当定时/计数器工作在定时功能时,通过对单片机内部的时钟脉冲计数来实现可编程定时;当定时/计数器工作在计数功能时,通过对单片机外部的脉冲计数来实现可编程计数。

当定时/计数器的加 1 计数器计满溢出时,溢出标志位 TF1(TF0)由硬件自动置 1,对该标志位有两种处理方法。一种是以中断方式工作,即 TF1(TF0)置 1 并申请中断,响应中断后,执行中断服务程序,并由硬件自动使 TF1(TF0)清零;另一种是以查询方式工作,即通过查询该位是否为 1 来判断是否溢出,TF1(TF0)置 1 后必须用软件使 TF1(TF0)清零。

定时/计数器的初始化实际上就是对定时/计数器进行编程,以实现设计者所要求的控制功能。这通过对 TMOD、TH0(TH1)、TL0(TL1)、IE、TCON 专用寄存器中相关位的设置来实现,其中 IE、TCON 专用寄存器可进行位寻址。

思考题及习题

1. AT89S51 中有几个定时/计数器? 是加 1 计数还是减 1 计数?

2. AT89S51 定时/计数器在什么情况下是定时器? 在什么情况下是计数器?

3. 定时/计数器用做定时和计数时,其计数脉冲分别从何处获得?

4. 定时/计数器有几种工作方式? 有何差别?

5. 叙述 TCON 中有关定时/计数器操作的控制位的名称、含义和功能。

6. 写出 TMOD 的结构、各位名称和作用。

7. 在工作方式 3 中,定时/计数器 T0 和 T1 的应用有何不同?

8. 设系统晶振频率为 6 MHz,当定时/计数器处于不同工作方式时,其最大定时时间是多少?

9. AT89S51 单片机的时钟频率为 6 MHz,若要求其定时值分别为 0.1 ms、1 ms 和 10 ms,定时器 T0 工作在方式 0、方式 1 和方式 2 时,其定时器初值各应是多少?

10. 以定时/计数器 T1 进行外部事件计数。每计数 1000 个脉冲后,定时/计数器 T1 就转为定时方式,定时 10 ms 后,又转为计数方式,如此循环往复。假定单片机晶振频率为 6 MHz,请使用方式 1 编程实现。

11. 以中断方式设计单片机秒、分脉冲发生器。假定 P1.0 每秒钟产生一个机器周期的正脉冲，P1.1 每分钟产生一个机器周期的正脉冲。

12. 当定时/计数器工作在方式 3 时，由于 TR1 位已被 T0 占用，如何控制定时/计数器 T1 的开启和关闭？

13. 用定时/计数器 T0 测试$\overline{\text{INT0}}$引脚上出现的正脉冲宽度，已知晶振频率为 12 MHz，将所测得的值高位存入片内 71H 单元，低位存入片内 70H 单元。

第七章　AT89S51 单片机的串行通信

本章主要内容

本章重点讨论了通信方式和方法、串行口的结构及工作原理、串行口的控制、波特率的计算、编程和应用。

任务六　单片机的数据串行传送

1. 任务目的

(1)了解 AT89S51 单片机串行口。

(2)了解 AT89S51 单片机串行口的工作方式。

(3)学会单片机与 PC 机(个人计算机)收发电路的制作。

(4)熟悉 RS - 232C 电平转换电路。

(5)掌握 AT89S51 单片机串行口收发程序的编写要点。

2. 任务内容

单片机通过串行接口电路和 PC 机进行相互通信,单片机将 P0 口的电平开关状态发送给 PC 机,由 PC 机显示其对应的十六进制数;PC 机将 00H ~ 0FFH 中的某一个数发送给单片机,由单片机 P1 口所接的 8 个发光二极管以二进制数形式显示其数值。硬件线路原理图和电平转换电路如图 7-1 和图 7-2 所示。

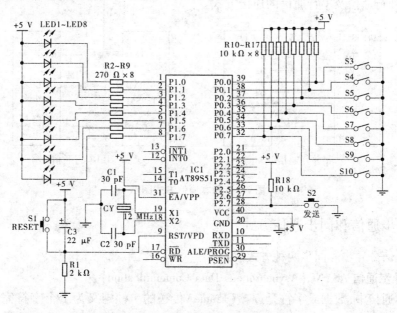

图 7-1　电平开关、电平显示及按键电路

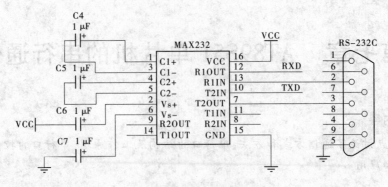

图7-2　电平转换电路

3. 任务演示

通过 Proteus 或直接在实验台上演示单片机与 PC 机数据串行传送的效果。

第一节　串行通信概述

计算机与外界的信息交换称为通信。基本的通信方式有以下两种：

并行通信——所传送数据的各位同时发送或同时接收；

串行通信——所传送数据的各位依次逐位发送或接收。

在并行通信中，一个并行数据占多少位二进制数，就要用多少根传输线。这种方式的特点是通信速度快，但传输线多，价格较贵，适合近距离传输；在全双工的串行通信中，仅需一根发送线和一根接收线即可，串行通信可大大节省传送线路的成本，但数据传送速度慢，故其适合于远距离通信。图7-3(a)和(b)所示分别为 AT89S51 单片机与外部设备(简称外设)之间的并行通信及串行通信的连接方式。

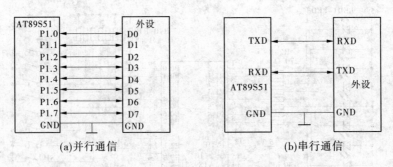

(a)并行通信　　　　　　　　　　　　(b)串行通信

图7-3　基本通信方式图示

一、异步通信和同步通信方式

串行通信分异步和同步两种方式。

(一)异步通信 ASYNC(Asynchronous Data Communication)

在异步通信中，数据或字符是逐帧(Frame)传送的。帧定义为 1 个字符完整的通信格式，通常也称为"帧格式"，这个字符通常是用二进制数表示的。最常见的帧格式包含起始位、数据位、校验位和停止位。一般是先用一个起始位"0"表示字符的开始，然后是 5～8 位数据,规定低位在前、高位在后。其后是奇偶校验位,最后是停止位,用以表示字符的结束。从起始位开始到停止位结束,就构成了完整的 1 帧。如图 7-4 所示是一种最常见的 11 位帧格式。

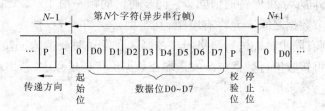

图 7-4 异步串行通信的帧格式

图 7-4 中各位的作用如下:

起始位——在没有数据传送时,通信线上处于逻辑"1"状态。当发送端要发送数据时,首先发送 1 个低电平信号(逻辑 0),此信号便是帧格式的起始位,表示开始传输 1 帧数据,接收端检测到这个低电平信号后,就准备接收数据信号。

数据位——在起始位之后,发送端发出(或接收端接收)的是数据位,数据的位数没有严格的限制,5 ~ 8 位均可,图 7-4 中的数据位为 8 位,一般由低位到高位逐位传送。

奇偶校验位——数据位之后的位为奇偶校验位,用于对字符传送作正确性检查,因此奇偶校验位是可选择的,共有三种可能,即奇校验、偶校验和无校验,由用户根据需要选定。通信双方须事先约定是采用奇校验,还是偶校验,有时也可不用奇偶校验。奇校验是使得数据位连同奇偶校验位中"1"的个数保证为奇数,偶校验是使得数据位连同奇偶校验位中"1"的个数保证为偶数。奇偶校验是最简单的一种校验方法,使用很广,但它不能纠错。

奇偶校验的工作原理如下:P 是特殊功能寄存器 PSW 的最低位,它的值根据累加器 A 中的运算结果而变化。如果 A 中"1"的个数为偶数,则 P = 0;如果为奇数,则 P = 1。如果在进行串行通信时,把 A 的值(数据)和 P 的值(代表所传送数据的奇偶性)同时传送,那么接收到数据后,也对数据进行一次奇偶校验。如果校验的结果相符(校验后 P = 0,而传送过来的校验位也等于 0;或者校验后 P = 1,而接收到的检验位也等于 1),就认为接收到的数据是正确的。反之,如果对数据校验的结果是 P = 0,而接收到的校验位等于 1,或者相反,那么就认为接收到的数据是错误的。

停止位——校验位后为停止位,表示传送一帧信息的结束,也为发送下一帧信息作好准备,用高电平(逻辑 1)表示。停止位可以是 1 位、1.5 位或 2 位,不同计算机的规定有所不同。

异步串行通信的字符帧可以是连续的,也可以是断续的。连续的异步串行通信,是在一个字符格式的停止位之后立即发送下一个字符的起始位,开始一个新字符的传送,即帧与帧之间是连续的。而断续的异步串行通信,则是在一帧结束之后不一定接着传送下一个字符,不传送时维持数据线的高电平状态,使数据线处于空闲。其后,新的字符传送可在任何时候开始,并不要求整倍数的位时间。

进行串行通信的单片机的时钟相互独立,其时钟频率可以不相同,在通信时不要求有同步时钟信号,实现起来比较简单、灵活;此外,它还能利用校验位检测错误,所以这种通信方式应用较广泛。在早期的单片机通信中,主要采用异步通信方式,现在这种方式仍然被广泛采用。但因每个字节都要建立一次同步,即每个字符都要额外附加两位起止位,所以工作速度较低。

(二)同步通信 SYNC(Synchronous Data Communication)

同步通信依靠同步字符保持通信同步。同步通信的帧是由 1~2 个同步字符和多字节数据组成的,多字节数据之间不允许有空隙,其典型格式如图 7-5 所示。在同步传送中,接收端和发送端必须有同步时钟进行严格同步控制。在发送时要插入同步字符,接收端检测到同步字符后,便可接收串行数据位。发送端在数据流传送过程中,若出现数据没有准备好的情况,便用同步字符来填充,直到下一数据准备好。

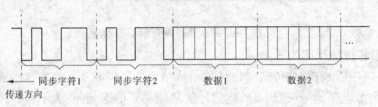

同步字符1　同步字符2　　数据1　　　数据2
传递方向

图 7-5　同步串行通信的帧格式

同步通信传输速度较快,但要求有准确的时钟来实现收发双方的严格同步,对硬件要求较高,适用于成批数据传送。又由于这种方式易于进行串行外围扩展,所以目前很多型号的单片机都增加了同步串行通信接口,如目前已得到广泛应用的 I^2C 串行总线和 SPI 串行接口等。

二、串行通信的传送速率

串行通信的传送速率用波特率(Baud Rate)来表示,所谓波特率就是指一秒钟传送数据位的个数,亦称"比特率"。每秒钟传送一个数据位就是 1 波特,即:1 波特 = 1 b/s(位/秒)。

在串行通信中,数据位的发送和接收分别由发送时钟脉冲和接收时钟脉冲进行定时控制。时钟频率高,则波特率高,通信速度就快;反之,时钟频率低,波特率就低,通信速度就慢。

例如,在同步通信中传送数据速度为 500 字符/s,每个字符由 1 个起始位、8 个数据位和 1 个停止位组成,则其波特率为

$$(1 + 8 + 1) \times 500 = 5000 \text{(b/s)}$$

每一位的传送时间即为波特率的倒数

$$T_d = 1 \text{ b}/(5000 \text{ b/s}) = 0.2 \text{ ms}$$

波特率不同于发送时钟和接收时钟频率。同步通信的波特率和时钟频率相等,而异步通信的波特率通常是可变的。一般异步串行通信的波特率为 50 b/s ~ 100 kb/s。

三、串行通信的制式

串行通信按照数据传送方向可分为如下三种制式。

(一)单工(Simplex)制式

单工制式是指甲乙双方通信时只能单向传送数据,一方永远发送数据,称为发送方;另一方永远接收数据,称为接收方,双方间数据线只有一条,且数据线的传送方向是单一的。

其原理如图 7-6 所示。

(二)半双工(Half Duplex)制式

半双工制式是指通信双方都具有发送器和接收器,既可发送也可接收,但不能同时接收和发送,发送时不能接收,接收时不能发送。双方间数据线只有一条,但数据线的传送方向是双向的。其原理如图 7-7 所示。

(三)全双工(Full Duplex)制式

全双工制式是指通信双方均设有发送器和接收器,并且信道划分为发送信道和接收信道,因此全双工制式可实现甲乙双方同时发送和接收数据,发送时能接收,接收时也能发送。双方间数据线有两条,两条数据线的传送方向相反。其原理如图 7-8 所示。

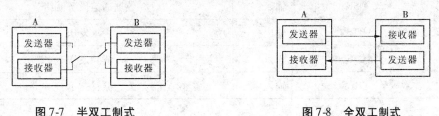

图 7-7　半双工制式　　　　　　　　图 7-8　全双工制式

四、串行通信的标准接口

标准接口是指明确定义若干信号线,使接口电路标准化、通用化的接口。借助串行通信标准接口,不同类型的数据通信设备可以很容易实现它们之间的串行通信连接。在计算机监控系统中,数据通信主要采用异步串行通信方式,在设计通信接口时,必须根据需要选择标准接口,并考虑传输介质、电平转换等问题。标准异步串行通信接口有 RS－232C、RS－422、RS－423 和 RS－485 等。

RS－232C 是美国电子工业协会 EIA 公布的、在异步串行通信中应用最广的通用串行标准接口,RS 是英文"推荐标准"的缩写,232 为标识号,C 表示修改次数。设计目的是用于连接调制解调器,现已成为数据终端设备 DTE(例如计算机)与数据通信设备 DCE(例如调制解调器)的标准接口。

RS－232C 标准接口使用一个 25 针连接器,绝大多数设备只使用其中 9 个信号,所以就有了 9 针连接器。25 针、9 针连接器与计算机终端连接的端面示意如图 7-9 所示,9 针连接

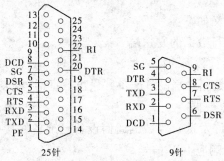

图 7-9　25 针、9 针连接器与计算机终端连接的端面示意

器引脚名称如表7-1所示,25针连接器的引脚名称如图7-10所示。

表7-1 9针连接器引脚名称

引脚号	符号	方向	功能
1	DCD	输入	数据载体检测
2	RXD	输入	接收数据
3	TXD	输出	发送数据
4	DTR	输出	数据终端就绪
5	SG		信号地
6	DSR	输入	数据通信设备就绪
7	RTS	输出	请求发送
8	CTS	输入	清除发送
9	RI	输入	振铃指示

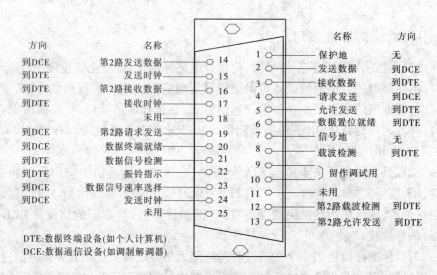

图7-10 25针连接器的引脚名称

RS-232C的各引脚定义如下:

(1)TXD:发送数据,串行数据的发送端。

(2)RXD:接收数据,串行数据的接收端。

(3)RTS:请求发送,当数据终端设备准备好送出数据时,就发出有效的RTS信号,用于通知数据通信设备准备接收数据。

(4)CTS:清除发送(允许发送),当数据通信设备已准备好接收数据终端设备的传送数据时,发出CTS有效信号来响应RTS信号。

RTS和CTS是数据终端设备与数据通信设备间一对用于数据发送的联络信号。

(5)DTR:数据终端就绪,通常当数据终端设备一加电,该信号就有效,表明数据终端设备准备就绪。

(6) DSR: 数据装置就绪, 通常表示数据通信设备(即数据装置)已接通电源连到通信线路上, 并处在数据传输方式。

DTR 和 DSR 也可用做数据终端设备与数据通信设备间一对用于数据接收的联络信号, 例如应答数据接收。

(7) SG: 信号地, 为所有的信号提供一个公共的参考电平。

(8) CD: 载波检测(DCD), 当本地调制解调器接收到来自对方的载波信号时, 该引脚向数据终端设备提供有效信号。

(9) RI: 振铃指示, 当调制解调器接收对方的拨号信号期间, 该引脚信号作为电话铃响的指示, 保持有效。

(10) 保护地(机壳地): 起屏蔽保护作用的接地端, 一般应参照设备的使用规定连接到设备的外壳或大地。

(11) TXC: 发送器时钟, 控制数据终端发送串行数据的时钟信号。

(12) RXC: 接收器时钟, 控制数据终端接收串行数据的时钟信号。

RS-232C 接口采用 EIA 电平, 低电平为 +3 ~ +15 V, 高电平为 -3 ~ -15 V, 实际常用 ±12 V 或 ±15 V。RS-232C 接口采用负逻辑, 当为高电平时, 逻辑值为"0"; 当为低电平时, 逻辑值为"1"。

RS-232C 虽然应用很广, 但因其推出较早, 在现代网络通信中已暴露出明显的缺点, 如数据传输速率慢、通信距离短、未规定标准的连接器、接口处各信号简单易产生串扰。鉴于此, EIA 制定出了新的标准接口 RS-449。该标准除与 RS-232C 兼容外, 还在提高传输速率、增加传输距离、改进电气性能方面作了很大努力。

第二节　AT89S51 串行口

为了实现串行通信, 需要有硬件电路来解决串行数据传输中的一系列协调问题, 这些硬件电路就是串行接口电路或简称串行口。

一、AT89S51 串行口基本结构

串行口主要由发送寄存器、接收寄存器和移位寄存器等组成。通常把实现异步通信的串行口称为通用异步接收/发送器 UART(Universal Asynchronous Receiver/Transmitter), 把实现同步通信的串行口称为通用同步接收/发送器 USRT(Universal Synchronous Receiver/Transmitter), 而把实现同步和异步通信的串行口称为通用同步异步接收/发送器 USART(Universal Synchronous Asynchronous Receiver/Transmitter)。

AT89S51 单片机的串行口, 是既能实现同步通信, 又能实现异步通信的全双工串行口, 但是在单片机的串行数据通信中, 最常用的是异步方式。因此, 常把它写为 UART。AT89S51 串行口结构如图 7-11 所示。

由图 7-11 可知, AT89S51 单片机的串行口主要由接收与发送串行数据缓冲寄存器 SBUF、输入移位寄存器以及串行口控制寄存器 SCON 等组成。波特率发生器可以利用定时/计数器 T1 控制发送和接收的速率。特殊功能寄存器 SCON 用于存放串行口的控制和状

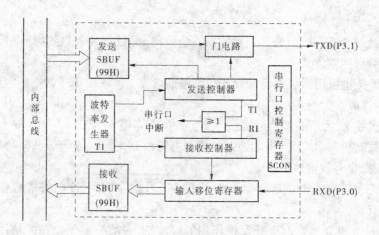

图 7-11 AT89S51 串行口结构框图

态信息;发送数据缓冲寄存器 SBUF 用于存放准备发送出去的数据;接收数据缓冲寄存器
SBUF 用于接收由外部输入到输入移位寄存器中的数据。AT89S51 的串行口正是通过对上
述专用寄存器的设置、检测与读取来管理串行通信的。

在进行串行通信时,外界数据通过引脚 RXD(P3.0,串行数据接收端)输入。输入数据
首先逐位进入输入移位寄存器,由串行数据转换为并行数据,然后再送入接收串行数据缓冲
寄存器。接收串行数据缓冲寄存器和输入移位寄存器,就构成了串行接收的双缓冲结构。
从而避免了在接收到第 2 帧数据前,CPU 未及时响应接收串行数据缓冲寄存器前一帧的中
断请求,没把前一帧数据读走,而造成 2 帧数据重叠的错误。在发送时,串行数据通过引脚
TXD(P3.1,串行数据发送端)输出。由于 CPU 是主动的,因此不会发生帧重叠错误,一般不
需要双重缓冲结构。要发送的数据通过发送控制器控制逻辑门电路逐位输出。

二、AT89S51 串行口特殊功能寄存器及其功能

与串行口的通信有关的寄存器主要有 4 个,它们分别是串行数据缓冲寄存器 SBUF、串
行口控制寄存器 SCON、电源控制寄存器 PCON 和中断允许控制寄存器 IE。

(一) 串行数据缓冲寄存器 SBUF

串行数据缓冲寄存器 SBUF 用于存放欲发送或已接收的数据。

SBUF 在逻辑上只有一个,既表示发送寄存器,又表示接收寄存器,具有同一个单元地
址 99H,用同一寄存器名 SBUF。在物理上有两个,一个是发送缓冲寄存器,它的用途是接收
片内总线送来的数据,即发送缓冲器只能写不能读,发送缓冲器中的数据通过 TXD 引脚向
外传送。另一个是接收缓冲寄存器,它的用途是向片内总线发送数据,即接收缓冲器只能读
不能写。接收缓冲器通过 RXD 引脚接收数据。

发送时,只需将发送数据输入 SBUF,CPU 将自动启动和完成串行数据的发送,发送指
令为:

      MOV SBUF, A ;启动一次数据发送,可向 SBUF 再发送下一个数

接收时,CPU 将自动把接收到的数据存入 SBUF,用户只需从 SBUF 中读出接收到的数
据,接收指令为:

      MOV A, SBUF ;完成一次数据接收,SBUF 可接收下一个数

（二）串行口控制寄存器 SCON

串行口控制寄存器 SCON 是一个特殊功能寄存器，其字节地址为 98H，可位寻址。通过设置该寄存器的相关位，可设定串行口的工作方式，是单机还是多机通信，以及存放发送、接收中断标志位。具体格式如表 7-2 所示。

表 7-2　SCON 相关位及其功能

位地址	9FH	9EH	9DH	9CH	9BH	9AH	99H	98H
位名称	SM0	SM1	SM2	REN	TB8	RB8	TI	RI
功　能	工作方式选择		多机通信控制	允许接收控制	发送第9位	接收第9位	发送中断	接收中断

其中：

（1）SM0、SM1——串行口工作方式选择位。其状态组合所对应的工作方式见表 7-3。

表 7-3　串行口工作方式

SM0	SM1	工作方式	功能	波特率
0	0	方式0	8位同步移位寄存器	$f_{osc}/12$
0	1	方式1	10位 UART	可变
1	0	方式2	11位 UART	$f_{osc}/32$ 或 $f_{osc}/64$
1	1	方式3	11位 UART	可变

（2）SM2——多机通信控制位，主要用于方式 2 和方式 3 中。

当 SM2 = 1，且接收到的第 9 位数据（RB8）= 1 时，将接收到的前 8 位数据送入 SBUF，并置位 RI 产生中断请求；否则，将接收到的 8 位数据丢弃。

当 SM2 = 0 时，则不论第 9 位数据为 0 还是为 1，都将前 8 位数据装入 SBUF 中，并产生中断请求。

在方式 0 时，SM2 必须为 0。

（3）REN——允许接收控制位。

由软件置位或清零，它相当于串行接收的开关。REN = 0，禁止接收；REN = 1，允许接收。

在串行通信过程中，如果满足 REN = 1 且 RI = 1，则启动一次接收过程，一帧数据就装入接收缓冲寄存器 SBUF 中。

（4）TB8——发送数据位。

在工作方式 2 和工作方式 3 时，TB8 的内容是要发送的第 9 位数据。该位由软件置位或清零。在多机通信中，常以 TB8 位的状态表示主机发送的是地址还是数据：TB8 = 1 表示地址，TB8 = 0 表示数据；在双机通信时，TB8 一般作为奇偶校验位使用。

在工作方式 0 和工作方式 1 中，该位未用。

（5）RB8——接收数据位。

在工作方式 2 和工作方式 3 时，RB8 存放接收到的第 9 位数据，它可能是约定的奇偶校验位，也可能是地址/数据标志等。

在工作方式 1 中，若 SM2 = 0，则 RB8 是接收到的停止位。

在工作方式 0 中,该位未用。

REN、TB8、RB8 3 位常用于多机通信。

(6)TI——发送中断标志。

当工作方式为 0 时,发送完第 8 位数据后,该位由硬件置位。在其他方式下,遇发送停止位时,该位由硬件置位。因此,TI = 1,表示帧发送结束,可软件查询 TI 位标志,也可以请求中断。TI 位必须由软件清零。

(7)RI——接收中断标志。

当工作方式为 0 时,接收完第 8 位数据后,该位由硬件置位。在其他方式下,当接收到停止位时,该位由硬件置位。因此,RI = 1,表示帧接收结束,可软件查询 RI 位标志,也可以请求中断。RI 位也必须由软件清零。

接收/发送数据,无论是否采用中断方式工作,每接收/发送一帧数据都必须用指令对 RI/TI 清零,以备下一次接收/发送。

(三)电源控制寄存器 PCON

电源控制寄存器 PCON 是为 CHMOS 型单片机的电源控制而设置的专用寄存器,其字节地址为 87H,不能进行位寻址。通过设置该寄存器的相关位,可设定在工作方式 1、工作方式 2、工作方式 3 下,传送波特率是否加倍。具体格式如下:

PCON	D7	D6	D5	D4	D3	D2	D1	D0
位名称	SMOD							

电源控制寄存器 PCON 中,与串行口工作有关的仅有它的最高位 SMOD。

SMOD——波特率选择位。

在工作方式 1、工作方式 2、工作方式 3 中,SMOD = 1 时,串行口波特率加倍;SMOD = 0 时,串行口波特率保持原值。

(四)中断允许控制寄存器 IE

此寄存器在第五章已经介绍过,在此不作赘述。

第三节 串行口的工作方式

AT89S51 单片机串行口有 4 种工作方式,分别为工作方式 0、工作方式 1、工作方式 2 和工作方式 3,由串行口控制寄存器 SCON 中最高两位 SM0、SM1 决定,通过软件设置来决定选择何种工作方式。其中有 8 位、10 位和 11 位为 1 帧的数据传送格式。

一、工作方式 0

工作方式 0 为 8 位同步移位寄存器输入输出方式,用于并行扩展 I/O 口。以 RXD (P3.0)端作为数据的输入或输出端,而 TXD(P3.1)提供移位的时钟脉冲。以 8 位数据为 1 帧进行传输,不设起始位和停止位,先发送或接收最低位。其帧格式为:

...	D0	D1	D2	D3	D4	D5	D6	D7	...

(一)数据发送

串行口作为并行输出口使用时,要有"串入并出"的移位寄存器配合(如用 CD4094 或 74HC164),如图 7-12 所示。

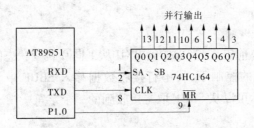

图 7-12 串行口扩展为并行输出口

在移位时钟脉冲(TXD)的控制下,数据从串行口 RXD 端逐位移入 74HC164 的 SA、SB 端。当 8 位数据全部移出后,SCON 寄存器的 TI 位被自动置 1。其后 74HC164 的内容即可并行输出。74HC164 的 $\overline{MR}$ 为主复位端,输出时 $\overline{MR}$ 必须为 1,否则 74HC164 的 Q0 ~ Q7 输出为 0。

(二)数据接收

串行口作为并行输入口使用时,要有"并入串出"的移位寄存器配合(如用 CD4014 或 74HC165),如图 7-13 所示。

74HC165 的 $S/\overline{L}$ 端为移位/置入端,当 $S/\overline{L}=0$ 时,从 Q0 ~ Q7 并行置入数据,当 $S/\overline{L}=1$ 时,允许从 $\overline{QH}$ 端移出数据。在 AT89S51 串行口控制寄存器 SCON 中 REN = 1 时,TXD 端发出移位时钟脉冲,从 RXD 端串行输入 8 位数据。当接收到第 8 位数据 D7 后,置位中断标志 RI,表示 1 帧数据接收完成。

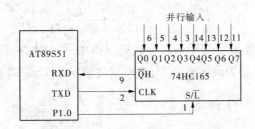

图 7-13 串行口扩展为并行输入口

(三)波特率

方式 0 波特率固定,为单片机晶振频率的 1/12,即一个机器周期进行一次移位。

二、工作方式 1

工作方式 1 是 1 帧为 10 位的异步串行通信方式,包括 1 个起始位、8 个数据位和 1 个停止位。其帧格式为:

起始位	D0	D1	D2	D3	D4	D5	D6	D7	停止位

（一）数据发送

发送时只要将数据写入 SBUF，在串行口由硬件自动加入起始位和停止位，构成一个完整的帧格式。然后在移位脉冲的作用下，由 TXD 端串行输出 1 帧数据发送完毕，将 SCON 中的 TI 置 1。

（二）数据接收

接收时，在 REN = 1 前提下，当采样到 RXD 从 1 向 0 跳变状态时，就认定为已接收到起始位。随后在移位脉冲的控制下，将串行接收数据移入 SBUF 中。1 帧数据接收完毕，将 SCON 中的 RI 置 1，表示可以从 SBUF 取走接收到的一个字符。

（三）波特率

方式 1 波特率可变，由定时/计数器 T1 的计数溢出率来决定。

$$波特率 = 2^{SMOD} \times (T1\ 溢出率)/32$$

或写成

$$波特率 = \frac{2^{SMOD}}{32} \times \frac{f_{osc}}{12 \times (2^K - T1\ 初值)}$$

其中，K 为定时/计数器 T1 的位数，它和定时/计数器 T1 的设定方式有关。即：

若定时/计数器 T1 为方式 0，则 $K = 13$；

若定时/计数器 T1 为方式 1，则 $K = 16$；

若定时/计数器 T1 为方式 2 或 3，则 $K = 8$。

其实，定时/计数器 T1 通常采用方式 2，因为定时/计数器 T1 在方式 2 下工作，为自动重装初值的 8 位计数器。这种方式不仅操作方便，也避免了因重装初值而带来的定时误差。所以

$$波特率 = \frac{2^{SMOD}}{32} \times \frac{f_{osc}}{12 \times (256 - T1\ 初值)}$$

其中，SMOD 为 PCON 寄存器中最高位的值，SMOD = 1 表示波特率加倍。

在实际应用时，通常是先确定波特率，后根据波特率求 T1 定时初值，因此上式又可写为

$$T1\ 初值 = 256 - \frac{2^{SMOD}}{32} \times \frac{f_{osc}}{12 \times 波特率}$$

当定时/计数器 T1 用做波特率发生器时，通常选用定时初值自动重装的工作方式 2（注意：不要把定时/计数器的工作方式与串行口的工作方式搞混清了）。其计数结构为 8 位，假定计数初值为 X，单片机的机器周期为 T，则定时时间为 $(256 - X) \times T$。从而在 1 s 内发生溢出的次数（即溢出率）为 $\dfrac{1}{(256 - X) \times T}$。

T1 溢出率为 T1 溢出的频繁程度，即 T1 溢出一次所需时间的倒数。则

$$波特率 = \frac{2^{SMOD} \times f_{osc}}{32 \times (256 - X) \times 12}$$

其中，X 是定时器初值，则

$$初值\ X = 256 - \frac{2^{SMOD} \times f_{osc}}{32 \times 波特率 \times 12}$$

三、工作方式2

工作方式2是1帧11位的串行通信方式,即1个起始位、8个数据位、1个可编程位TB8/RB8和1个停止位,其帧格式为:

起始位	D0	D1	D2	D3	D4	D5	D6	D7	TB8/RB8	停止位

可编程位TB8/RB8既可作奇偶校验位用,也可作控制位(多机通信)用,其功能由用户确定。

(一)数据的发送和接收

数据发送和接收与方式1基本相同,区别在于方式2把发送/接收到的第9位内容送入TB8/RB8。

(二)波特率

方式2波特率固定,即$f_{osc}/32$和$f_{osc}/64$。

如用公式表示则为

$$波特率 = 2^{SMOD} \times f_{osc}/64$$

当SMOD=0时,波特率=$2^0 \times f_{osc}/64 = f_{osc}/64$;

当SMOD=1时,波特率=$2^1 \times f_{osc}/64 = f_{osc}/32$。

四、工作方式3

方式3同样是1帧11位的串行通信方式,其通信过程与方式2完全相同,所不同的仅在于波特率。方式2的波特率只有固定的两种,而方式3的波特率则与方式1相同,即通过设置T1的初值来设定波特率。

第四节 串行通信应用实例

【例7-1】 电路如图7-14所示,试编制程序按下列顺序要求每隔0.5 s循环操作。

(1)8个发光二极管全部点亮;

(2)从左向右依次暗灭,每次减少一个,直至全灭;

(3)从左向右依次点亮,每次点亮一个;

(4)从右向左依次点亮,每次点亮一个;

(5)从左向右依次点亮,每次增加一个,直至全部点亮;

(6)返回从(2)不断循环。

解:程序如下:

```
LIGHT: MOV   SCON,#00H      ;设置串行口工作方式为方式0
       CLR   ES             ;禁止串行中断
       MOV   DPTR,#TABLE    ;置发光二极管亮暗控制表首址
Z1:    MOV   R7,#0          ;置顺序编号0
Z2:    MOV   A,R7           ;读顺序编号
```

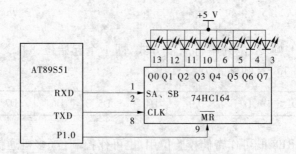

图 7-14 例 7-1 图

```
MOVC    A,@A+DPTR      ;读控制字
CLR     P1.0            ;关闭并行输出
MOV     SBUF,A          ;启动串行发送
JNB     TI,$            ;等待发送完毕
CLR     TI              ;清发送中断标志
SETB    P1.0            ;开启并行输出
LCALL   DLY500ms        ;调用延时0.5 s子程序(0.5 s子程序的编写在此省略)
INC     R7              ;指向下一控制字
CJNE    R7,#30,Z2       ;判循环操作完否,未完继续
SJMP    Z1              ;顺序编号0~29依次操作完毕,从0开始重新循环
TABLE: DB  00H,80H,0C0H,0E0H,0F0H,0F8H,0FCH,0FEH,0FFH
        ;从左向右依次暗灭,每次减少一个,直至全灭
       DB  7FH,0BFH,0DFH,0EFH,0F7H,0FBH,0FDH,0FEH
        ;从左向右依次点亮,每次亮一个
       DB  0FDH,0FBH,0F7H,0EFH,0DFH,0BFH,7FH
        ;从右向左依次点亮,每次亮一个
       DB  3FH,1FH,0FH,07H,03H,01H,30H
        ;从左向右依次点亮,每次增加一个,直至全部点亮
```

【例 7-2】 电路如图 7-15 所示,试编制程序输入 K1 ~ K8 状态数据,并存入内部 RAM 40H 单元。

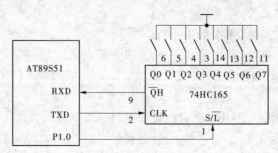

图 7-15 例 7-2 图

解:程序如下:

```
KEYIN: MOV   SCON,#00H        ;设置串行口工作方式为方式0
       CLR   ES               ;禁止串行中断
       CLR   P1.0             ;锁存并行输入数据
       SETB  P1.0             ;允许串行移位操作
       SETB  REN              ;允许并行启动接收
       JNB   RI,$             ;等待接收完毕
       MOV   40H,SBUF         ;存入K1~K8状态数据
       RET
```

【例7-3】 设甲乙机以串行方式1进行数据传送,电路如图7-16所示。$f_{osc}=11.0592$ MHz,波特率为1200 b/s。甲机发送的16个数据存在内部RAM 40H~4FH单元中,乙机接收后存在内部RAM以50H为首地址的区域中。试编程实现。

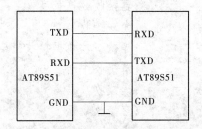

图7-16 双机异步通信连接图

解:串行方式1波特率取决于T1溢出率(设SMOD=0),计算T1定时初值:

$$T1\ 初值 = 256 - \frac{1}{32} \times \frac{11059200}{12 \times 1200} = 232 = 0E8H$$

甲机发送子程序如下:

```
TXDA: MOV   TMOD,#20H        ;置T1工作方式2
      MOV   TL1,#0E8H        ;置T1计数初值
      MOV   TH1,#0E8H        ;置T1计数重装值
      CLR   ET1              ;禁止T1中断
      SETB  TR1              ;T1启动
      MOV   SCON,#40H        ;置串行方式1,禁止接收
      MOV   PCON,#00H        ;置SMOD=0(SMOD不能位操作)
      CLR   ES               ;禁止串行中断
      MOV   R0,#40H          ;置发送数据区首地址
      MOV   R2,#16           ;置发送数据长度
TRSA: MOV   A,@R0            ;读一个数据
      MOV   SBUF,A           ;发送
      JNB   TI,$             ;等待一帧数据发送完毕
      CLR   TI               ;清发送中断标志
      INC   R0               ;指向下一字节单元
```

```
        DJNZ   R2,TRSA          ;判 16 个数据发完否,未完继续
        RET
乙机接收子程序如下:
RXDB:   MOV    TMOD,#20H         ;置 T1 工作方式 2
        MOV    TL1,#0E8H         ;置 T1 计数初值
        MOV    TH1,#0E8H         ;置 T1 计数重装值
        CLR    ET1              ;禁止 T1 中断
        SETB   TR1              ;T1 启动
        MOV    SCON,#40H         ;置串行方式 1,禁止接收
        MOV    PCON,#00H         ;置 SMOD = 0(SMOD 不能位操作)
        CLR    ES               ;禁止串行中断
        MOV    R0,#50H           ;置接收数据区首地址
        MOV    R2,#16            ;置接收数据长度
        SETB   REN              ;允许接收
RDSB:   JNB    RI,$             ;等待一帧数据接收完毕
        CLR    RI               ;清接收中断标志
        MOV    A,SBUF            ;读接收数据
        MOV    @R0,A             ;存接收数据
        INC    R0               ;指向下一数据存储单元
        DJNZ   R2,RDSB          ;判 16 个数据接收完否,未完继续
        RET
```

【例7-4】 设计一个串行方式 2 发送子程序(SMOD = 1),将片内 RAM 50H ~ 5FH 中的数据串行发送,第 9 数据位作为奇偶校验位。接到接收方核对正确的回复信号(用 0FFH 表示)后,再发送下一字节数据,否则再重发一遍。

解: 程序如下:

```
TRS2:   MOV    SCON,#80H         ;置串行方式 2,禁止接收
        MOV    PCON,#80H         ;置 SMOD = 1
        MOV    R0,#50H           ;置发送数据区首地址
TRLP:   MOV    A,@R0             ;读数据
        MOV    C,PSW.0
        MOV    TB8,C             ;奇偶标志送 TB8
        MOV    SBUF,A            ;启动发送
        JNB    TI,$             ;等待一帧数据发送完毕
        CLR    TI               ;清发送中断标志
        SETB   REN              ;允许接收
        CLR    RI               ;清接收中断标志
        JNB    RI,$             ;等待接收回复信号
        MOV    A,SBUF            ;读回复信号
        CPL    A                ;回复信号取反
```

```
JNZ    TRLP                ;非全 0(回复信号≠0FFH,错误),转重发
INC    R0                  ;全 0(回复信号 =0FFH,正确),指向下一数据存储单元
CJNE   R0,#60H,TRLP        ;判 16 个数据发送完否,未完继续
RET
```

实训项目七 单片机与 PC 机串行通信的设计

1. 项目目的

通过对单片机与 PC 机串行通信的设计,使同学们学会单片机与 PC 机收发电路的制作,掌握 RS-232C 电平转换电路及 AT89S51 单片机串行口收发程序的编写要点,为以后工作中解决相关问题奠定基础。

2. 项目分析

在测控系统中,由于单片机的数据存储容量和数据处理能力都较低,所以一般情况下单片机通过串行口与 PC 机的串行口相连,把采集到的数据传送到 PC 机上,再在 PC 机上进行数据处理。

1)原理

单片机和 PC 机最简单的连接是零调制三线经济型。这是进行全双工通信所必需的最少线路。当单片机与 PC 机通信时,常常采用 PC 机的 RS-232C 标准接口进行,RS-232C 规定发送数据线 TXD 和接收数据线 RXD 均采用 EIA 电平,即传送数字"1"时,传输线上的电平在 -3~-15 V;传送数字"0"时,传输线上的电平在 +3~+15 V。因此,不能直接与 PC 机串行口相连,必须经过电平转换电路进行逻辑转换,将单片机输出的 TTL 电平转换为 RS-232C电平。常用的电平转换芯片有 MC1488、MC1489 和 MAX232,图 7-17 给出了采用 MAX232 芯片的 PC 机和单片机串行通信接口电路,与 PC 机相连采用 9 芯标准插座。

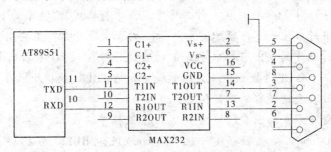

图 7-17 PC 机和单片机串行通信接口

2)具体设计任务分析

AT89S51 单片机通过串行接口电路和 PC 机进行相互通信,单片机将 P0 口的电平开关状态发送给 PC 机,由 PC 机屏幕显示其对应的十六进制数;PC 机将 00H ~ 0FFH 中的某一个数发送给单片机,由单片机 P1 口所接的 8 个发光二极管以二进制数形式显示其数值。

3. 项目实施

硬件电路主要由两大部分组成,一是以单片机为核心的电平开关电路、二极管电平显示电路及发送按键电路,如图 7-1 所示;二是电平转换电路,如图 7-2 所示。

本章小结

串行通信分异步和同步两种方式。

AT89S51 单片机内部的串行接口是全双工的,能同时发送和接收数据。两个串行口数据缓冲器(实际上是两个寄存器)通过特殊功能寄存器 SBUF 来访问。发送缓冲器只能写,写入 SBUF 的数据用于串行发送;接收缓冲器只能读,从 SBUF 读出接收到的数据。

控制串行口工作的寄存器主要有 2 个,即串行口控制寄存器 SCON 和电源控制寄存器 PCON。要掌握这两个特殊功能寄存器每一位的作用和编程通信方法。

SM0、SM1 是工作方式选择位,可以确定四种工作方式:方式 0 为同步移位寄存器输入/输出方式,方式 1 为 10 位异步通信方式,方式 2 和方式 3 为 11 位异步通信方式。

在串行口的四种工作方式中,方式 0 和方式 2 的波特率是固定的,而方式 1 和方式 3 的波特率是可变的,由定时/计数器 T1 的溢出率来决定。

思考题及习题

1. 异步通信和同步通信的主要区别是什么?

2. 串行通信有哪几种制式? 各有什么特点?

3. 什么是波特率? 若某异步串行通信的波特率为 1200 b/s,其一个字符为 12 位,则 1 s 能传输多少位字符?

4. AT89S51 串行通信标准接口有哪几类? 各自分别应用于什么情况? 如何与两个或多个计算机终端连接?

5. 简述 AT89S51 的串行口发送和接收数据的过程。

6. 试比较 AT89S51 的串行口在 4 种工作方式下字符格式、波特率的不同。

7. AT89S51 串行口控制寄存器 SCON 中 SM2 的含义是什么? 主要用于什么工作方式?

8. 试用中断传送方式编出串行口方式 1 的发送程序。设 8031 系列单片机的主频为 6 MHz,波特率为 300 b/s,发送数据缓冲区在起始地址为 TBLK、数据块长度为 50 的外部 RAM 中,采用偶校验,放在发送数据的第 8 位。

9. 试用查询传送方式编出串行口方式 2 的接收程序。设 8031 系列单片机的主频为 6 MHz,波特率为 300 b/s,接收数据缓冲区在起始地址为 RBLK、数据块长度为 50 的外部 RAM 中,采用偶校验,放在接收数据的第 8 位。

第八章　AT89S51 单片机的串行扩展技术及应用

本章主要内容

本章重点讨论了 AT89S51 系统串行扩展 EEPROM 的方法,详细分析了具有 I²C 总线、SPI 总线串行扩展接口芯片 EEPROM 的工作原理、特点,并给出了各自与 AT89S51 单片机连接的接口电路及软件设计方法,讨论了采用串行口工作方式 0 来扩展 I/O 口的方法。

任务七　单片机的串行口输出字型码

1. 任务目的

利用 AT89S51 串行口和并行输出串行移位寄存器 74LS164,扩展 I/O 口,在数码显示器上循环显示 0～9 这 10 个数字。其电路图如图 8-1 所示。

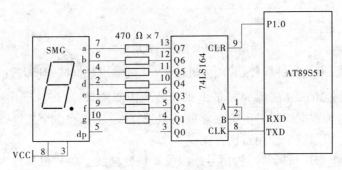

图 8-1　电路图

2. 任务内容

串行口以方式 0 工作时,可通过外接移位寄存器实现串并转换。在这种方式下,数据为 8 位,只能从 RXD 端输入输出,TXD 端用于输出移位同步时钟信号,其波特率固定为晶振频率的 1/12。由软件置位串行口控制寄存器(SCON)的 REN 位后才能启动串行接收,在 CPU 将数据写入 SBUF 寄存器后,立即启动发送。待 8 位数据输完后,硬件将 SCON 寄存器的 TI 位置 1,必须由软件清零。

3. 任务演示

通过 Proteus 或直接在实验板上演示,查看效果。

第一节　单片机串行扩展方式

现代单片机应用系统广泛采用串行扩展技术。串行扩展接口灵活,占有单片机资源少,系统结构简单,极易形成用户的模块化结构。串行扩展方式还具有工作电压宽、抗干扰能力强、功率低、数据不易丢失等特点。因此,串行扩展技术在 IC 卡、智能化仪器仪表以及分布式控制系统等领域获得广泛应用。

目前单片机应用系统中使用比较常见的串行扩展接口和串行扩展总线有 SPI 串行总线、I²C 总线、单总线(1-Wire)、Microwire 总线。

下面分别介绍各种串行总线接口的工作原理和特性。

一、SPI 串行总线

SPI(Serial Peripheral Interface,串行外围设备接口)总线是 Motorola 公司提出的一个同步串行外设接口,容许 CPU 与各个厂家生产的标准外围接口器件相连。SPI 的典型应用是单主机系统。该系统只有一台主机,从机通常是外围接口器件,如 EEPROM、A/D 转换器、日历时钟及显示驱动等。图 8-2 是 SPI 外围串行扩展结构图。

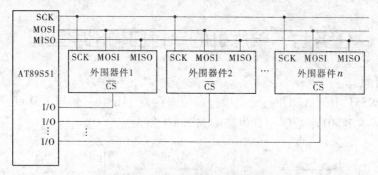

图 8-2 SPI 外围串行扩展结构图

它使用 4 条线:串行时钟线(SCK)、主机输入/从机输出数据线 MISO(简称 SO)、主机输出/从机输入数据线 MOSI(简称 SI)、低电平有效的使能信号线($\overline{\text{CS}}$)。由于 SPI 系统总线只需 3 根公共的时钟数据线和若干位独立的从机选择线,所以在 SPI 从设备较少而没有总线扩展能力的单片机系统中使用特别方便。

SPI 总线包括 1 根串行同步时钟信号线以及 2 根数据线。单片机与外围器件在时钟线 SCK、数据线 MOSI 和 MOSI 上都是同名端相连的。外围扩展多个器件时,SPI 无法通过数据线译码选择,故 SPI 接口的外围器件都有片选端$\overline{\text{CS}}$。在扩展单个 SPI 器件时,外围器件$\overline{\text{CS}}$端可以接地,或通过 I/O 口控制;在扩展多个 SPI 外围器件时,单片机应分别通过 I/O 口线来分时选通外围器件。

在 SPI 串行扩展系统中,如果某一从器件只作输入(如键盘)或只作输出(如显示器),可省去一根数据输出线(MISO)或一根数据输入线(MOSI),从而构成双线系统($\overline{\text{CS}}$接地)。

SPI 系统中从器件的选通依靠其$\overline{\text{CS}}$引脚,数据的传送软件十分简单,省去了传输时的地址选通字节;但在扩展器件较多时,连线较多。

SPI 串行扩展系统中作为主器件的单片机在启动一次传送时便产生 8 个时钟脉冲传送给接口芯片,作为同步时钟,控制数据的输入与输出。数据的传送格式是高位(MSB)在前,低位(LSB)在后,如图 8-3 所示。数据线上输出数据的变化以及输入数据时的采样,都取决于 SCK。但对于不同的外围芯片,有的可能是 SCK 上升沿起作用,有的可能是 SCK 下降沿起作用。发送一个字节后,从另外一个外围器件接收的字节数据进入移位寄存器中。

SPI 串行扩展系统的主器件单片机,可以带有 SPI 接口,也可以不带 SPI 接口,但从器件

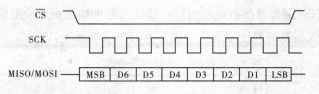

图 8-3　SPI 数据传送格式

要具有 SPI 接口。

SPI 有较高的数据传送速度,主机方式最高速率可达 1.05 Mb/s,目前不少外围器件都带有 SPI 接口。目前,采用 SPI 串行总线接口的器件非常多,可以大致分为以下几大类:单片机,如 Motorola 公司的 M68HC08 系列、Cygnal 公司的 C8051F0XX 系列、PHILIPS 公司的 P89LPC93X 系列;A/D 和 D/A 转换器,如 AD 公司的 AD7811/12,TI 公司的 TLC1543、TLC2543、TLC5615 等;实时时钟(RTC),如 Dallas 公司的 DS1302/05/06 等;温度传感器,如 AD 公司的 AD7816/17/18,NS 公司的 LM74 等;其他设备,如 LED 控制驱动器 MAX7219、HD7279,集成看门狗、电压监控、EEPROM 等功能的 X5045 等。

二、I²C 总线

I²C 总线(Inter Integrate Circuit bus)全称为芯片间总线,它以两根连线实现全双工同步数据传送,可以极方便地构成外围器件扩展系统。在 I²C 总线上可以挂接各种类型的外围器件,如 RAM/EEPROM、日历/时钟芯片、A/D 转换器、D/A 转换器,以及由 I/O 口、显示驱动器构成的各种模块。

(一) I²C 总线工作原理

I²C 总线采用两线制,由数据线 SDA 和时钟线 SCL 构成。I²C 总线为同步传输总线,数据线上的信号完全与时钟同步。数据传送采用主从方式,即主器件(主控器)寻址从器件(被控器),启动总线,产生时钟,传送数据及结束数据的传送。SDA/SCL 总线上挂接的单片机(主器件)或外围器件(从器件),其接口电路都应具有 I²C 总线接口,所有器件都是通过总线寻址的,而且所有 SDA/SCI 同名端相连,如图 8-4 所示。作为主控器的单片机,可以具有 I²C 总线接口,也可以不带 I²C 总线接口,但被控器必须带有 I²C 总线接口。

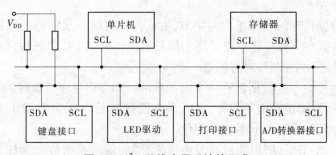

图 8-4　I²C 总线应用系统的组成

(二) 总线器件的寻址方式

I²C 总线采用了器件地址的硬件设置方法,可通过软件寻址,完全避免了器件的片选线寻址方法,从而使硬件系统具有简单灵活的扩展方法。在 I²C 总线系统中,地址是由器件类型及其地址引脚电平决定的,对器件的寻址采用软件方法。

I²C总线上所有外围器件都有规范的器件地址。器件地址由7位组成，它与1位方向位共同构成了I²C总线器件的寻址字节。寻址字节的格式如表8-1所示。

表8-1 寻址字节格式

位序	器件地址				引脚地址			方向位
	D7	D6	D5	D4	D3	D2	D1	D0
寻址字节	DA3	DA2	DA1	DA0	A2	A1	A0	R/$\overline{\text{W}}$

器件地址（DA3，DA2，DA1，DA0）是I²C总线外围器件固有地址编码，器件出厂时就已经给定。例如I²C总线EEPROM AT24C02的器件地址为1010，4位LED驱动器SAA1064的器件地址为0111。

引脚地址（A2，A1，A0）是由I²C总线外围器件引脚所指定的地址端口，由A2、A1和A0在电路中接电源、接地或悬空的不同，形成地址代码。

数据方向位（R/$\overline{\text{W}}$）规定了总线上的单片机（主器件）与外围器件（从器件）的数据传送方向。R/$\overline{\text{W}}$=1，表示接收（读）；R/$\overline{\text{W}}$=0，表示发送（写）。

（三）I²C总线的电气结构与驱动能力

I²C总线接口内部为双向传输电路。总线端口输出端为漏极开路，故总线上必须有上拉电阻R_P（上拉电阻与电源电压V_{DD}、总线串接电阻有关，可参考有关数据手册，其值通常取5～10 kΩ）。

I²C总线上的外围扩展器件都是CMOS器件，属于电压型负载，总线上的器件数量不是由电流负载能力决定的，而是由电容负载决定的。I²C总线上每个节点器件的接口都有一定的等效电容，这会造成信号传输的延迟。通常I²C总线的负载能力为400 pF（通过驱动扩展可达4000 pF），据此可计算出总线长度及连接器件的数量。总线上每个外围器件都有一个器件地址，扩展器件时也要受器件地址空间的限制。

I²C总线传输速率为100 Kb/s，新规范的传输速率为400 Kb/s。

（四）I²C总线上的数据传送

1. 数据传送

I²C总线上数据传送的基本单位为字节，主从器件之间一次传输的数据称为一帧，由起始信号、若干个数据字节和应答位以及终止信号组成。启动I²C总线后，传送的字节数没有限制，只要求每传送一字节后，对方回答一个应答位。

I²C总线上每传输一位数据都有一个时钟脉冲（SCL）相对应。在时钟线高电平期间，数据线上必须保持稳定的逻辑电平状态，高电平为数据1，低电平为数据0。只有在时钟线为低电平时，才允许数据线上的电平状态变化。

总线传送完一字节后，可以通过对时钟线的控制，使传送暂停。例如，当某个外围器件接收N个字节后，需要一段处理时间，以便接收以后的字节数据。这时可以在应答信号后，使SCL变为低电平，控制总线暂停；如果单片机要求总线暂停，也可使时钟线保持低电平，控制总线暂停。

在发送时，首先发送的是数据的最高位。每次传送开始时有起始信号，结束时有终止信号。

I²C 总线的数据传送过程如图 8-5 所示。

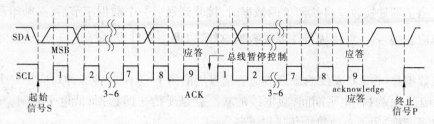

图 8-5 I²C 总线的数据传送

2. 总线信号

I²C 总线上与数据传送有关的信号有起始信号（S）、终止信号（P）、应答信号（A）、非应答信号（Ā）以及总线数据位。

起始信号（S）：当 SCL 为高电平，数据线 SDA 从高电平向低电平变化时，启动 I²C 总线。

终止信号（P）：当 SCL 为高电平，数据线 SDA 由低电平向高电平变化时，停止 I²C 总线数据传送。

起始信号和终止信号如图 8-6 所示。这两个信号都是由主器件产生的，总线上带有 I²C 总线接口的器件很容易检测到这些信号。但对于不具备 I²C 总线接口的一些单片机来说，为准确地检测这些信号，必须保证在总线的一个时钟周期内对数据线至少进行两次采样。

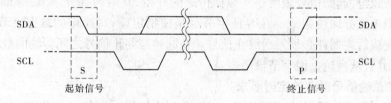

图 8-6 I²C 总线的起始信号和终止信号

应答信号（A）：I²C 总线数据传送时，每传送一字节数据后都必须有应答信号，与应答信号相对应的时钟由主器件产生。应答信号在第 9 个时钟位上出现，接收方输出低电平为应答信号（A），如图 8-7 所示。

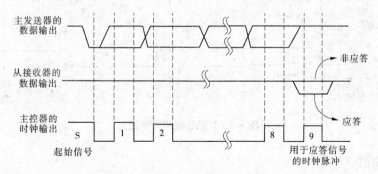

图 8-7 I²C 总线上的应答信号

非应答信号（Ā）：每传送完一字节数据后，在第 9 个时钟位上接收方输出高电平为非应答信号（Ā），如图 8-7 所示。

由于某种原因,接收方不产生应答时,可由主控器通过产生一个终止信号来终止总线数据传输。当主器件接收来自从器件的数据时,接收到最后一个数据字节后,必须给从器件发送一个非应答信号($\overline{A}$),使从器件释放数据总线,以便主器件发送终止信号,从而终止数据传送。

总线数据位:在 I^{2}C 总线启动后或应答信号后的第 1~8 个时钟脉冲对应于一个字节的 8 位数据传送。脉冲高电平期间,数据线的状态就是要传送的数据;低电平期间,允许总线上数据电平变换,为下一位数据传送做准备。

3. 数据传送格式

I^{2}C 总线数据传输时必须遵循规定的传送格式,图 8-8 为一次完整的数据传送格式。

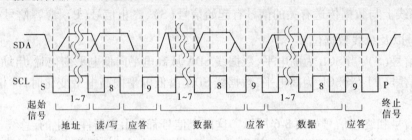

图 8-8　I^{2}C 总线的一次完整的数据传送

按照总线规范,起始信号表明一次数据传送的开始,其后为寻址字节,寻址字节由高 7 位地址和最低 1 位方向位组成。在寻址字节后是按指定读、写操作的数据字节与应答位。在数据传送完成后主器件必须发送终止信号。在起始与终止信号之间传输的数据字节数由单片机决定,并且从理论上说字节没限制。

(五)I^{2}C 总线信号时序的定时要求

为了保证 I^{2}C 总线数据的可靠传送,对总线上的信号时序作了严格规定,如图 8-9 所示。表 8-2 列出了具体定时数据。

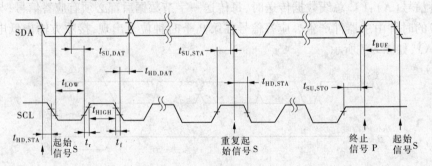

图 8-9　I^{2}C 总线的时序定义

三、单总线

单总线(1-Wire)是 Dallas(美国达拉斯半导体)公司推出的外围串行扩展总线,单总线只有一根数据输入/输出线 DQ,总线上所有器件都挂在 DQ 上,电源也经过这根信号线供给。单总线具有线路简单、减少硬件开销、成本低廉、便于总线扩展和维护等优点。

表 8-2　I^2C 总线信号定时要求

参数	符号	标准模式		快速模式		单位
		最小值	最大值	最小值	最大值	
SCL 时钟频率	f_{SCL}	0	100	0	400	kHz
(重复)起始条件的保持时间。在这个周期后,产生第一个时钟脉冲	$t_{HD,STA}$	4.0	—	0.6	—	μs
SCL 时钟的低电平周期	t_{LOW}	4.7	—	1.3	—	μs
SCL 时钟的高电平周期	t_{HIGH}	4.0	—	0.6	—	μs
重复起始条件的建立时间	$t_{SU,STA}$	4.7	—	0.6	—	μs
数据保持时间: 兼容 CBUS 的主机 I^2C 总线器件	$t_{HD,DAT}$	5.0 0[2]	— 3.45[3]	— 0[2]	— 0.9[3]	μs μs
数据建立时间	$t_{SU,DAT}$	250	—	100[4]	—	ns
SDA 和 SCL 信号的上升时间	t_r	—	1000	$20+0.1C_b$[5]	300	ns
SDA 和 SCL 信号的下降时间	t_f	—	300	$20+0.1C_b$[5]	300	ns
停止条件的建立时间	$t_{SU,STO}$	4.0	—	0.6	—	μs
停止和启动条件之间的总线空闲时间	t_{BUF}	4.7	—	1.3	—	μs
每条总线线路的电容负载	C_b	—	400		400	pF
每个连接的器件低电平时的噪声容限(包括迟滞)	V_{nL}	$0.1V_{DD}$	—	$0.1V_{DD}$	—	V
每个连接的器件高电平时的噪声容限(包括迟滞)	V_{nH}	$0.2V_{DD}$	—	$0.2V_{DD}$	—	V

注:(1)所有参数值均以标准/快速模式下 I^2C 总线器件 SDA 和 SCL 的低电平输入电压最大值 $V_{IL.max}$ 和高电平输入电压最小值 $V_{IH.min}$ 电平为参考。

(2)器件必须为 SDA 信号(参考 SCL 信号的 $V_{IH.min}$)内部提供一至少 300 ns 的保持时间来度过 SCL 下降沿的未定义区。

(3)如果器件不延长 SCL 信号的低电平周期(t_{LOW}),才会用到 $t_{HD,DAT}$ 的最大值。

(4)快速模式 I^2C 总线器件可以在标准模式 I^2C 总线系统使用,但必须符合 $t_{SU,DAT} \geqslant 250$ ns 的要求。如果器件不延长 SCL 信号的低电平周期,这就自动成为默认的情况,必须在 SCL 线释放之前输出下一个数据位到 SDA 线。$t_{rmax} + t_{SU,DAT} = 1000 + 250 = 1250(ns)$。

(5)C_b 表示以 pF 为单位的每条总线的总电容值。

单总线技术有三个显著的特点:

(1)单总线芯片通过一根信号线进行地址信息、控制信息和数据信息的传输,并通过该信号线为单总线器件提供电源。

(2)每个单总线芯片都具有全球唯一的访问序列号,当多个单总线器件挂在同一单总线上时,对所有单总线芯片的访问都通过该序列号区分。

(3)单总线适用于单主机系统,能够控制一个或多个从机设备。

通常把挂在单总线上的器件称之为单总线器件。单总线系统主机可以是单片机,从机是单总线器件,它们之间的数据交换只通过一条信号线。单总线器件内一般都具有控制、收/发、存储等电路。为区分不同的单总线器件,厂家生产单总线器件时都要刻录一个 64 位的二进制 ROM 代码,以标志其 ID 号。当只有一个单总线器件时,系统可按单节点系统操作;当有多个单总线器件时,系统则按多节点系统操作。图 8-10 所示是单总线多节点系统的示意图。

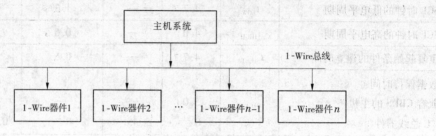

图 8-10　单总线多节点系统的示意图

Dallas 公司为单总线的寻址及数据的传送提供了严格的时序规范,以保证数据传输的完整性。主机和从机之间的通信可通过 3 个步骤完成,分别为初始化 1-Wire 器件、识别 1-Wire 器件和交换数据。由于它们是主从结构,只有主机呼叫从机时,从机才能应答,因此主机访问 1-Wire 器件必须严格遵循单总线命令序列,即初始化、ROM 命令、功能命令。

目前,Dallas 公司采用单总线技术生产的芯片包括数字温度传感器(如 DS1820)、A/D 转换器(如 DS2450)、身份识别器(如 DS1990A)、单总线控制器(如 DS1WM)等。

四、Microwire 总线

Microwire 同步串行总线接口是 NS(National Semicondutor,美国国家半导体)公司在其生产的 COP 系列和 HPC 系列微控制器上采用的一种串行总线。

Microwire 接口为 4 线数据传输:SI 为串行数据输入线,SO 为串行数据输出线,SK 为串行移位时钟线,$\overline{CS}$ 为从机选择线。图 8-11 为 Microwire 的串行外围扩展示意图。串行外围

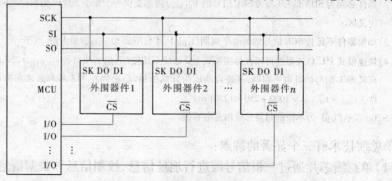

图 8-11　Microwire 串行外围扩展示意图

扩展中所有接口上的时钟线 SK 均作总线连接在一起,而 SO 和 SI 则依照主器件的数据传送方向而定,主器件的 SO 与所有外围器件的输入端 DI 或 SI 相连;主器件的 SI 与外围器件的输出端 DO 或 SO 相连。与 SPI 相似,在扩展多个外围器件时,必须通过 I/O 口线来选通外围器件。

以单片机为主器件的 Microwire 串行扩展系统中,单片机可以带有 Microwire 接口,也可以不具有该接口;而外围芯片必须具备 Microwire 形式的接口。

第二节 串行扩展 EEPROM

在由单片机实现的仪器仪表、家用电器、工业监控等系统中,对某些状态参数,不仅要求能够在线修改,而且要求断电后能保持,以备上电后恢复系统的状态。断电数据保护方法可选用具有断电保护功能的 RAM 和电可擦除存储器 EEPROM。具有断电保护功能的 RAM 容量大,速度快,但占有口线多,成本高。EEPROM 适合数据交换量较少,对传送速度要求不高的场合。

EEPROM 有并行和串行之分。并行 EEPROM 速度比串行快,容量大。例如 2864 系列的容量为 8 Kb × 8,很多情况下并不需要这么大的容量,可选用串行 EEPROM。与并行 EEPROM相比,串行芯片成本低,线路简单,工作可靠,占用单片机口线资源少。

本节介绍具有 SPI 总线、I^2C 总线串行扩展接口芯片 EEPROM 的工作原理、特点,以及与 AT89S51 单片机连接的接口方法及软件编程。

一、串行 EEPROM X5045

(一)X5045 的基本功能

X5045 有 4 种基本功能:上电复位、看门狗定时器、低电压检测和 SPI 串行 EEPROM。

1. 上电复位

当 X5045 通电并超过 V_{CC} 门限电压时,X5045 内部的复位电路将会提供一个周期约为 200 ms 的复位脉冲,让微处理器能够正常复位。

2. 看门狗定时器

看门狗定时器对微处理器提供了一种防止外界干扰而引起程序陷入死循环或"跑飞"状态的保护功能。当系统出现故障时,在设定的时间内如果没有对 X5045 进行访问,则看门狗定时器以 RESET 信号作为输出响应,即变为高电平,延时约200 ms 以后 RESET 由高电平变为低电平。$\overline{CS}$的下降沿复位看门狗定时器。

3. 低电压检测

工作过程中 X5045 监测电源电压下降情况,并且在电源电压跌落到 V_{CC} 门限电压(V_{TRIP})以下时,会产生一个复位脉冲,复位脉冲保持有效直到电源电压降到 1 V 以下。如果电源电压在降到 V_{TRIP} 后上升,则在电源电压超过 V_{TRIP} 后延时约 200 ms,复位信号消失,使得微处理器可以继续工作。

4. 串行 EEPROM 存储器

X5045 的存储部分是具有 Xicor 公司块锁保护的 CMOS 4KB 串行 EEPROM。它被组成 8 位的结构,由一个四线构成的 SPI 总线方式进行操作,一次最多可写 16B。

(二) X5045 引脚定义

X5045 的引脚排列如图 8-12 所示,它共有 8 个引脚,各引脚功能如下:

$\overline{CS}$:片选端。当 $\overline{CS}$ 为低电平时,X5045 工作。$\overline{CS}$ 的电平变化将复位看门狗定时器。

SO:串行数据输出端,在一个读操作的过程中,数据从 SO 脚移位输出。在时钟的下降沿时数据改变。

SI:串行数据输入端,所有的操作码、字节地址和数据从 SI 脚写入,在时钟的上升沿时数据被锁定。

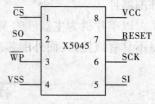

图 8-12 X5045 的引脚图

SCK:串行时钟,控制总线上数据输入和输出的时序。

$\overline{WP}$:当 $\overline{WP}$ 引脚为低电平时,芯片禁止写入,但是其他的功能正常。当 $\overline{WP}$ 引脚为高电平时,所有的功能都正常。

RESET:复位输出端。

VCC:电源端。

VSS:接地端。

(三) 工作命令与寄存器

X5045 片内含有一个 8 位指令寄存器,当 $\overline{CS}$ 为低且 $\overline{WP}$ 为高时,通过 SI 线输入命令代码,数据代码在 SCK 的上升沿时时钟同步输入。命令共有 6 条,包括设置写使能锁存器、复位写使能锁存器、写状态寄存器、读状态寄存器、写数据和读数据。指令如表 8-3 所示。所有指令、地址和数据都是以高位(MSB)在前、低位(LSB)在后的方式串行传送的。读和写指令的位 3 包含了高地址位 A_8。

表 8-3 X5045 指令表

指令名	指令格式	操作
WREN	0000 0110	设置写使能锁存器(允许写操作)
WRDI	0000 0100	复位写使能锁存器(禁止写操作)
RDSR	0000 0101	读状态寄存器
WRSR	0000 0001	写状态寄存器(看门狗和块锁)
READ	0000 $A_8$011	从所选地址的存储器阵列开始读出数据
WRITE	0000 $A_8$010	把数据写入所选地址的存储器阵列(1~16B)

1. 写使能锁存器

X5045 片内包含一个写使能(允许)锁存器。在内部完成写操作之前,此锁存器必须被设置。WREN 指令可设置写使能锁存器,WRDI 指令将复位写使能锁存器。在上电和一次有效的字节、页或状态寄存器写操作完成之后,该锁存器自动复位。如果 $\overline{WP}$ 变为低电平,锁存器也被复位。

2. 状态寄存器

X5045 片内还有一个状态寄存器,用来提供 X5045 状态信息以及设置块保护和看门狗的超时功能。在任何情况下都可以通过 RDSR 和 WRSR 指令读/写状态寄存器。状态寄存器格式如下：

位	D7	D6	D5	D4	D3	D2	D1	D0
状态字	0	0	WD1	WD0	BL1	BL0	WEL	WIP

其中：

WIP(Write In Process)——正在写，表示芯片写操作忙，只读位。其为 1 表示在进行写操作，此时不能向 EEPROM 写数据；为 0 表示无写操作，可以向 EEPROM 写数据。

WEL——写使能锁存器的状态，只读位。其为 1 表示写使能置位，为 0 表示写使能复位。指令 WREN 使 WEL 变为 1，而指令 WRDI 则将 WEL 变为 0。

BL0、BL1——设置 EEPROM 的块锁保护地址范围，为可编程位，由 WRSR 指令设置，允许用户保护 EEPROM 的 1/4、1/2 或全部内容。它们的组合关系如表 8-4 所示。任何被块锁保护地址范围内的数据只能被读出而不能写入。

表 8-4　块锁保护选择

BL1	BL0	写保护的单元地址
0	0	没有保护
0	1	180H ~ 1FFH
1	0	100H ~ 1FFH
1	1	000H ~ 1FFH

WD1、WD0——看门狗定时器状态，是可编程位，由 WRSR 指令设置。看门狗定时器定时值选择如表 8-5 所示。

表 8-5　看门狗定时器定时值选择

WD1	WD0	看门狗定时值(典型值)
0	0	1.4 s
0	1	600 ms
1	0	200 ms
1	1	禁止看门狗工作

(四) X5045 的读/写操作

当 $\overline{CS}$ 为低电平后选择 X5045 芯片，SI 线上的输入数据在 SCK 的第一个上升沿时被锁存。而 SO 线上的数据则由 SCK 的下降沿输出。用户可以停止时钟 SCK，然后再启动它，以便在它停止的地方恢复操作。在整个工作期间，$\overline{CS}$ 必须为低电平。

1. X5045 的读操作

要读存储器的内容，首先将 $\overline{CS}$ 拉为低电平以选择芯片，然后发送含有最高位地址 A_8 的 READ 指令，紧接着发送 8 位字节地址。然后被选定的存储单元的数据被移出到 SO 线上。每个字节数据被送出后，片内地址计数器自动加 1，指向下一个存储单元。继续提供 SCK，可读出下一个存储单元的数据。当达到最高地址(1FFH)时,地址计数器翻转至地址000H,直到$\overline{CS}$置位高电平,终止读操作。

读状态寄存器,首先将$\overline{CS}$置低电平,发送8位RDSR指令,状态寄存器的内容被RDSR指令的第8个SCK时钟下降沿送到SO线上。

2. X5045的写操作

在把数据写入X5045之前,必须首先发出WREN指令把写使能锁存器置位。首先$\overline{CS}$置低电平,然后把WREN指令由时钟同步送入X5045,在指令的所有8位被发送之后,再将$\overline{CS}$置为高电平。然后,再次将$\overline{CS}$置低电平并输入WRITE指令后面紧随的8位地址,最后是写入的数据。写指令的位3包含地址A_8,此位用于选择EEPROM的上半部或下半部。如果用户在发出WREN指令之后不把$\overline{CS}$置为高电平而继续写操作,那么写操作无效。

WRITE指令至少需要16个时钟脉冲。在操作期间$\overline{CS}$必须保持为低电平,主机可以连续写入同一页地址(A_8确定)的16B数据。超过16B数据,芯片自动从本页第一个单元地址重新写入。为了完成写操作(字节写或页写),在最后一个被写入的数据字节的最低位(LSB)完成后,$\overline{CS}$必须拉高。

写状态寄存器时,必须先发出WRSR指令,紧接着送更新状态寄存器内容。

(五) AT89S51 与 X5045 的接口电路

图8-13为AT89S51与X5045的典型接口电路。$\overline{CS}$信号一般不通过P2口选通,因为P2口工作于地址总线时,其输出是脉冲方式,呈现高电平,不能保证片选持续有效,也就不能对其进行任何操作。由于$\overline{CS}$只能是位控方式连接,一般与单片机的P1口或P3口相连。图8-13中用AT89S51的P1.0、P1.1、P1.2、P1.3分别与X5045的串行输出SO、串行输入SI、串行时钟SCK和片选端$\overline{CS}$相连,二者的RESET引脚相连。本例中,系统时钟电路选择12 MHz的晶振。

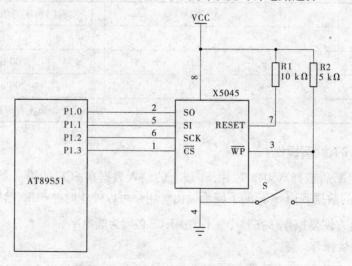

图8-13 X5045 与单片机的典型接口电路

图8-13中的X5045的$\overline{WP}$信号可由开关S控制,S闭合时禁止写入,打开时可写入数据,

也可以由 AT89S51 的一个 I/O 接口控制。如果不使用$\overline{WP}$信号,也可以直接接 +5 V 电源。

(六) X5045 应用软件设计实例

应用软件主要包括芯片初始化、内部 EEPROM 数据的读/写和看门狗定时器操作等,主要有设置写使能锁存器、复位写使能锁存器、写状态寄存器、读状态寄存器、字节写、字节读、页写、页读等子程序。针对图 8-13,下面给出 X5045 与单片机的软件接口子程序。

程序如下:

```
CS     EQU   P1.3
SO     EQU   P1.0
SI     EQU   P1.1
SCK    EQU   P1.2
READ_INST    EQU   03H
WRITE_INST   EQU   02H
```

1. 单字节输出子程序 OUTBYT

功能:将 A 中的数据输出到 SI。

```
OUTBYT:   MOV   R7, #08H          ;置循环次数 8
OUTBYT1:  CLR   SCK
          RLC   A                 ;A 的最高位送 CY
          MOV   SI, C             ;CY 送 X5045 的 SI
          SETB  SCK               ;SCK 上升沿写入
          DJNZ  R7, OUTBYT1
          CLR   SCK
          RET
```

2. 单字节输入子程序 INBYT

功能:将 SO 上的数据读入 A。

```
INBYT:    MOV   R7, #08H          ;置循环次数 8
INBYT1:   SETB  SCK
          NOP
          CLR   SCK               ;SCK 的下降沿数据出现在 SO 端
          NOP
          MOV   C, SO             ;数据输出端的数据送入 C 中
          RLC   A
          DJNZ  R7, INBYT1
          RET
```

3. 置位写使能子程序 WREN

功能:置位写使能锁存器,使 EEPROM 或状态寄存器可写。

```
WREN:     LCALL  STAX
          MOV   A, #06H           ;置位写使能指令
          LCALL  OUTBYT
          LCALL  ENDX
```

```
                RET
```

4. 复位写使能子程序 WRDI

功能:复位写使能锁存器,禁止写 EEPROM 或状态寄存器。

```
WRDI:       LCALL   STAX
            MOV   A, #04H              ;复位写使能指令
            LCALL   OUTBYT
            LCALL   ENDX
            RET
```

5. 写状态寄存器子程序 WRSR

功能:对状态寄存器中位 BL1、BL0、WD1、WD0 进行设置,A 中是要写入状态寄存器的值。

```
WRSR:       LCALL   STAX
            MOV   A, #01H              ;送 WRSR 指令
            LCALL   OUTBYT
            MOV   A, #00H              ;送状态寄存器值
            LCALL   OUTBYT
            LCALL   ENDX
            LCALL   WIP_CHK            ;等待 WIP = 0,检查写操作是否完成
            RET
```

6. 读状态寄存器子程序 RDSR

功能:读出状态寄存器内容,并将内容送入 A。

```
RDSR:       LCALL   STAX
            MOV   A, #05H              ;送读状态寄存器指令
            LCALL   OUTBYT
            LCALL   INBYT
            LCALL   ENDX
            RET
```

7. 写单字节子程序 WRITE1

功能:写单字节到指定的 EEPROM 地址单元。F0、R3 是 EEPROM 单元地址 A_8、低 8 位,R0 是数据存放缓冲首地址。

```
WRITE1:     LCALL   STAX              ;下一指令启动
            LCALL   WREN              ;置位写使能
            CLR   CS
            MOV   A, WRITE_INST
            MOV   C,F0                ;插入单元地址最高位
            MOV   ACC.3,C
            LCALL   OUTBYT            ;送写指令
            MOV   A,R3                ;输出单元地址低 8 位
            LCALL   OUTBYT
            MOV   A, @ R0             ;写单字节数据
```

```
            LCALL   OUTBYT
            LCALL   ENDX
            LCALL   WIP_CHK              ;检查写操作是否完成
            RET
```

8. 读单字节子程序 READ1

功能:从指定 EEPROM 地址单元中读取单字节数据。F0、R3 是 EEPROM 单元地址 A_8、低 8 位,读取的单字节数据存放在 R0 缓冲地址中。

```
READ1:      LCALL   STAX                ;启动读操作
            MOV     A,READ_INST
            MOV     C,F0                ;插入单元地址最高位
            MOV     ACC.3,C
            LCALL   OUTBYT              ;送读指令
            MOV     A,R3                ;输出低 8 位地址
            LCALL   OUTBYT
            LCALL   INBYT               ;输入数据送入缓冲区
            MOV     @R0,A
            LCALL   ENDX                ;单字节读操作接收
            RET
```

9. 写入 N 字节子程序 WRITEN($N \leqslant 16$)

功能:将缓冲区 $N(N \leqslant 16)$ 字节数据写入指定 EEPROM 地址开始的单元。F0、R3 是 EEPROM 单元地址 A_8、低 8 位。R0 是数据存放缓冲首地址,R2 是待写的字节数 N。

```
WRITEN:     LCALL   STAX
            LCALL   WREN                ;置位写使能
            CLR     CS
            MOV     A,WRITE_INST
            MOV     C,F0                ;插入单元地址最高位
            MOV     ACC.3,C
            LCALL   OUTBYT              ;送写指令
            MOV     A,R3                ;输出单元地址低 8 位
            LCALL   OUTBYT
BYWR:       MOV     A,@R0               ;从缓冲区取数据输出
            LCALL   OUTBYT
            INC     R0                  ;地址加 1
            DJNZ    R2,BYWR             ;N 个字节写完否
            LCALL   ENDX                ;指令接收
            LCALL   WIP_CHK             ;等待 WIP=0,检查写操作是否完成
            RET
```

10. 读出 N 字节子程序 READN

功能:把指定地址开始的 EEPROM 单元数据读出并放入片内 RAM 单元。F0、R3 是

EEPROM 单元地址 A_8、低 8 位，R0 是片内 RAM 缓冲区首地址，R2 是要读入的字节长度。

```
    READN:    LCALL   STAX
              MOV   A,READ_INST
              MOV   C,F0
              MOV   ACC.3,C
              LCALL   OUTBYT          ;送读指令
              MOV   A,R3              ;输出低 8 位地址
              LCALL   OUTBYT
    BYRD:     LCALL   INBYT            ;读出数据送入缓冲区
              MOV   @R0,A
              INC   R0
              DJNZ   R2,BYRD
              LCALL   ENDX            ;指令结束
              RET
```

11. 启动 X5045 操作子程序 STAX

```
    STAX:     SETB   CS
              NOP
              CLR   SCK               ;先置高 CS,再置低 SCK,再拉低 CS
              NOP
              CLR   CS
              NOP
              RET
```

12. 结束 X5045 操作子程序 ENDX

```
    ENDX:     CLR   SCK
              SETB   CS               ;先置低 SCK,后置高 CS
              NOP
              NOP
              RET
```

13. 写操作完成检查子程序 WIP_CHK

```
    WIP_CHK:  LCALL   RDSR            ;读 X5045 状态寄存器
              JB   ACC.0,WIP_CHK       ;等待 WIP =0
              RET
```

14. 复位看门狗定时器子程序 RST_WDOG

```
    RST_WDOG:  CLR   CS
               SETB   CS
               RET
```

二、AT24C 系列串行 EEPROM

EEPROM 有并行和串行之分。常用的并行 EEPROM 为 28 系列，包括 2816、2817、2864

及 28c 系列,具有速度快、使用方便、编程简单等诸多优点,它的缺点是译码线路多、线路板面积大,且存储容量往往比实际要求的大很多。在不需要那么大容量的情况下,可以选用 AT24C 系列的 EEPROM 芯片。这类芯片不用地址译码,线路简单,体积小巧(引脚只有 8 个),工作可靠,占用单片机口线资源少,价格低廉。

AT24C 系列串行 EEPROM 是一种采用 CMOS 工艺制成的 EEPROM,支持 I^2C 串行总线及传输规则。采用这类芯片可解决掉电数据保存问题,并可多次擦写,自动擦写时间不超过 10 ms,典型时间为 5 ms,擦写次数可达 10 万次以上。

(一) AT24C 系列串行 EEPROM 引脚及容量

芯片引脚如图 8-14 所示。

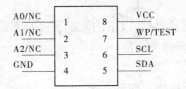

图8-14　AT24C 系列 EEPROM 引脚图

各个引脚说明如下:

VCC——电源端,接 +5 V;

GND——接地端;

SCL——串行时钟端;

SDA——串行数据端,漏极开路结构,使用时该脚须接一个 5.1 kΩ 左右的上拉电阻;

WP——写保护,接高电平时,芯片为只读状态,接低电平时,可以进行正常的读/写;

NC——未连接;

A0、A1、A2——片选或页面选择地址输入,用于 EEPROM 器件地址编码。

串行 EEPROM 作为从机在接收到开始信号后都需要接收一个 8 位的控制字(寻址字节),以确定本芯片是否被选通及将要进行的是读操作还是写操作。这个控制字的高 4 位为 1010,最低位是 $R/\overline{W}$,$R/\overline{W} = 1$ 表示读操作,$R/\overline{W} = 0$ 表示写操作。另外 3 位为寻址位,不同容量的芯片其定义也不同。AT24C 系列各芯片的控制字如表 8-6 所示。

表 8-6　AT24C 系列串行 EEPROM 型号及引脚定义

型号	容量(Kb)	D7	D6	D5	D4	D3	D2	D1	D0
		特征码				芯片地址/页面地址			读/写控制
AT24C01	1	1	0	1	0	X	X	X	$R/\overline{W}$
AT24C01A	1	1	0	1	0	A2	A1	A0	$R/\overline{W}$
AT24C02	2	1	0	1	0	A2	A1	A0	$R/\overline{W}$
AT24C04	4	1	0	1	0	A2	A1	P0	$R/\overline{W}$
AT24C08	8	1	0	1	0	A2	P1	P0	$R/\overline{W}$
AT24C16	16	1	0	1	0	P2	P1	P0	$R/\overline{W}$
AT24C32	32	1	0	1	0	A2	A1	A0	$R/\overline{W}$
AT24C64	64	1	0	1	0	A2	A1	A0	$R/\overline{W}$

表中 A0、A1、A2 为芯片地址位，P0、P1 为芯片内页面地址位。AT24C01/01A/02 和 AT24C32/64 片内单元为字节寻址方式(不分页)。主器件(如单片机)发出起始信号后，接着发出控制字，当被选中的 EEPROM 发回一个应答位后，主机就发送 EEPROM 单元地址。AT24C01/01A/02 单元地址为 8 位，AT24C32/64 单元地址为 16 位。发送完单元地址后，被选中的 EEPROM 芯片发回一个应答位，以后就开始数据的读/写操作。

AT24C04/08/16 的片内单元为页寻址方式。页面地址(P2P1P0)包含在控制字中，每页容量为 256B。主器件(单片机)发出开始信号后，接着发出控制字(内含有页面信息)，当被选中的 EEPROM 发回一个应答位后，主机就发送对应页面的 8 位单元地址。发送完单元地址后，被选中的 EEPROM 芯片发回一个应答位，以后就开始数据的读/写操作。

(二)读写操作的帧格式

EEPROM 一般在电路中做从器件，以下的发送和接收都是针对主器件(如单片机)说明的，开始和结束条件也是由主器件发出的。

1.写操作的帧格式

写操作分为单字节写和数据块写两种形式。

1)单字节写操作

在这种方式下，单片机发出起始信号后，发送控制字，待接收到被选中的 EEPROM 发回的应答位后，单片机发出 EEPROM 单元地址(1 字节或 2 字节)，这个单元地址被写入 EEPROM片内的地址指针，待接收到 EEPROM 发回的应答位后，才发送 1 字节的数据，待收到 EEPROM 的应答信号后，单片机便产生终止信号。终止信号会激活 EEPROM 内部定时编程周期，把接收到的 8 位数据写入指定的 EEPROM 存储单元。在内部定时写入期间，所有的输入都无效，不产生应答位，直到写入操作完成后才进行新的操作。

AT24C01/02/04/08/16 单字节写入时的帧格式如下：

S	1010×××0	A	EEPROM 单元地址	A	写入的 8 位数据	A	P

AT24C32/64 单字节写入时的帧格式如下：

S	1010×××0	A	EEPROM 单元地址	A	EEPROM 单元地址	A	写入的 8 位数据	A	P
			高字节地址		低字节地址				

2)数据块写操作

数据块写与单字节写的区别在于，开始传输数据时，EEPROM 每接收到 1 字节数据，就产生一个应答位，并把接收的数据顺序存放在片内数据缓冲区中，直到单片机发出终止信号。EEPROM 接收到终止信号就自动进入内部定时编程周期，将接收到的数据依次写入 EEPROM 指定的单元中。

AT24C01/02/04/08/16 数据块写时的帧格式如下：

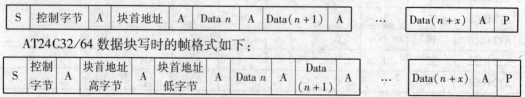

S	控制字节	A	块首地址	A	Data n	A	Data(n+1)	A	…	Data(n+x)	A	P

AT24C32/64 数据块写时的帧格式如下：

S	控制字节	A	块首地址高字节	A	块首地址低字节	A	Data n	A	Data(n+1)	…	Data(n+x)	A	P

2.读操作的帧格式

串行 EEPROM 的读操作分两步进行(先"写"后"读"):

(1)单片机发出一个开始信号,通过写操作($R/\overline{W}=0$),先发送控制字,再发送单元地址,目的是选中一个 EEPROM 及片内单元地址。在此过程中,EEPROM 要相应地产生应答位。

(2)单片机重新发送一个开始信号,然后发送含读操作的控制字($R/\overline{W}=1$),EEPROM 应答后,要寻址的存储单元中的数据就从 SDA 线上输出。所有数据读完后,单片机发送非应答信号位 $\overline{A}$,接着发送一个终止信号,结束读操作。

由于篇幅有限,这里只给出 AT24C01/02/04/08/16 读操作的帧格式。

AT24C01/02/04/08/16 读单字节时的帧格式如下:

S	控制字节 ($R/\overline{W}=0$)	A	EEPROM 单元地址	A	S	控制字节 ($\overline{R/W}=1$)	A	读出数据	$\overline{A}$	P

AT24C01/02/04/08/16 读连续地址单元时的帧格式如下:

S	控制字节 ($R/\overline{W}=0$)	A	EEPROM 单元地址	A	S	控制字节 ($\overline{R/W}=1$)	A	读出数据 字节1	A	读出数据 字节2	A	...	读出数据 字节 n	$\overline{A}$	P

需要说明的是,读连续地址单元时,其范围不能超过该型号所规定的页内地址或全地址范围,否则就会发生读重叠。

(三)硬件接口与编程举例

AT89S51 与 AT24C04 的硬件连接如图 8-15 所示。设单片机晶振频率为 6 MHz,编写读/写操作程序如下。

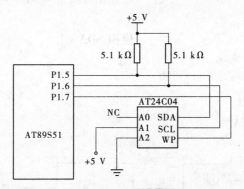

图 8-15　AT89S51 与 AT24C04 的硬件接口电路

1.I^2C 总线的软件模拟

AT89S51 单片机内部不具备 I^2C 总线串行接口,需要利用 AT89S51 的 I/O 口来模拟 I^2C 总线的时序信号。在此,采用 P1.5 引脚来模拟 SDA 数据线,赋值为 VSDA,采用 P1.6 引脚来模拟 SCL 时钟线,赋值为 VSCL。由于单片机的晶振频率为 6 MHz,相应的单周期指令(NOP)执行时间为 2 μs,用 NOP 指令模拟信号的周期。

1)I^2C 总线典型信号的模拟子程序

```
VSDA    EQU    P1.5
VSCL    EQU    P1.6
```

（1）启动子程序（STA）。

在 SCL 高电平期间 SDA 发生负跳变。子程序如下,子程序对应的波形如图 8-16 所示。

```
STA:    SETB    VSDA            ;模拟 SDA = 1
        SETB    VSCL            ;模拟 SCL = 1
        NOP
        NOP
        CLR     VSDA            ;模拟 SDA = 0
        NOP                     ;起始信号保持时间 4 μs
        NOP
        CLR     VSCL            ;模拟 SCL = 0
        RET
```

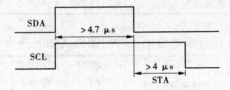

图 8-16　STA 信号波形

（2）停止子程序（STOP）。

在 SCL 高电平期间 SDA 发生正跳变。子程序如下,子程序对应的波形如图 8-17 所示。

```
STOP:   CLR     VSDA            ;模拟 SDA = 0
        SETB    VSCL            ;模拟 SCL = 1
        NOP                     ;终止信号建立时间
        NOP
        SETB    VSDA            ;模拟 SDA = 1
        NOP
        NOP
        CLR     VSCL
        CLR     VSDA
        RET
```

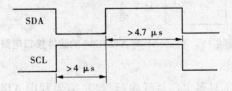

图 8-17　STOP 信号波形

（3）发送应答位子程序（MACK）。

在 SDA 低电平期间 SCL 发生一个正脉冲。子程序如下,子程序对应的波形如图 8-18 所示。

```
MACK:   CLR     VSDA            ;模拟 SDA = 0
        SETB    VSCL            ;模拟 SCL = 1
```

```
NOP
NOP
CLR     VSCL            ;模拟 SCL = 0
SETB    VSDA            ;模拟 SDA = 1
RET
```

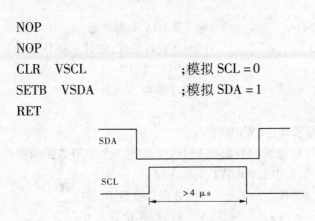

图 8-18 MACK 信号波形

（4）发送非应答子程序（MNACK）。

在 SDA 高电平期间 SCL 发生一个正脉冲。子程序如下，子程序对应的波形如图 8-19
所示。

```
MNACK：SETB    VSDA            ;模拟 SDA = 1
        SETB    VSCL            ;模拟 SCL = 1
        NOP
        NOP
        CLR     VSCL            ;模拟 SCL = 0
        CLR     VSDA            ;模拟 SDA = 0
        RET
```

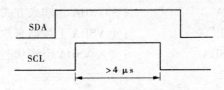

图 8-19 MNACK 信号波形

在使用上述子程序时，如果单片机的系统时钟不是 6 MHz，应调整 NOP 的个数，以满足
时序要求。

2）I^2C 总线模拟通用子程序

从 I^2C 总线的数据操作中可以看出，除基本的启动（STA）、终止（STOP）、发送应答位
（MACK）、发送非应答（MNACK）外，还应有应答位检查（CACK）、发送一个字节（WRBYT）、
接收一个字节（RDBYT）、发送 N 个字节（WRNBYT）和接收 N 个字节（RDNBYT）的子程序。

（1）应答位检查子程序（CACK）。

在应答位检查子程序 CACK 中，设置了标志位 F0。当检查到正常应答位后，F0 = 0，否
则 F0 = 1。

```
CACK：SETB    VSDA            ;VSDA 为输入方式
        SETB    VSCL            ;使 VSDA 上数据有效
        CLR     F0              ;预设 F0 = 0
```

```
                MOV    C,VSDA              ;输入 VSDA 引脚状态
                JNC    CEND                ;F0 =0 应答正常,则转 CEND
                SETB   F0                  ;应答不正常,F0 =1
        CEND：  CLR    VSCL                ;子程序结束,VSCL =0
                RET
```

(2)发送一个字节数据子程序(WRBYT)。

该子程序是向模拟的 I^{2}C 总线的数据线 VSDA 上发送一个字节数据的操作。调用本子程序前要将发送的数据送入 A 中。WRBYT 子程序如下:

```
        WRBYT：MOV    R6, #08H            ;8 位数据长度送 R6 中
        WLP：  RLC    A                   ;A 左移,发送位进入 C
               MOV    VSDA,C              ;将发送位送入 VSDA 数据线
               SETB   VSCL                ;同步脉冲 VSCL 发送,VSDA 数据有效
               NOP
               NOP
               CLR    VSCL                ;VSDA 线上允许数据变化
               DJNZ   R6,WLP
               RET
```

(3)接收一个字节数据子程序(RDBYT)。

该子程序用来从 VSDA 上读取一个字节数据,执行本程序后,从 VSDA 上读取的一个字节存放在 R2 或 A 中。RDBYT 子程序如下:

```
        RDBYT：MOV    R6, #08H            ;8 位数据长度入 R6
        RLP：  SETB   VSDA                ;置 VSDA 为输入方式
               SETB   VSCL                ;使 VSDA 上数据有效
               MOV    C,VSDA              ;读入 VSDA 引脚状态
               MOV    A,R2
               RLC    A                   ;将 C 读入 A
               MOV    R2,A                ;将 A 转存入 R2
               CLR    VSCL                ;VSCL =0,数据变化,继续接收数据
               DJNZ   R6,RLP
               RET
```

2. AT89S51 写入 AT24C04 程序

将 AT89S51 片内的以 30H 为首地址的 16 个数据写入 AT24C04 内以 00H 为首地址的连续存储单元中,从硬件电路图可知,AT24C04 的写控制字为 10100100B,选中的是 AT24C04 的第 0 页。

程序如下:

```
        WRB16：MOV    R0, #30H            ;16 个数据的首地址送 R0
               CLR    P1. 7               ;AT24C04 关闭写保护
        WRADD：MOV    R7, #16             ;设置循环次数
               LCALL  STA                 ;开启 I$^2$C 总线
```

```
        MOV   A, #10100100B          ;将控制字送入 A
        LCALL  WRBYT                  ;发送控制字
        LCALL  CACK                   ;检查是否收到应答位
        JB   F0,WRADD                 ;F0 =1,没有收到应答位,转 WRADD 重新开始
        MOV   A, #00H                 ;发送 EEPROM 单元地址
        LCALL  WRBYT
        LCALL  CACK
        JB   F0,WRADD
        MOV   R0, #30H
WRDA:   MOV   A, @ R0                 ;发送字节数据
        LCALL  WRBYT
        LCALL  CACK
        JB   F0,WRADD
        INC  R0                       ;修改地址指针
        DJNZ  R7,WRDA
        LCALL  STOP                   ;发送终止信号
        LCALL  DELAY                  ;延时 10 ms
        SETB  P1. 7                   ;AT24C04 开启写保护
        RET
```

3. AT89S51 读取 AT24C04 程序

从 AT24C04 的 00H 开始读取 16 个数据,存入 AT89S51 片内以 20H 为起始地址的连续存储单元中。从硬件电路图中可得知:AT24C04 的写控制字为 10100100B,选中的是 AT24C04 的第 0 页。读控制字为 10100101B。

程序如下:

```
RDB16:  MOV   R0, #20H               ;接收数据的首地址送 R0
        MOV   R7, #16                ;要读的字节数
        LCALL  STA                   ;开启 I²C 总线
        MOV   A, #10100100B          ;发送写控制字
        LCALL  WRBYT
        LCALL  CACK
        JB   F0,RDB16
        LCALL  A, #00H               ;选择 AT24C04 的单元地址
        LCALL  WRBYT
        LCALL  CACK
        JB   F0,RDB16
        LCALL  STA                   ;重新发开始信号
        MOV   A, #10100101B          ;发送读控制字
        LCALL  WRBYT
        LCALL  CACK
```

```
            JB    F0,RDB16
RDN：  LCALL   RDBYT              ;读取字节数据
            MOV   @R0,A             ;存入 AT89S51 片内 RAM 区
            DJNZ  R7,ACK            ;没有读完 16 个数据,转 ACK,发送应答信号
            LCALL  MNACK            ;读取完 16 个数据后,发送非应答信号
            LCALL  STOP             ;发送终止信号
            RET
ACK：  LCALL   MACK
            INC   R0
            SJMP  RDN
```

第三节   串行扩展 I/O 接口

AT89S51 的串行通信共有 4 种工作方式,由串行口控制寄存器 SCON 中的 SM0、SM1 决定,其中串行口的工作方式 0 可用于 I/O 口的扩展。如果在应用系统中,串行口未被使用,那么将它用来扩展并行 I/O 口既不占用片外的 RAM 地址,又节省硬件开销,是一种经济、实用的方法。

串行口工作方式 0 为 8 位同步移位寄存器工作方式,用于实现单片机 I/O 端口的扩展。其特点如下:

◆必须与外接移位寄存器配合,即由“串入并出”移位寄存器来扩展输出端口,由“并入串出”移位寄存器来扩展输入端口。

◆以 RXD(P3.0)端作为数据移位的输入端(接收时)和输出端(发送时),以 TXD(P3.1)端固定作为提供移位时钟的输出端。

◆工作方式 0 的波特率固定,为单片机晶振频率的 1/12,即一个机器周期进行一次移位。

◆移位数据的发送和接收以 8 位为 1 帧,不设起始位和停止位,无论输入/输出均低位在前、高位在后。

利用串行口的工作方式 0 来扩展输入/输出口的具体方法在第七章已作了详细介绍,在此不再赘述,此处就其应用再给出两个详细的例子。

一、用 74LS164 扩展并行输出口

图 8-20 为利用串行口工作在方式 0,外扩一片 74LS164 构成一个 3 位 LED 动态显示器,并将内部 RAM 显示单元 65H、66H、67H 中的内容输出显示。

程序如下:

```
            ORG    0000H
START：  MOV   SCON, #00H        ;设置串行口为方式 0
            SETB   P1. 2            ;消去最高显示位
            SETB   P1. 1
            MOV    A, 65H           ;发送要显示的字符
```

```
MOV   SBUF, A
JNB   TI,$                    ;发送没结束,等待
CLR   P1.0                    ;最低位显示
CLR   TI                      ;TI 清零,为下次发送数据做准备
ACALL   DEL                   ;调用延时子程序(此处略去)
SETB   P1.0                   ;消去最低显示位
MOV   A, 66H
MOV   SBUF, A
JNB   TI, $
CLR   P1.1
CLR   TI
ACALL   DEL
SETB   P1.1
MOV   A, 67H
MOV   SBUF, A
JNB   TI, $
CLR   P1.2
CLR   TI
ACALL   DEL
SJMP   START
```

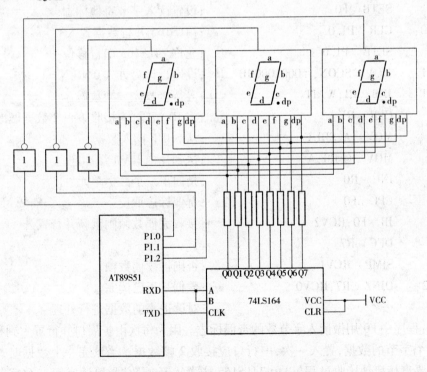

图 8-20　AT89S51 与 74LS164 的接口电路

二、用 74LS165 扩展并行输入口

图 8-21 是用两片 74LS165 扩展 2 个 8 位并行输入口的实用电路。

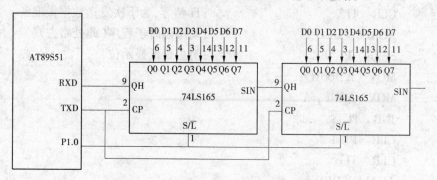

图 8-21 AT89S51 与 74LS165 的接口电路

8 位并行输入串行输出移位寄存器 74LS165,其串行输出端 QH 与单片机的串行输入端 RXD 相连,所有 74LS165 芯片的移位脉冲输入端连接到单片机的 TXD,74LS165 芯片的置位/移位端用一根 I/O 口线 P1.0 来控制。当扩展 74LS165 时,每两片间的首尾(QH 与 SIN)相连。

在图 8-21 的基础上,编写一段从 2 个 8 位并行口读入 10 个字节数据,并把它们转存到内部 RAM 从 40H 开始的数据缓冲区的程序。

	MOV R7, #10	;设置读入字节数
	MOV R0, #40H	;设置内部 RAM 缓冲区首地址
	SETB F0	;设置读入字节奇偶标志
RCV0:	CLR P1.0	;74LS165 并行数据置入
	SETB P1.0	;允许 74LS165 串行移位
RCV1:	MOV SCON, #00010000B	;设串行口为方式 0,REN = 1
WAIT:	JNB RI, WAIT	;等待接收完一帧数据
	CLR RI	;将 RI 清零,为接收下一个数据做准备
	MOV A, SBUF	;从 SBUF 读入数据
	MOV @R0, A	;送到片内 RAM 缓冲区
	INC R0	;指向下一个数据单元
	CPL F0	;奇偶标志取反
	JB F0, RCV2	;接收完偶数帧则重新并行置入
	DEC R7	
	SJMP RCV1	;否则再读偶数帧
RCV2:	DJNZ R7, RCV0	;数据是否已读完
	…	;对读进来的数据进行处理

注意:程序中 F0 用做读入字节数的奇偶标志。因为每次由扩展口并行置入到移位寄存器的是 2 个字节的数据,置入一次,串行口应接收 2 帧数据。当读完一个数据时,置 F0 为 0,这时不要直接启动接收过程,以免 74LS165 中置入新的数据,等读完第二个字节的数据时,置 F0 为 1,再将 74LS165 中置入新的数据。

实训项目八 点阵字幕机的设计

1. 项目目的

现在市面上已出现很多有关点阵显示器的商品,如广告活动字幕机、股票显示板、活动布告栏等。它的优点是可按需要的大小、形状、单色或彩色来组合,可与微处理器连接,做各种广告文字或图形变化。

本项目要求用 4 块 5×7 的点阵组成一块广告屏,来循环显示 0、1、2、3、4、5、6、7、8、9、A、B 这 12 个字型。

2. 项目分析

点阵显示器的种类,可分为 5×7、5×8、6×8、8×8 等 4 种;而按 LED 发光变化颜色来分,可分为单色、双色、三色;按 LED 的极性排列方式,可分为共阳极与共阴极。5×7 点阵结构如图 8-22 所示。

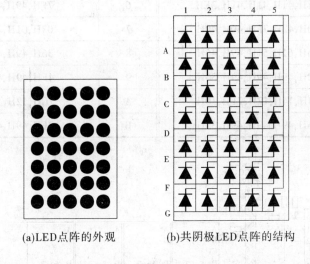

(a)LED点阵的外观　　　　(b)共阴极LED点阵的结构

图 8-22　共阴极 LED 阵列结构

由图 8-22 可知,只要让某些 LED 亮,就可组成数字、英文字母、图形、中文字。字母 A 和 B 的字型点阵如图 8-23 所示。

所以,本项目显示的 0、1、2、3、4、5、6、7、8、9、A、B 这 12 个字型的数据码见表 8-7。点阵字幕机的硬件电路如图 8-24 所示。由于本字幕机一次只能显示 4 个字,所以要分 3 批显示,即 0 1 2 3→4 5 6 7→8 9 A B。程序设计时可将 12 个字的数据码存于表 TABLE 中,利用"MOVC　A,@A+DPTR"或"MOVC　A,@A+PC"查表指令来取出显示。

3. 项目实施

按照原理图焊接元器件,最后调试硬件系统,直到完全满足设计任务要求为止。

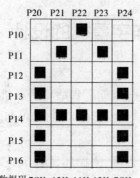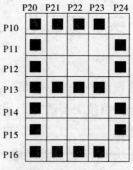

数据码 7CH 12H 11H 12H 7CH   7FH 49H 49H 49H 36H

图 8-23　字母的字型点阵示意图

表 8-7　12 个字型的数据码

字型	数据码	字型	数据码
0	3EH,41H,41H,41H,3EH	6	7FH,49H,49H,49H,79H
1	40H,42H,7FH,40H,40H	7	03H,01H,71H,09H,07H
2	46H,61H,51H,49H,46H	8	36H,49H,49H,49H,36H
3	22H,49H,49H,49H,36H	9	4FH,49H,49H,49H,7FH
4	18H,14H,12H,7FH,10H	A	7CH,12H,11H,12H,7CH
5	4FH,49H,49H,49H,31H	B	7FH,49H,49H,49H,36H

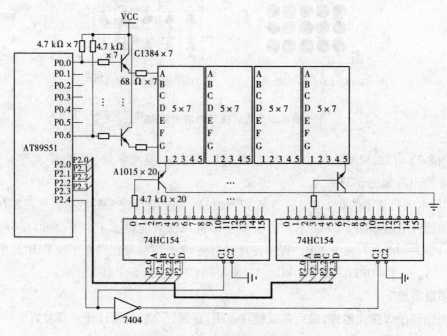

图 8-24　点阵字幕机硬件电路

本章小结

(1)串行总线。

目前单片机应用系统中使用比较常见的串行扩展总线有 SPI 串行总线和 I^2C 总线。SPI 串行总线使用 4 条线:串行时钟线(SCK)、主机输入/从机输出数据线 MISO(简称 SO)、主机输出/从机输入数据线 MOSI(简称 SI)、低电平有效的使能信号线(CS)。I^2C 总线采用两线制,由数据线 SDA 和时钟线 SCL 构成。I^2C 总线为同步传输总线,数据线上的信号完全与时钟同步。

(2)串行扩展 EEPROM。

EEPROM 有并行和串行之分。并行 EEPROM 速度比串行快,容量大。但是很多情况下并不需要这么大的容量,可选用串行 EEPROM。与并行 EEPROM 相比,串行芯片成本低,线路简单,工作可靠,占用单片机口线资源少。本章介绍了具有 I^2C 总线、SPI 总线串行扩展接口芯片 EEPROM 的工作原理、特点,以及与 AT89S51 单片机连接的接口方法及软件编程。

(3)串行扩展 I/O 接口。

AT89S51 的串行通信共有 4 种工作方式,其中串行口的工作方式 0 可用于 I/O 口的扩展。如果在应用系统中,串行口未被使用,那么将它用来扩展并行 I/O 口,既不占用片外的 RAM 地址,又节省硬件开销,是一种经济、实用的方法。本章讨论了采用串行口工作方式 0 来扩展 I/O 口的方法。

思考题及习题

1.为什么要采用串行扩展技术? 与并行扩展技术相比有什么优缺点?

2.常用的串行扩展总线有哪些? 比较这些串行总线的异同点。

3.SPI、I^2C 总线的通信方式是同步还是异步? 当 SPI 或 I^2C 总线上挂有几个 SPI 或 I^2C 从器件时,主机如何选中某个从器件?

4.X5045 与单片机的接口电路如图 8-13 所示,试编写满足以下条件的接口应用程序:

(1)看门狗定时器定时周期 1.4 s;

(2)从片内 RAM 地址 50H 开始连续写 8 个单元数据到 X5045 的 000H 起始单元;

(3)从 X5045 的 100H 单元开始连续读 8 个字节存入首地址为 40H 的片内 RAM 中。

5.AT89S51 单片机的串行口工作在什么方式下,可以用来进行串行扩展?

6.用串行口扩展并行口,需要用到移位寄存器,常用的移位寄存器有哪些? 画出其电路图。

第九章　单片机典型外围接口技术

本章主要内容

　　本章讨论了 AT89S51 与键盘、显示器的接口设计(包括独立式按键、矩阵式键盘、LED 静态显示和 LED 动态显示等)及软件编程方法,以及 AT89S51 与 DAC0832 和 ADC0809 的接口设计及软件编程方法,讨论了开关量驱动输出接口电路(包括晶闸管、光电耦合隔离、继电器和固态继电器等)的设计。

任务八　数显抢答器设计

1. 任务目的

　　在各种抢答竞赛活动中,抢答器是十分重要的设备,用单片机控制的抢答器不仅电路简单,而且可设计成具有显示抢答者号码的功能。因此,本次任务是基于单片机的数显抢答器的设计。

2. 任务内容

　　在抢答器程序设计中,关键是对键盘的扫描、按键判别及按键功能的编程。数显抢答器电路设计如图 9-1 所示。P0 口接 8 个抢答按键开关,供 8 位参赛选手进行抢答用。P1 口接一个数码管显示器,用于显示抢答成功者的号码。8 位参赛选手在主持人按下抢答开始按键(复位按键)S,发出开始抢答命令后,迅速按下各自的抢答按键(S1 ~ S8),数码管立即显示最先按下抢答按键的参赛选手号码,表明该选手抢答成功,获得答题权。同时,所有其他按键立即被封锁,后按下抢答按键的选手无法再进行抢答。在主持人发布完下一道题,再次

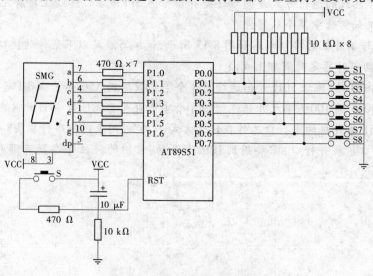

图 9-1　数显抢答器设计电路图

发出抢答命令前,要先按下抢答开始按键S,以清除上次抢答号码,同时开放各按键,以备参赛选手进行下一道题的抢答。

3.任务演示

通过 Proteus 或直接在实验板上演示,查看效果。

目前,单片机在工业测量、自动化控制、仪器仪表等领域有着较为广泛的应用。作为一个单片机应用系统,无论是用于测量领域还是控制领域,都存在一个与人进行信息交互的问题。如单片机应用系统在工作过程中,往往要将测量到的值或工作状态随时显示或打印出来,因此在系统设计时要考虑到显示接口和打印机接口;而对于系统工作参数的设置、工作状态的更改,往往需通过键盘输入来实现,因此作为一个较为完整的单片机应用系统,还应包括键盘接口。本章讨论单片机应用系统中较为常用的几种键盘接口、显示接口及微型打印机接口的原理和设计方法。

第一节　键盘接口

对于需要人工干预的单片机应用系统,键盘就成为人机联系的必要手段,此时需配置适当的键盘输入设备。微机所用键盘有全编码键盘和非编码键盘两种。全编码键盘能够由硬件逻辑自动提供被按下键的编码,此外,一般还具有去抖动和多键、串键等保护电路。这种键盘使用方便,但需较多的硬件,价格贵,一般的单片机应用系统较少采用。非编码键盘只简单地提供键盘矩阵,其他工作都由软件来完成。由于其结构灵活,经济实用,目前在单片机应用系统中使用较多。下面将叙述键盘的工作原理、键盘按键的识别过程及识别方法、键盘与单片机的各种接口技术和编程。

一、键盘输入应解决的问题

(一)键盘输入的特点

键盘实质上是一组按键开关的集合。通常,键盘所用开关为机械弹性开关,均利用了机械触点的合、断作用。一个电压信号通过机械触点的断开、闭合过程,其波形如图9-2所示。由于机械触点的弹性作用,按键在闭合及断开的瞬间均伴随有一连串的抖动,抖动时间的长短取决于机械特性,一般为 5~10 ms。

图 9-2　按键抖动信号波形

(二)消除按键抖动的措施

按键的闭合与否,反映在电压上就是呈现出高电平或低电平,如果高电平表示断开的话,那么低电平则表示按键闭合。所以,通过电平的高低状态的检测,便可确认按键按下与否。按键按下抖动的时间为 5~10 ms,而微机对键盘进行一次扫描仅需几百微秒,这样将会使键盘扫描产生错误的判断。为了确保 CPU 对一次按键动作只确认一次按键,必须消除抖动的影响。按键抖动的消除通常有硬件和软件两种方法。

1. 硬件消除按键抖动

硬件消除抖动一般采用双稳态消抖电路。双稳态消抖电路原理如图 9-3 所示。图中用两个与非门构成一个 RS 触发器。当按键未按下(开关位于 a 点时),输出为 1,当键按下(开关打到 b 点)时,输出为 0。此时即使因按键的机械性能,使按键因弹性抖动而产生瞬时不闭合(抖动跳开 b 点),只要按键不返回原始状态 a,双稳态电路的状态不改变,输出保持为 0,不会产生抖动的波形输出。也就是说,即使 b 点的电压波形是抖动的,但经双稳态电路之后,其输出为正规的矩形波,这一点很容易通过分析 RS 触发器的工作过程得到验证。

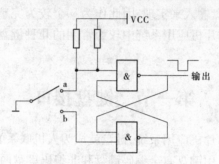

图 9-3 双稳态消抖电路

2. 软件消除按键抖动

如果按键较多,硬件消抖将无法胜任,因此常采用软件的方法进行消抖。在第一次检测到有键按下时,执行一段延时 10 ms 的子程序后再确认该键电平是否仍保持闭合状态,如果保持闭合状态则确认为真正有键按下,从而消除了抖动的影响。

二、独立式键盘接口电路设计

独立式按键就是各按键相互独立,每个按键各接一根输入线,一根输入线上的按键工作状态不会影响其他输入线上的工作状态。因此,通过检测输入线的电平状态可以很容易判断哪个按键被按下了。由独立式按键组成的键盘即为独立式键盘。

独立式键盘电路配置灵活,软件简单,但每个按键需占用一根输入口线,在按键数量较多时,需要较多的输入口线,且电路结构繁杂,故此种键盘适用于按键较少或操作速度较高的场合。下面介绍几种独立式按键的接口。

图 9-4 中(a)为中断方式的独立式键盘工作电路,图(b)为查询方式的独立式键盘工作电路。8 只按键分别接在 AT89S51 单片机的 P1.0～P1.7 口线上。无按键按下时,P1.0～P1.7 线上均输入高电平。当某键按下时,与其相连的 I/O 线将得到低电平输入。

此外,也可以用扩展 I/O 口的独立式键盘接口电路。图 9-5 为采用 8255A 扩展 I/O 口,图 9-6 为用三态缓冲器扩展 I/O 口。这两种连接方式,都是把按键当做外部 RAM 某一工作单元的位来对待,通过读片外 RAM 的方法,识别按键的工作状态。

上述独立式键盘电路中,各按键开关均采用了上拉电阻,这是为了保证在按键断开时,各 I/O 口线有确定的高电平。当然,如果输入口线内部已有上拉电阻,则外电路的上拉电阻可省去。

现在来对图 9-6 所示键盘进行软件编程,采用软件消抖的方法,以查询方式检测各键按

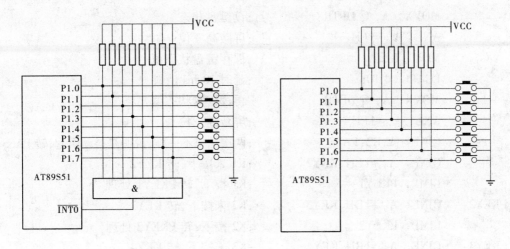

(a)中断方式   (b)查询方式

图9-4　独立式键盘接口电路

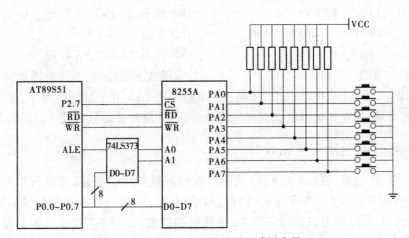

图9-5　通过 8255A 扩展的独立式键盘接口

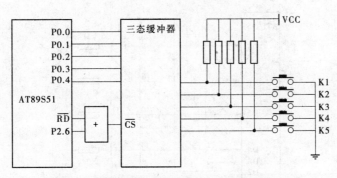

图9-6　采用三态缓冲器扩展的独立式键盘接口

下时才予以识别,如有两个或多个键同时按下将不予处理。

程序清单如下:

KEYIN: MOV　DPTR, #7FFFH　　　　　　;键盘地址为 7FFFH

```
        MOVX    A, @DPTR              ;读键盘状态
        ANL     A, #1FH               ;屏蔽高三位
        MOV     R2,A                  ;保存键盘状态值
        LCALL   D10ms                 ;延时10 ms 消抖
        MOVX    A, @DPTR              ;再读键盘状态值
        ANL     A, #1FH               ;屏蔽高三位
        CJNE    A,R2,PASS             ;两次结果不一样,说明是抖动引起,转 PASS
        CJNE    A, #1EH,KEY2          ;K1 未按下,转 KEY2
        LJMP    PKEY1                 ;K1 按下,转 PKEY1 处理
KEY2:   CJNE    A, #1DH,KEY3          ;K2 未按下,转 KEY3
        LJMP    PKEY2                 ;K2 按下,转 PKEY2 处理
KEY3:   CJNE    A, #1BH,KEY4          ;K3 未按下,转 KEY4
        LJMP    PKEY3                 ;K3 按下,转 PKEY3 处理
KEY4:   CJNE    A, #17H,KEY5          ;K4 未按下,转 KEY5
        LJMP    PKEY4                 ;K4 按下,转 PKEY4 处理
KEY5:   CJNE    A, #0FH,PASS          ;K5 未按下,转 PASS
        LJMP    PKEY5                 ;K5 按下,转 PKEY5 处理
PASS:   RET                          ;重键或无键按下,不作处理返回
```

延时 10 ms 子程序 D10ms 此处从略。PKEY1 ~ PKEY5 五个键处理程序,根据键的功能编写。由此可见,独立式按键的识别和编程非常简单,故在按键数目较少的场合常被采用。

三、矩阵式键盘接口电路设计

矩阵式键盘(也称为行列式键盘)适用于按键数量较多的场合,它由行线和列线组成,按键在行、列的交叉点上。一个 3×3 的行、列结构可以构成一个有 9 个按键的键盘。同理一个 4×4 的行、列结构可以构成一个 16 个按键的键盘,如图 9-7 所示。很明显,在按键数量较多的场合,矩阵式键盘与独立式按键键盘相比,要节省很多的 I/O 口线。

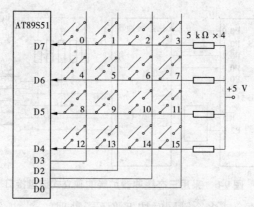

图 9-7　矩阵式键盘结构

(一)矩阵键盘工作原理

按键设置在行、列线交点上,行、列线分别连接到按键开关的两端。行线通过上拉电阻

接到 +5 V 上。平时无按键按下时,行线处于高电平状态,而当有按键按下时,行线电平状态将由与此行线相连的列线电平决定。列线电平如果为低,则行线电平为低;列线电平如果为高,则行线电平也为高。这是识别矩阵键盘按键是否被按下的关键所在。由于矩阵键盘中行、列线为多键共用,各按键均影响该键所在行和列的电平。因此,各按键彼此将相互发生影响,必须将行、列线信号配合起来并作适当的处理,才能确定闭合键的位置。

(二)按键的识别方法

1. 扫描法

下面以图 9-7 中 3 号键被按下为例,来说明此键是如何被识别出来的。当 3 号键被按下时,与此键相连的行线电平将由与此键相连的列线电平决定,而行线电平在无键按下时处于高电平状态。如果让所有列线处于高电平,那么键按下与否,不会引起行线电平的状态变化,行线始终是高电平。所以,让所有列线处于高电平是没法识别出按键的。那么反过来,让所有列线处于低电平,很明显,按键所在行电平将被接成低电平,根据此行电平的变化,便能判断此行一定有键被按下。但我们还不能确定是键 3 被按下,因为,如果键 2、1 或 0 之中任一键被按下,均会产生同样的效果。所以,让所有列线处于低电平只能得出某行有键被按下的结论。为进一步判定到底是哪一列的键被按下,可在某一时刻只让一条列线处于低电平,而其余所有列线处于高电平。当第 1 列为低电平,其余各列为高电平时,因为是键 3 被按下,所以第 1 行仍处于高电平状态;当第 2 列为低电平,而其余各列为高电平时,同样我们会发现第 1 行仍处于高电平状态。直到让第 4 列为低电平,其余各列为高电平时,因为是 3 号键被按下,所以第 1 行的电平将由高电平转换到第 4 列所处的低电平。据此,我们可以判断出第 1 行第 4 列交叉点处的按键即 3 号键被按下。

根据上面的分析,扫描法判断按键位置分两步进行:第一步,识别键盘是否有按键被按下;第二步,如果有键被按下,识别出具体的按键。分别介绍如下:

识别键盘有无键被按下的方法是:让所有列线均置为低电平,检查各行线电平是否有变化,如果有变化,则说明有键被按下,如果没有变化,则说明无键被按下(实际编程时应考虑按键抖动的影响,通常总是采用软件延时的方法进行消抖处理)。

识别具体按键的方法(也称为扫描法)是:逐列置低电平,其余各列置为高电平,检查各行线电平的变化,如果某行线电平为低电平,则可确定此行此列交叉点处的按键被按下。

2. 线反转法

扫描法要逐列扫描查询,当被按下的键处于最后一列时,则要经过多次扫描才能最后获得此按键所处的行列值。而线反转法则显得很简练,无论被按键是处于第 1 列还是最后 1 列,均只须经过两步便能获得此按键所在的行列值。线反转法的原理如图 9-8 所示。

图中用一个 8 位 I/O 口构成一个 4×4 的矩阵键盘,采用查询方式进行工作,下面介绍线反转法的具体操作步骤。

第一步:将行线编程为输入线,列线编程为输出线,并使输出线输出为全低电平,则行线中电平由高到低的所在行为按键所在行。

第二步:同第一步完全相反,将行线编程为输出线,列线编程为输入线,并使输出线输出为全低电平,则列线中电平由高到低的所在列为按键所在列。

结合两步的结果,可确定按键所在行和列,从而识别出所按的键。

假设 3 号键被按下,那么第一步即在 D0 ~ D3 输出全 0,然后,读入 D4 ~ D7 位,结果

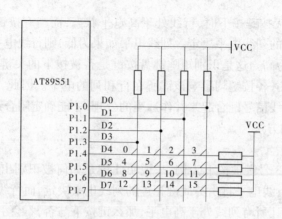

图9-8 线反转法原理图

D4 = 0,而 D5、D6 和 D7 均为 1,因此第 1 行出现电平的变化,说明第 1 行有键按下;第二步让 D4 ~ D7 输出全 0,然后,读入 D0 ~ D3 位,结果 D0 = 0,而 D1、D2 和 D3 均为 1,因此第 4 列出现电平的变化,说明第 4 列有键按下。这样就可以确定是第 1 行第 4 列按键被按下,此按键即是 3 号键。因此,线反转法非常简单适用。当然实际编程中要考虑采用软件延时进行消抖处理。

（三）键盘的编码

对于独立式按键键盘,由于按键的数目较少,可根据实际需要灵活编码。对于矩阵式键盘,按键的位置由行号和列号唯一确定,所以分别对行号和列号进行二进制编码,然后将两值合成一个字节,高 4 位是行号,低 4 位是列号。如 12H 表示第 1 行第 2 列的按键,而 A3H 则表示第 10 行第 3 列的按键,等等。但是这种编码对于不同行的键,离散性大,例如一个 4 × 4 的键盘,14H 与 21H 之间间隔 13,因此不利于使用散转指令。所以,常常采用依次排列键号的方式对按键进行编码。以 4 × 4 键盘为例,键号可以编码为:01H,02H,03H,…,0EH,0FH,10H,共 16 个。无论以何种方式编码,均应以处理问题方便为原则,而最基本的是键所处的物理位置即行号和列号,它是各种编码之间相互转换的基础。编码相互转换可通过查表的方法实现。

（四）键盘工作方式

单片机应用系统中,键盘扫描只是 CPU 的工作内容之一。CPU 在忙于各项工作任务时,如何兼顾键盘的输入,取决于键盘的工作方式。键盘的工作方式的选取应根据实际应用系统中 CPU 工作的忙、闲情况而定。其原则是既要保证能及时响应按键操作,又要不过多占用 CPU 的工作时间。通常,键盘工作方式有三种,即编程扫描、定时扫描和中断扫描。

1. 编程扫描工作方式

这种方式就是只有当单片机空闲时,才调用键盘扫描子程序,反复地扫描键盘,等待用户从键盘上输入命令或数据,来响应键盘的输入请求。图 9-9 为采用 1 个 74LS244 和 1 个 74LS273 组成的 4 × 8 按键接口电路。

键盘扫描子程序中完成如下几个功能:

（1）监测有无按键按下;

（2）有键按下后,应用软件延时的方法消除抖动的影响;

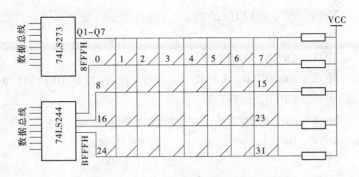

图 9-9 4×8 矩阵式按键接口电路

（3）键闭合一次仅进行一次按键的处理。方法是等待按键释放之后，再进行按键功能的处理操作。

按键扫描主程序 BEGIN，不断扫描键盘直到有一键被按下，最后键值存于 A 中返回。键值是以键号进行编码所得的值。程序中延时 10 ms 子程序省略。

BEGIN：	ACALL KEY_ON	;判断有无键按下
	JNZ DELAY	;有键按下,A≠0,转消抖
	AJMP BEGIN	;无按键按下,继续扫描
DELAY：	ACALL DL10ms	;延时 10 ms 消抖
	ACALL KEY_ON	;再判有无键按下
	JNZ KEY_NUM	;A≠0,键确实按下,转判定按键位置
	AJMP BEGIN	;是键抖动,继续扫描
KEY_NUM：	ACALL KEY_P	;调判定按键位置子程序
	ANL A,#0FFH	
	JZ BEGIN	;A=0,出错,继续扫描
	ACALL KEY_CODE	;对按键编码
	PUSH A	;保护 A,A 中为键编码值
KEY_OFF：	ACALL KEY_ON	;等待,直到按键被释放为止
	JNZ KEY_OFF	
	POP A	;恢复 A
	RET	

;判定有无键按下子程序:KEY_ON

KEY_ON：	MOV A,#00H	;全扫描字 00H
	MOV DPTR,#0BFFFH	;将行号输出全为 0
	MOVX @DPTR,A	
	MOV DPTR,#8FFFH	;读列号状态
	MOVX A,@DPTR	
	CPL A	;A 取反
	RET	

;判定按键位置子程序:KEY_P。用扫描法,R2、R3 保存行、列信息,A 中存放键的位置,高 4 位是行号,低 4 位是列号

```
KEY_P:      MOV   R7, #0FEH            ;键盘第 1 行置 0
            MOV   A, R7
L_LOOP:     MOV   DPTR, #0BFFFH
            MOVX  @DPTR, A             ;扫描字 0FEH 送 0BFFFH 单元
            MOV   DPTR, #8FFFH
            MOVX  A, @DPTR             ;读入列状态
            MOV   R6, A                ;送 R6 保存
            CPL   A                    ;A 取反
            JZ    NEXT                 ;A =0,无按键按下,转扫描下一行
            AJMP  KEY_C                ;按键在此行,转 KEY_C
NEXT:       MOV   A, R7                ;上一行扫描字送 A
            JNB   ACC.3, ERROR        ;第 4 行扫描完,没发现按键,转出错返回
            RL    A                    ;循环左移得下一扫描字
            MOV   R7, A                ;保存于 R7 中
            AJMP  L_LOOP               ;开始下一行扫描
ERROR:      MOV   A, #00H              ;置出错码 00H
            RET
;求出 R7、R6 中的 0 位置,此位即为按键所在行、列。R3、R2 中保存行、列数
KEY_C:      MOV   R2, #00H             ;初始化 R2、R3
            MOV   R3, #00H
            MOV   R5, #08H             ;共 8 列
            MOV   A, R6                ;列状态送 A
AGAIN1:     JNB   ACC.0, OUT1          ;ACC.0 位为 0 转 OUT1
            INC   R2
            RR    A
            DJNZ  R5, AGAIN1           ;8 列未测试完继续
OUT1:       INC   R2                   ;列数加 1(调整)
            MOV   R5, #04H             ;共 4 行
            MOV   A, R7                ;行状态送 A
AGAIN2:     JNB   ACC.0, OUT2          ;ACC.0 位为 0,转 OUT2
            INC   R3
            RR    A
            DJNZ  R5, AGAIN2
OUT2:       INC   R3
            MOV   A, R3                ;行号送入 A 中
            SWAP  A                    ;行号置于高 4 位
            ADD   A, R2                ;列号置于低 4 位
            RET
```

;键编码子程序 KEY_CODE。由于是矩阵键盘,键编号很有规律可循,如图 9-9 所示,各

行行首键号依次为 0、8、16、24,均相差 8。如果将行号 1~4 调整为 0~3,将列号 1~8 调整为 0~7,则键编号即是行号乘以 8 再加上列号所得结果

```
KEY_CODE: PUSH  A              ;保存 A
          ANL   A, #0FH         ;屏蔽列号
          MOV   R7,A            ;取出列号
          DEC   R7              ;列号减 1
          POP   A               ;恢复 A
          SWAP  A               ;屏蔽列号
          ANL   A, #0FH         ;行号减 1
          DEC   A
          MOV   B, #08H
          MUL   AB              ;行号乘以 8
          ADD   A,R7            ;加上列号得到键编号
          RET
```

2. 定时扫描工作方式

定时扫描工作方式是利用单片机内部的定时器产生定时中断(例如 10 ms),CPU 响应中断后对键盘进行扫描,并在有键按下时识别出该键并执行相应键功能程序。定时扫描工作方式的键盘硬件电路与编程扫描工作方式相同,软件框图如图 9-10 所示。

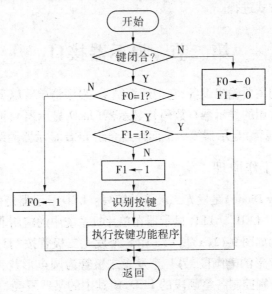

图 9-10 定时扫描方式程序框图

编程时设置两个标志位:去除抖动标志位 F0 和已识别完按键的标志位 F1。初始化时将其均置为 0,中断服务时,首先判断有无键闭合,如无键闭合,则 F0、F1 置 0 返回,如有键闭合,则检查 F0 标志。当 F0 = 0 时,表示还没有进行去除抖动的处理,此时置 F0 = 1,并中断返回。因为中断返回后需经 10 ms 才能再次中断,相当于实现了 10 ms 的延时效果,因而程序中不再需要延时处理。当 F0 = 1 时,说明已经完成了去除抖动的处理,这时查 F1 是否为 1,如不为 1,则置 F1 为 1 并进行按键识别处理和执行相应按键的功能子程序,最后中断

返回。如果为 1,则说明此次按键已作过识别处理,只是还没释放按键而已,中断返回。当按键释放后,F0 和 F1 将清零,为下次按键识别作好准备。

3. 中断扫描工作方式

为了进一步提高 CPU 工作效率,可采用中断扫描方式,即只有在键盘有键按下时,才执行键盘扫描并执行该按键功能程序,如果无键按下,CPU 将不理睬键盘。图 9-11 为中断扫描方式键盘接口电路,该键盘直接由 AT89S51 的 P1 口的高低字节构成 4×4 矩阵式键盘。键盘的行线与 P1 口的低 4 位 P1.0 ~ P1.3 相接,列线与 P1 口的高 4 位 P1.4 ~ P1.7 相接。P1.4 ~ P1.7 经与门同$\overline{INT0}$中断相接,P1.0 ~ P1.3 作为扫描输出线,平时置为全 0,当有键按下时,$\overline{INT0}$为低电平,向 CPU 发出中断申请,若 CPU 开放外部中断,则响应中断请求。中断服务程序中,首先应关闭中断,因为在扫描识别的过程中,还会引起$\overline{INT0}$信号的变化,因此不关闭中断的话将引起混乱。接着要进行消抖处理、按键的识别及键功能程序的执行等工作,具体编程可参照编程扫描工作方式进行。

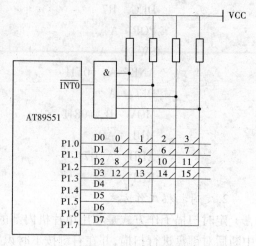

图 9-11　中断扫描方式键盘接口电路

第二节　显示器接口

显示器是计算机的主要输出设备,它把运算结果、程序清单等以字符的形式显示出来,以供用户查阅。目前常用的显示器有数码管显示器(LED 显示器)、液晶显示器(LCD 显示器)以及 CRT(阴极射线管)显示器等。下面详细介绍 LED 显示器的结构和工作原理。

一、LED 显示器工作原理

LED(Light Emitting Diode)是发光二极管的缩写。LED 显示器是由发光二极管构成的,所以在显示器前面冠以"LED"。LED 显示器在单片机系统中的应用非常普遍。

LED 显示器的结构如图 9-12(a)所示。由 8 个发光二极管按"日"字形排列,其中 7 个发光二极管组成"日"字形的笔画段,另一个发光二极管为圆点形状,安装在显示器的右下角作为小数点使用。分别控制各笔画段的 LED,使其中的某些发亮,从而可以显示出 0 ~ 9 的阿拉伯数字符号以及其他能由这些笔画段构成的各种字符。LED 显示器根据内部结构不同分为两种,一种是把所有发光二极管的阴极连在一起称做共阴极数码管,如图 9-12(b)所示;另一种是 8 个发光二极管的阳极连在一起称为共阳极数码管,如图 9-12(c)所示。

当某一二极管导通时,相应的字段发亮。这样,若干个二极管导通,就构成了一个字符。在共阴极数码管中,导通的二极管用"1"表示,其余的用"0"表示。这些"1"、"0"数符按一定的顺序排列,就组成了所要显示字符的显示代码。

使用 LED 显示器时,为了显示数字或符号,要为 LED 显示器提供代码,因为这些代码

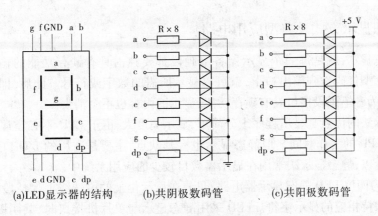

(a)LED显示器的结构　　　　(b)共阴极数码管　　　　(c)共阳极数码管

图 9-12　LED 显示器原理图

是通过各段的亮与灭来显示不同字型的,因此称之为段码。

7 段发光二极管,再加上一个小数点位,共计 8 段,因此提供给 LED 显示器的段码正好一个字节。各段与字节中各位的对应关系如下:

代码位	D7	D6	D5	D4	D3	D2	D1	D0
显示段	dp	g	f	e	d	c	b	a

由上述对应关系组成的 7 段 LED 显示器字型码的码表如表 9-1 所示。

表 9-1　7 段 LED 段码

显示字符	共阴极段码	共阳极段码	显示字符	共阴极段码	共阳极段码
0	3FH	C0H	C	39H	C6H
1	06H	F9H	d	5EH	A1H
2	5BH	A4H	E	79H	86H
3	4FH	B0H	F	71H	8EH
4	66H	99H	P	73H	8CH
5	6DH	92H	U	3EH	C1H
6	7DH	82H	T	31H	CEH
7	07H	F8H	y	6EH	91H
8	7FH	80H	H	76H	89H
9	6FH	90H	L	38H	C7H
A	77H	88H	"灭"	00H	FFH
b	7CH	83H	…	…	…

在单片机应用系统中,LED 显示器的显示方法有两种:静态显示法和动态显示法。下面详细介绍这两种显示方法的工作原理与典型应用电路。

二、静态显示方式及典型应用电路

所谓静态显示,就是每一个显示器各笔画段都要独占具有锁存功能的输出口线,CPU把要显示的字型代码送到输出口上,就可以显示所需的数字或符号。此后,即使 CPU 不再去访问它,因为各笔画段接口具有锁存功能,显示的内容也不会消失。

静态显示法的优点是显示程序十分简单,显示亮度大,由于 CPU 不必经常扫描显示器,所以节约了 CPU 的工作时间。但静态显示也有其缺点,主要是占用的 I/O 口线较多,硬件成本较高。所以,静态显示法常用在显示器数目较少的应用系统中。

图 9-13 为四位 LED 静态显示器电路,只要在显示位上的段选线上保持段码电平不变,则该位就能保持相应的显示字符。LED 采用静态显示与单片机接口时,共阴极或共阳极点连接在一起接地或接高电平。每个显示位的段选线与一个 8 位并行口线对应相连,这里的 8 位并行口可以直接采用并行 I/O 接口芯片,也可以采用"串入并出"的移位寄存器或是其他具有三态功能的锁存器等。考虑到若采用并行 I/O 接口,占用 I/O 资源较多,因此静态显示器接口中通常采用串行口设置为方式 0 输出方式,外接 74LS164 移位寄存器构成显示器接口电路。

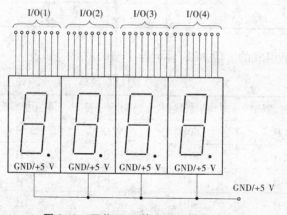

图 9-13 四位 LED 静态显示器电路

(一)软件译码显示器接口

图 9-14 为利用 6 片"串入并出"移位寄存器 74LS164 作为六位静态显示器的显示输出口,欲显示的 8 位段码通过软件产生(软件译码),并由 RXD 串行发送出去。

软件译码程序如下:

```
START:    SETB   P1.7                    ;开放显示器传送控制
          MOV    R1, #06H
          MOV    R0, #00H                 ;字型码首址偏移量
          MOV    DPTR, #TAB
LOOP:     MOV    A, R0
          MOVC   A, @A + DPTR             ;取出字型码
          MOV    SBUF, A                  ;发送
WAIT:     JNB    TI, WAIT                 ;等待一帧发送完毕
          CLR    TI
```

```
            INC   R0                        ;指向下一个字型码
            DJNZ  R1，LOOP
            CLR   P1.7                      ;关闭显示器传送控制
TAB：       DB   06H,6DH,6FH,7FH,40H,73H    ;显示字型为 1598 - P
```

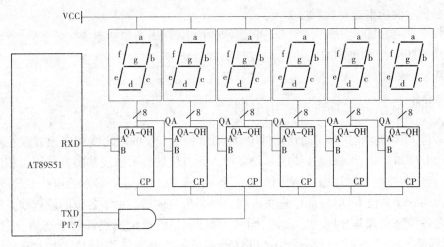

图 9-14　串行口六位静态 LED 显示器

(二) 硬件译码显示器接口

下面介绍采用 BCD – 7 段显示译码驱动芯片构成的静态显示接口电路。其特点是 1 个 LED 显示器仅占 4 条 I/O 线,当一个并行 I/O 口经过该译码显示驱动器时,可以连接 2 个 LED 显示器。

BCD – 7 段显示译码驱动芯片的功能是输入 BCD 码,输出 7 段显示器的字型码,也就是我们说的硬件译码,内带段输出驱动器。常用的 BCD 数码显示器译码驱动芯片有两种类型,一种适用于共阳极显示器,例如 74LS47,另一种适用于共阴极显示器,例如 74LS49。图 9-15 是采用共阳极显示器的静态显示器接口电路。单片机输出控制信号由 P2.0 和 $\overline{WR}$ 合成,当二者同时为"0"时,或门输出为 0,将 P0 口数据锁存到 74LS273 中,口地址为 0FEFFH。

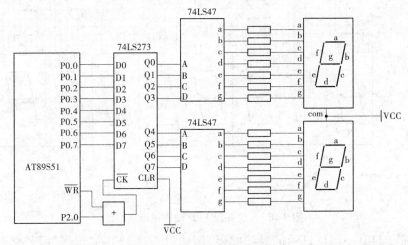

图 9-15　静态显示器接口电路

输出线的低4位和高4位分别接BCD-7段显示译码驱动器74LS47。74LS47能使显示器显示出由I/O口送来的BCD码数和某些符号。

具体显示程序也非常简单,如欲在两个显示器上显示两位十进制数26,仅需将该数送往显示口地址即可。

静态显示两位十进制数程序如下:

```
MOV   A, #26H                ;将显示数的BCD码送累加器A
MOV   DPTR, #0FEFFH          ;取显示口地址
MOVX  @DPTR, A               ;送显示线
```

三、动态显示方式及典型应用电路

在多位LED显示时,为了简化硬件电路,通常将所有位的段选线相应地并联在一起,由一个8位I/O口控制,形成段选线的多路复用。而各位的共阳极或共阴极分别由相应的I/O线控制,实现各位的分时选通。图9-16为一个8位8段LED动态显示器电路原理图。其中段选线占用一个8位I/O口,而位选线占用一个8位I/O口。由于各位的段选线并联,段码的输出对各位来说都是相同的。因此,同一时刻,如果各位位选线都处于选通状态的话,8位LED将显示相同的字符。若要各位LED能够显示出与本位相应的显示字符,就必须采用扫描显示方式,即在某一时刻,只让某一位的位选线处于选通状态,而其他各位的位选线处于关闭状态,同时,段选线上输出相应位要显示字符的段码。这样,同一时刻,8位LED中只有选通的那一位显示出字符,而其他七位则是熄灭的。同样,在下一时刻,只让下一位的位选线处于选通状态,而其他各位的位选线处于关闭状态,同时,在段选线上输出相应位将要显示字符的段码。则同一时刻,只有选通位显示出相应的字符,而其他各位则是熄灭的。如此循环下去,就可以使各位显示出将要显示的字符。虽然这些字符是在不同时刻出现的,而且同一时刻,只有一位显示,其他各位熄灭,但由于LED显示器的余辉和人眼的视觉暂留作用,只要每位显示间隔足够短,则可造成多位同时亮的假象,达到同时显示的目的。

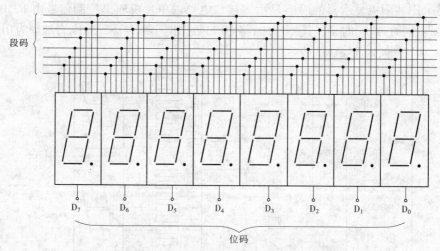

图9-16 8位8段LED动态显示器电路

如何确定LED不同位显示的时间间隔,例如对8位LED显示器,假若显示一位保持1 ms时间,则显示完所有8位之后,只需8 ms。上述保持1 ms的时间应根据实际情况而定,

不能太短,因为发光二极管从导通到发光有一定的延时,导通时间太短,发光太弱人眼无法看清。但也不能太长,因为毕竟要受限于临界闪烁频率,而且此时间越长,占用 CPU 时间也越多。另外,显示位增多,也将占用大量的 CPU 时间。因此,动态显示实质是以牺牲 CPU 时间来换取元件的减少。

图 9-17 所示为典型的动态扫描显示接口电路。图中共有 6 个共阴极 LED 显示器,并行接口 8155 的 A 口为字段口,输出字型码,再经 8 路反相驱动器变反后加到每个显示器 a～h,dp 对应的笔画段上;C 口为字位口,输出位码,经 6 路反相驱动器变反后加到各个显示器的共阴极端。

在图 9-17 中,设 8155 的命令/状态寄存器地址为 4000H,而 A 口、B 口和 C 口的地址分别为 4001H、4002H、4003H。8155 的工作方式设置为:A 口为输出,禁止中断;C 口也为输出,即 ALT2 方式。根据这些设置,8155 工作方式控制字为 05H。

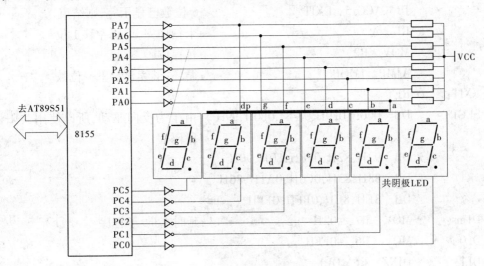

图 9-17　动态扫描显示接口电路

AT89S51 片内 RAM 的 6 个单元 30H～35H 用做显示缓冲区,分别对应 6 个显示器 LED0～LED5。要显示的数据事先存放在显示缓冲区中。显示从最右边 1 位显示器开始,即 30H 单元的内容在最右边 1 位 LED0 显示,此时的位码为 01H。显示 1 位以后,位码中的数据左移 1 位,从右至左逐位显示出对应缓冲区单元的数。当显示最左边 1 位时,位码为 20H,一次扫描结束。

动态扫描子程序如下:

```
MODE:    MOV  A, #05H              ;8155 方式控制字
         MOV  DPTR, #4000H         ;指向 8155 命令寄存器
         MOVX @DPTR, A             ;写入方式字,A、C 口为输出
DISP:    MOV  R0, #30H             ;指向显示缓冲区首单元
         MOV  R2, #01H             ;位码,从最后 1 位开始显示
LOOP:    MOV  A, #0FFH             ;准备熄灭所有显示器
         MOV  DPTR, #4001H         ;指向 8155A 口(字段口)
         MOVX @DPTR, A             ;关显示
```

```
              MOV   A, R2
              MOV   DPTR, #4003H              ;指向8155C口(字位口)
              MOVX  @DPTR, A                  ;输出位码
              MOV   DPTR, #4001H              ;指向字段口
              MOV   A, @R0                    ;从缓冲区取得显示的数
              ADD   A, #13H                   ;查表修正量
              MOVC  A, @A + PC                ;查表取字型码
              MOVX  @DPTR, A                  ;显示1位数
              ACALL D1ms                      ;延时1 ms
              INC   R0                        ;修改显示缓冲区指针
              MOV   A, R2                     ;取位码
              JB    ACC.5, EXIT               ;6位数已显示完,则结束
              RL    A                         ;未扫描完,位码左移1位
              MOV   R2, A                     ;暂存位码
              AJMP  LOOP                      ;循环,继续显示下一位数
EXIT:         RET
SEGPT:        DB    0C0H,0F9H,0A4H,0B0H,99H   ;由于为反向驱动,所以使用共阳极七
                                               段码表
              DB    92H,82H,0F8H,80H,90H
              DB    88H,83H,0C6H,0A1H,86H
              DB    8EH,8CH,0BFH,0FFH
D1ms:         MOV   R7, #02H                  ;延时1 ms子程序
DL0:          MOV   R6, #0FFH
DL1:          DJNZ  R6, DL1
              DJNZ  R7, DL0
              RET
```

四、LED显示器驱动技术

LED的驱动是一个非常重要的环节,如果驱动器驱动能力差,显示器亮度就低,而驱动器长期在超负荷下运行则很容易损坏。

显示方式有静态显示和动态显示两种,选择驱动器要根据显示方式来进行。

静态显示的LED驱动器选择起来较为简单,因为静态显示方式LED每段的正向电流是直流电流,其驱动器可直接根据每段所需电流来选择,而且只须考虑段的驱动,因为共阳极接+5 V,共阴极接地,所以不需要考虑位驱动。

动态显示的LED驱动器选择时要同时考虑段和位的驱动能力,而且段驱动能力决定位驱动能力。在动态扫描显示方式中,当显示周期为 T 时,字的选通频率(一般称为字的刷新频率)$f = 1/T$。

选通脉冲占空比 $D_{uty} = 1/N$,N 为显示器位数。适当选择字的刷新频率,可以使显示不闪烁,而占空比则对显示亮度有影响。

由于每一个字点亮的时间大大小于暗的时间,若点亮时的正向电流与静态显示时一样大的话,那么动态扫描方式显示器的亮度将明显地低于静态显示方式。为了保证与静态显示一样的亮度,必须提高正向电流。一般显示器件手册上只给出静态显示方式下的工作电流 I_F(每段)。动态扫描方式时,可按下式计算工作电流

$$I_P = \frac{I_F}{D_{uty}} = N \cdot I_F$$

红色 LED I_F 的典型值为 10 mA,其他颜色 I_F 的典型值为 20 mA。当 $I_F = 10$ mA, $N = 8$ 时,则: $I_P = 8 \times 10$ mA $= 80$ mA。

有关研究报告指出,采用脉冲电流驱动,LED 的发光效率比用 DC 电流驱动高。以红色 LED 为例,用 10 mA 静态电流驱动时,发光强度为 0.7 mlm(毫流明)。用 100 mA 占空比为 0.1 的脉冲电流驱动时,虽然一个周期内的平均电流仍为 10 mA,而其平均发光强度却为 2 mlm。可见上述动态扫描方式的效率为静态方式的 2.8 倍。因此,采用动态扫描方式在计算 I_P 时,常取 $I_P < N \times I_F$。

对应 LED 的位选端口,其驱动能力应为: $I_P \times n$,其中 n 为每位 LED 的段数。例如,8 位 LED,则 $n = 8$,"米"字 LED 显示器,其 $n = 16$。

上述无论是 LED 显示器的段驱动电流还是位驱动电流,对于单片机或普通的 I/O 口来说都不能直接提供。通常段选端口和位选端口都须经驱动器再与 LED 的段和位线相连。

驱动电路可由三极管构成,也可由小规模集成电路驱动器构成。例如:三极管 9012、9013,集成电路 7407、7406 等均可作为段驱动器使用;75452、75451、MC1413 等可作位驱动器使用。

五、利用 8279 实现键盘/显示器接口

Intel 公司的 8279 是可编程的键盘/显示器接口器件。单个芯片可以实现键盘输入和 LED 显示控制两种功能。键盘部分提供扫描方式,可以与具有 64 个按键或传感器的阵列相连,能自动消除按键开关抖动以及具有几个键同时按下的保护。显示部分按动态扫描方式工作,可以驱动 8 位或 16 位的 LED 显示器。

(一)8279 工作原理

1. I/O 控制及数据缓冲器

数据缓冲器是双向缓冲器,连接内、外总线,用于传送 CPU 和 8279 之间的命令或数据。

I/O 控制线是 CPU 对 8279 进行控制的引线。片选信号 $\overline{CS} = 0$ 时,8279 才被访问。 $\overline{WR}$ 和 $\overline{RD}$ 为读/写控制信号。

A0 用于区别信息特性,A0 = 1 时,表示数据缓冲器输入为指令,输出为状态字;A0 = 0 时,输入/输出皆为数据。

2. 控制与定时寄存器及定时控制

控制与定时寄存器用来寄存键盘及显示的工作方式,以及 CPU 编程的其他操作方式,从而产生相应的控制功能。

定时控制包含一个可编程的 N 级计数器。N 可以在 2～31 内由编程选定,以便将外界输入的时钟 CLK 分频得到内部所需要的 100 kHz 时钟,然后再分频,为键盘提供必要的逐

行扫描频率和显示扫描时间。

3.扫描计数器

扫描计数器有两种工作方式。

(1)编码工作方式。计数器提供一种二进制计数,4位计数状态通过引脚 SL0 ~ SL3 输出,经外部译码(16 选 1)后,为键盘和显示器提供扫描线。

(2)译码工作方式。扫描计数器的最低 2 位被译码(4 选 1)后,经 SL0 ~ SL3 输出 4 选 1 的译码信号,作为键盘和显示器的扫描线。

4.返回缓冲器和键盘去抖及数据控制

8 位返回线 RL0 ~ RL7 被返回缓冲器并锁存。

在键盘工作方式中,返回线被逐个检测,以找出在该行中闭合的键。如果有一键闭合,则延时等待 10 ms,然后重新检测该键是否闭合。如果仍然闭合,那么该键在矩阵中的行列地址与附加的位移、控制状态一起形成键盘数据被送入内部 FIFO(先入先出) RAM。键盘数据格式如下:

D7	D6	D5	D4	D3	D2	D1	D0
控制	移位	扫描			返回		

控制和移位(D7, D6)的状态由两个独立的附加开关决定。D5 ~ D3 来自扫描线计数器,D2 ~ D0 来自返回线计数器。扫描线计数器和返回线计数器反映出被按下的键的行、列值。

在传感器开关状态矩阵方式中,返回线的数据直接进入传感器 RAM 中相应于阵列中正被扫描的那行,这样每个开关位置就直接反映为一个传感器 RAM 单元位状态。

在选通输入方式中,返回线内容在 CNTL/STB 线脉冲上升沿被送入 FIFO RAM 中。

5. FIFO RAM/传感器 RAM 及状态寄存器

FIFO RAM/传感器 RAM 是一个双重功能的 8 × 8 位 RAM。

在键盘选通方式时,它是 FIFO RAM。其输入或读出遵循先入先出的原则。FIFO 状态寄存器用来存放 FIFO 的工作状态,例如,RAM 是满还是空,其中存有多少数据,是否操作出错等。当 FIFO 存储器不空时,状态逻辑将产生 IRQ = 1 信号向 CPU 申请中断。

在传感器矩阵方式时,这个存储器又是传感器 RAM,存放着传感器矩阵中的每一个传感器状态。在此方式中,若检索出传感器的变化,IRQ 信号变为高电平,向 CPU 申请中断。

6.显示 RAM 和显示地址寄存器

显示 RAM 用来存储显示数据,容量为 16 × 8 位。在显示过程中,存储的显示数据轮流从显示寄存器输出。显示寄存器分为 A、B 两组,即 OUTA0 ~ OUTA3 和 OUTB0 ~ OUTB3。它们可以单独送数,也可以组成一个 8 位字。显示寄存器的输出与显示扫描配合,不断从显示 RAM 中读出显示数据,同时轮流驱动被选中的显示器件,以达到多路复用的目的,使显示器件呈现稳定的显示状态。

显示地址寄存器用来寄存由 CPU 进行读/写显示 RAM 的地址,它可以由命令设定,也可以设置成每次读出或写入之后自动递增。

(二)8279 引脚、引线与功能

8279 是双列直插式 40 管脚芯片,其引脚排列如图 9-18 所示。

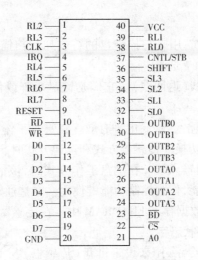

图 9-18　8279 引脚排列图

1. 与 CPU 总线接口部分

◆D0 ~ D7:双向、三态数据总线,用于 CPU 与 8279 之间传送命令和数据。

◆CLK:来自系统的时钟,用于产生内部时钟。

◆RESET:复位输入,当 RESET = 1 时,8279 复位,复位状态为:

16 位字符显示;

编码扫描键盘——双键锁定;

时钟分频次数 $N = 31$。

◆$\overline{CS}$:片选输入端。

◆A0:数据选择输入线。当 A0 = 1 时,CPU 写入 8279 的为命令字,读出为状态字;当 A0 = 0 时,CPU 读出的内容为数据。

◆$\overline{RD}$、$\overline{WR}$:CPU 对 8279 的读、写信号线。

◆IRQ:中断请求信号,高电平有效。在键盘工作方式中,当 FIFO RAM/传感器 RAM 存有数据时,IRQ 为高电平。CPU 每次从 RAM 中读出数据时,IRQ 变为低电平。若 RAM 中仍有数据,则 IRQ 再次恢复为高电平。在传感器工作方式中,每当检测到传感器状态变化时,IRQ 就出现高电平。

◆VCC:电源, + 5 V。

◆GND:地线。

2. 数据显示接口部分

◆OUTA0 ~ OUTA3:A 组显示信号输出线。

◆OUTB0 ~ OUTB3:B 组显示信号输出线。

这两组信号可以独立使用或合并使用,输出显示字符的段选码,SL0 ~ SL3 同步输出位选码。

◆$\overline{BD}$:消隐指示输出线。用于在数字转换时指示消隐,或用于由显示消隐命令控制下的消隐指示。

3. 键盘接口部分

◆SL0～SL3:扫描输出线,用来扫描键盘的行或列和扫描显示块的位。它可编程为编码方式(16选1)或译码方式(4选1)。

◆RL0～RL7:回复数据线(返回线)。它们是键盘矩阵或传感器矩阵列(或行)检测信号输入线。

◆SHIFT:移位控制信号输入线,高电平有效。在键盘工作方式下,SHIFT常用做扩充键功能,用于上、下挡功能键的切换。传感器方式和选通方式时SHIFT无效。

◆CNTL/STB:控制/选通输入线。在键盘工作方式时,该信号是键盘数据的最高位,通常用来扩充键开关的控制功能,作为控制功能键使用。在选通输入工作方式时,该信号的上升沿可将来自RL0～RL7的数据存入FIFO RAM中。在传感器工作方式下,该信号无效。

(三)8279的编程命令与状态字

8279有8个可编程的命令字,用来设定键盘(传感器)与LED显示器的工作方式和实现对各种数据的读、写操作。

8279有一个状态字,用于反映键盘的FIFO RAM的工作状态。

1. 键盘/显示方式设置命令字

命令格式:

D7	D6	D5	D4	D3	D2	D1	D0
0	0	0	D	D	K	K	K

D7D6D5三位为命令字的特征位,它们的8种组合编码对应了8279的8个命令。D7D6D5=000为方式设置命令字特征位。

DD(D4D3)用来设定显示方式,其定义为:

00:8个字符显示,左入口;

01:16个字符显示,左入口;

10:8个字符显示,右入口;

11:16个字符显示,右入口。

左入口,即显示位置从最左一位(最高位)开始,以后逐次输入的显示字符逐个向右顺序排列;右入口,是显示位置从最右一位(最低位)开始,以后逐次输入显示字符时,已显示字符依次向左移一位。

KKK(D2D1D0)用来设定七种键盘工作方式:

000:编码扫描键盘,双键锁定;

001:译码扫描键盘,双键锁定;

010:编码扫描键盘,N键轮回;

011:译码扫描键盘,N键轮回;

100:编码扫描传感器矩阵;

101:译码扫描传感器矩阵;

110:选通输入,编码显示扫描;

111:选通输入,译码显示扫描。

双键锁定与N键轮回是多键按下时两种不同的保护方式。双键锁定为两键同时按下的保护方法。在消除抖动周期里,如果两键同时按下,则只有其中一个键弹起,而另一个键保持按下位置时,才被认可。N 键轮回为 N 键同时按下的保护方法。当有若干键按下时,键盘扫描能够根据发现它们的顺序,依次将它们的状态送入 FIFO RAM 中。

2. 编程时钟命令

命令格式:

D7	D6	D5	D4	D3	D2	D1	D0
0	0	1	P	P	P	P	P

D7D6D5 = 001,为时钟命令字特征位;

PPPPP(D4D3D2D1D0)用来设定对 CLK 端输入时钟的分频次数 N,$N = 2 \sim 31$,例如,外部时钟频率为 2 MHz,PPPPP 被置为 10100($N = 20$),则对外部输入的时钟进行 20 分频,以获得 8279 内部要求的 100 kHz 的基本频率。

3. 读 FIFO RAM/传感器 RAM 命令

命令格式:

D7	D6	D5	D4	D3	D2	D1	D0
0	1	0	AI	X	A	A	A

D7D6D5 = 010,为读 FIFO RAM/传感器 RAM 命令字特征位;当读 FIFO RAM 中键盘数据时,此命令其他 5 位都置"0",即命令字为"40H",低 5 位只在读传感器 RAM 时才起作用。

AAA(D2D1D0)为要读取的传感器 RAM 地址(8 字节)。

AI(D4)为自动增量地址标志位。当 AI = 1 时,每读出一字节后,AAA 位地址自动加 1,而不必每次送此命令。

X(D3)为任意值。

4. 读显示 RAM 命令

命令格式:

D7	D6	D5	D4	D3	D2	D1	D0
0	1	1	AI	A	A	A	A

D7D6D5 = 011,为读显示 RAM 命令字特征位。该命令用于通知 8279,下面读显示 RAM,并指明要读出的显示 RAM 地址(16 字节)。

AAAA(D3D2D1D0)用来寻址显示 RAM 16 个存储单元。

AI(D4)为自动增量地址标志位。AI = 1 时,每读出一个数据后地址自动加 1。

5. 写显示 RAM 命令

命令格式:

D7	D6	D5	D4	D3	D2	D1	D0
1	0	0	AI	A	A	A	A

D7D6D5 = 100,为写显示 RAM 命令字特征位。在写显示 RAM 前用此命令通知 8279,

并指明写入显示 RAM 的地址。

AAAA(D3D2D1D0)为将要写入的显示 RAM 中存储单元地址。

AI(D4)为自动增量地址标志位。AI = 1 时,每写入一个数据后地址自动加 1。

6. 显示 RAM 禁止写入/消隐命令

命令格式:

D7	D6	D5	D4	D3	D2	D1	D0
1	0	1	X	IW/A	IW/B	BL/A	BL/B

D7D6D5 = 101,为显示 RAM 禁止写入/消隐命令特征位。

IW/A、IW/B(D3D2)为 A、B 组显示 RAM 写入屏蔽位。显示寄存器分成 A、B 两组,可以单独 4 位送数,故用两位来分别屏蔽。当 D3 = 1 时,A 组的显示 RAM 禁止写入,这时 CPU 写显示 RAM 数据时,不会影响 A 组显示。这种情况在采用双 4 位显示器时使用。当 A 组被屏蔽后,给 B 组送数据时不影响 A 组显示。B 组屏蔽的道理也同样。

BL/A、BL/B(D1D0)为消隐设置位。用于对 A、B 组输出分别消隐。当 BL = 1 时,显示输出消隐,BL = 0 时,恢复显示。

7. 清除命令

命令格式:

D7	D6	D5	D4	D3	D2	D1	D0
1	1	0	C_D	C_D	C_D	C_F	C_A

D7D6D5 = 110,为清除命令特征位。

$C_D C_D C_D$(D4D3D2)用于设定清除显示 RAM 方式,共有 4 种清除方式:

10×:将显示 RAM 全部清零;

110:将显示 RAM 清成 20H(A 组 = 0010;B 组 = 0000);

111:将显示 RAM 全部置"1";

0××:不清除(若 C_A = 1,则 D3D2 仍有效)。

C_F(D1)用来置空 FIFO RAM。当 C_F = 1 时,执行清除命令后,FIFO RAM 被置空,同时使 IRQ 端复位。另外,传感器 RAM 的读出地址也被置 0。

C_A(D0)为总清特征位,它兼有 C_D 和 C_F 的联合效用。

在 C_A = 1 时,清除显示 RAM 的方式由 D3、D2 编码决定。

清除显示 RAM 大约需要 160 μs。在此期间,FIFO RAM 状态字的最高位 D7 = 1,表示显示无效,此期间 CPU 不能向显示 RAM 写入数据。

8. 结束中断/错误方式设置命令

命令格式:

D7	D6	D5	D4	D3	D2	D1	D0
1	1	1	E	X	X	X	X

D7D6D5 = 111,为该命令字特征位。它有两种不同的作用。

（1）作为结束中断命令。在传感器工作方式中，每当传感器的状态出现变化时，扫描检测电路就将其状态写入传感器 RAM，启动中断逻辑，使 IRQ 变高，向 CPU 发出中断，并且禁止写入传感器 RAM。此时，若传感器 RAM 读出地址的自动递增特征位 AI = 0，则中断请求 IRQ 在 CPU 第一次从传感器 RAM 读出数据时就被清除。若 AI = 1，则 CPU 对传感器 RAM 的读出并不能清除 IRQ，而必须通过给 8279 写入结束中断/错误方式设置命令才能使 IRQ 变低。因此，在传感器方式中，此命令用来结束传感器 RAM 的中断请求。

（2）作为特定错误方式设置命令。在 8279 已被设定为键盘扫描 N 键轮回方式以后，如果 CPU 给 8279 又写入结束中断/错误方式设置命令（E = 1），则 8279 将以一种特定的错误方式工作。这种方式的特点是：在 8279 的消抖周期内，如果发现多个按键同时被按下，则 FIFO RAM 状态字中的错误特征位 S/E 将置 1，并产生中断请求信号和阻止写入 FIFO RAM。

上述 8 条命令都写入 A0 = 1 的端口，8279 根据其特征位，自动寻址将其装入相应的命令寄存器中。

（四）状态格式与状态字

8279 的 FIFO RAM 的状态字只有一个，它用于键盘和选通工作方式下，指示 FIFO RAM 中数据个数和有无错误等信息。

若使 8279 的 $\overline{RD}$ 和 $\overline{CS}$ 为低电平，A0 为高电平，则读出此状态。其格式如下：

D7	D6	D5	D4	D3	D2	D1	D0
D_U	S/E	O	U	F	N	N	N

D_U（D7）：显示无效特征位。在显示 RAM 清除显示的 160 μs 时间里，D_U = 1，表示显示无效，指示 CPU 不要写显示 RAM。

S/E（D6）：传感器信号结束/错误特征位。该特征位在读出 FIFO RAM 状态字时被读出，而在执行 C_F = 1 的清除命令时被复位。S/E 有两种含义：在传感器扫描方式时，S/E = 1 表示在传感器 RAM 中至少包含了一个传感器闭合指示；当 8279 工作在特定错误方式时，S/E = 1 则表示发生了多路同时闭合错误。

O（D5）：表示超出错误。当 FIFO RAM 已经充满时，其他键盘数据还企图写入 FIFO RAM，则出现超出错误，D5 置 1。

U（D4）：表示不足错误。当 FIFO RAM 已经空时，CPU 还企图读出，则出现不足错误，并使特征位 D4 置 1。

F（D3）：当 FIFO RAM 中 8 个数据已满时，F = 1。

NNN（D2D1D0）：指明 FIFO RAM 中的数据个数。

（五）键盘值的确定

对图 9-19 中的 8×8 键值，如果规定扫描线（SL0 ～ SL2）为列线，返回线（RL0 ～ RL7）为列线，则在数据输入格式中，用 D5、D4、D3 表示 SL0 ～ SL2 的译码状态，用 D2、D1、D0 表示 RL0 ～ RL7 的 8 个状态。由于 64 个键的键值均依次排列，也可以作为键号使用。

（六）AT89S51 和 8279 键盘/显示器接口

图 9-20 是一个实际的 8279 键盘/显示器接口电路。设采用 8 位 LED 显示，16 键键盘，

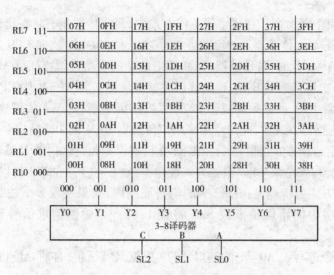

RL7 111	07H	0FH	17H	1FH	27H	2FH	37H	3FH
RL6 110	06H	0EH	16H	1EH	26H	2EH	36H	3EH
RL5 101	05H	0DH	15H	1DH	25H	2DH	35H	3DH
RL4 100	04H	0CH	14H	1CH	24H	2CH	34H	3CH
RL3 011	03H	0BH	13H	1BH	23H	2BH	33H	3BH
RL2 010	02H	0AH	12H	1AH	22H	2AH	32H	3AH
RL1 001	01H	09H	11H	19H	21H	29H	31H	39H
RL0 000	00H	08H	10H	18H	20H	28H	30H	38H

图 9-19 8×8 键盘的键值与键号

键盘采用查询方式读出。LED 的段选码放在 AT89S51 片内存储器 RAM 30H ~ 37H 单元;16
个键的键值读出后存放在 40H ~ 4FH 单元中。AT89S51 的晶振频率为 6 MHz。

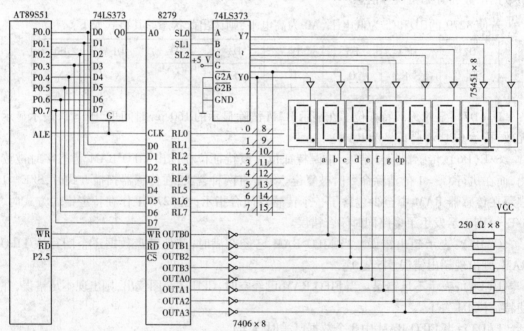

图 9-20 8279 键盘/显示器接口电路

程序如下:

```
START:  MOV   DPTR, #0DFFFH      ;指向命令/状态口地址
        MOV   A, #0D1H           ;清除显示 RAM 命令
        MOVX  @DPTR, A
WAIT:   MOVX  A, @DPTR           ;读入状态字
        JB    ACC.7, WAIT        ;清除等待
```

```
            MOV   A，#2AH                  ;程序时钟分频
            MOVX  @DPTR，A
            MOV   A，#00H                  ;键盘、显示命令
            MOVX  @DPTR，A
            MOV   R0，#30H                 ;段选码存放单元首地址
            MOV   R7，#08H                 ;显示8位
            MOV   A，#90H                  ;写显示RAM命令
            MOVX  @DPTR，A
            MOV   DPTR，#0DFFEH            ;指向数据口地址
LOOP1：     MOV   A，@R0                   ;向显示RAM中写入显示段选码
            MOVX  @DPTR，A
            INC   R0
            DJNZ  R7，LOOP1
            MOV   R0，#40H                 ;键值存放单元首地址
            MOV   R7，#10H
LOOP2：     MOV   DPTR，#0DFFFH            ;指向命令/状态口地址
LOOP3：     MOVX  A，@DPTR                 ;读状态字
            ANL   A，#0FH                  ;取状态字低4位
            JZ    LOOP3                    ;FIFO RAM中无键值等待输入
            MOV   A，#40H                  ;读FIFO RAM命令
            MOVX  @DPTR，A
            MOV   DPTR，#0DFFEH            ;指向数据口地址
            MOV   A，@DPTR
            ANL   A，#3FH                  ;屏蔽CNTL、SHIFT位
            MOV   @R0，A                   ;键值存于40H~4FH
            INC   R0
            DJNZ  R7，LOOP2
HERE：      SJMP  HERE                     ;键值读完等待
```

第三节　D/A转换电路接口技术

D/A转换器（Digital to Analog Converter）是一种能把数字量信号转换成模拟量信号的电子器件，A/D转换器（Analog to Digital Converter）则是一种能把模拟量信号转换成数字量信号的电子器件。在单片机控制的应用系统中，经常需要用到模数转换器（A/D转换器）和数模转换器（D/A转换器）。被控对象的过程信号可以是电量（如电流、电压或开关量等），也可以是非电量（如温度、压力、速度、流量等），其数值是随时间连续变化的。通常情况下，过程信号由变送器和各类传感器变换成相应的模拟电信号（多为电流信号），然后经多路电子开关汇集，再经过信号调理电路传给A/D转换器，由A/D转换器转换成相应的数字量信号送给单片机。单片机对过程信息进行运算和处理，把过程信息进行输出（如显示、打印等），

或输出被控对象的工作状态或故障状况。另一方面，单片机还把处理后的数字量信号送给 D/A 转换器，再经过 V/I 转换（电压/电流转换），驱动执行器对被控系统实施控制和调整，使之始终处于最佳工作状态。

A/D 转换器在单片机控制系统中主要用于数据采集，向单片机提供被控对象的各种实时参数，以便单片机对被控对象进行监视；D/A 转换器用于模拟控制，通过机械或电气手段对被控对象进行调整和控制。

一、D/A 转换器原理

（一）D/A 转换器概述

D/A 转换器输入的是数字量，经转换输出的是模拟量。转换过程是先将各位数码按其权的大小转换为相应的模拟分量，然后再用叠加方法把各模拟分量相加，其和就是 D/A 转换器转换的结果。对于 D/A 转换器的使用，要注意区分输出形式和转换器内部是否带有锁存器。

1. 电压与电流输出形式

D/A 转换器有两种输出形式，一种是电压输出形式，一种是电流输出形式。如果执行机构是电流驱动的，而 D/A 转换器输出为电压信号时，D/A 转换器的输出须经过电压/电流转换才能驱动执行机构动作，从而控制被控实体的工作。

2. D/A 转换器内部是否带有锁存器

由于实现模拟量转换是需要一定时间的，在这段时间内 D/A 转换器输入端的数字量应保持稳定，为此应当在 D/A 转换器数字量输入端的前面设置锁存器，以提供数据锁存功能。根据转换器芯片片内是否带有锁存器，可把 D/A 转换器分为内部无锁存器的和内部有锁存器的两类。

1）内部无锁存器的 D/A 转换器

这种 D/A 转换器由于不带锁存器而内部结构简单，它们可与 AT89S51 的 P1、P2 口直接相接（因为 P1 口和 P2 口具有输出锁存功能），但是当与 P0 口接口时，由于 P0 口的特殊性，需要在转换器芯片的前面增加锁存器。

2）内部有锁存器的 D/A 转换器

这种 D/A 转换器的芯片内部不但有锁存器，而且还包括地址译码电路，有的还具有双重或多重的数据缓冲电路，可与 AT89S51 的 P0 口直接相连。

（二）D/A 转换器的原理

D/A 转换器的基本要求是输出电压 V_{out} 应该和输入数字量 B 成正比，即

$$V_{out} = B \times V_R \tag{9-1}$$

式中，V_R 为常量，由 D/A 转换器的参考电压 V_{ref} 决定；B 为输入的数字量，一般为二进制数，n 位 D/A 转换器芯片对应的 B 值为

$$B = b_{n-1} \cdot 2^{n-1} + b_{n-2} \cdot 2^{n-2} + \cdots + b_1 \cdot 2^1 + b_0 \cdot 2^0 \tag{9-2}$$

其中，b_{n-1} 为 B 的最高位；b_0 为 B 的最低位。

根据转换原理的不同，D/A 转换器（DAC 芯片）可分为权电阻 DAC、T 型电阻 DAC、倒 T 型电阻 DAC、电容型 DAC 和权电流 DAC、脉宽调制（PWM）DAC 等。根据数据输入的类型不同，DAC 又可分为串行 DAC 和并行 DAC。各种 DAC 的电路结构一般都由基准电源、解

码网络、运算放大器和缓冲寄存部件组成。不同 DAC 芯片的差别主要表现在采用不同的解码网络上。其中,T 型和倒 T 型电阻解码网络的 DAC 芯片具有简单、直观、转换速度快、转换误差小等优点,成为最有代表性、最广泛的 DAC 芯片。下面仅介绍采用 T 型电阻网络进行解码。

为了说明 T 型电阻网络原理,现以 3 位二进制数模数转换电路为例加以介绍。图 9-21 所示为其原理框图。图中,T 型电阻网络(桥上电阻均为 R,桥臂电阻为 $2R$);OA 为运算放大器,A 点为虚拟地;V_{ref} 为参考电源输入端,由稳压电源提供;S0 ~ S2 为电子开关,受 3 位 DAC 寄存器中 b2b1b0 的控制。为了分析问题,设 b2b1b0 全为"1",故 S2S1S0 全部和"1"端相连。根据克希荷夫定律,下列关系成立:

$$I_2 = \frac{V_{ref}}{2R} = 2^2 \cdot \frac{V_{ref}}{2^3 \cdot R}$$

$$I_1 = \frac{I_2}{2} = 2^1 \cdot \frac{V_{ref}}{2^3 \cdot R}$$

$$I_0 = \frac{I_1}{2} = 2^0 \cdot \frac{V_{ref}}{2^3 \cdot R}$$

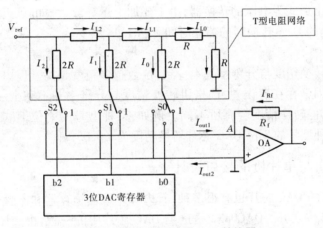

图 9-21　T 型电阻网络型 D/A 转换器

从图 9-21 可以看出,S0 ~ S2 的状态是受 b2b1b0 控制的,其并不一定全是"1"。若它们中有些位为"0",S0 ~ S2 中相应开关会因与"0"端相连而没有电流流入 A 点。为此,可以得到

$$I_{out1} = b_2 \cdot I_2 + b_1 \cdot I_1 + b_0 \cdot I_0 = (b_2 \cdot 2^2 + b_1 \cdot 2^1 + b_0 \cdot 2^0)\frac{V_{ref}}{2^3 \cdot R} \tag{9-3}$$

选取 $R_f = R$,并考虑 A 点为虚拟地,故 $I_{Rf} = -I_{out1}$。因此,可以得到

$$V_{out} = I_{Rf} \cdot R_f = -(b_2 \cdot 2^2 + b_1 \cdot 2^1 + b_0 \cdot 2^0) \cdot \frac{V_{ref}}{2^3 \cdot R} \cdot R_f = -B \cdot \frac{V_{ref}}{2^3} \tag{9-4}$$

对于 n 位 T 型电阻网络,式(9-4)可变为

$$V_{out} = -(b_{n-1} \cdot 2^{n-1} + b_{n-2} \cdot 2^{n-2} + \cdots + b_1 \cdot 2^1 + b_0 \cdot 2^0) \cdot \frac{V_{ref}}{2^n \cdot R} \cdot R_f = -B \cdot \frac{V_{ref}}{2^n}$$

$$\tag{9-5}$$

从上述讨论可以得出以下结论:D/A 转换过程主要由解码网络实现,而且是并行工作的。换句话说,D/A 转换器并行输入数字量,每位代码也同时被转换为模拟量。这种转换方式的速度快,一般为微秒级,有的可达几十微秒。

(三)D/A 转换器的性能指标

D/A 转换器的性能指标是选用 DAC 芯片型号的依据,也是衡量芯片质量的重要参数。D/A 转换器性能指标很多,主要有以下 3 个。

1. 分辨率

分辨率是 D/A 转换器对输入量变化敏感程度的描述。D/A 转换器的分辨率定义为:当输入数字量发生单位数码变化时,即 1 LSB 位(最低有效位)产生一次变化时所对应输出模拟量的变化量。对于线性 D/A 转换器来说,分辨率 Δ 与输入数字量输出位数 n 的关系为 $\Delta = V_{CC}/2^n$。例如,满量程为 10 V 的 8 位 DAC 芯片的分辨率为 10 V/2^8 = 39.1 mV,一个同样量程的 16 位 DAC 芯片的分辨率高达 10 V/2^{16} = 153 μV。

2. 建立时间

建立时间是描述 D/A 转换器速率快慢的一个重要参数。建立时间是指输入数字量变化后,模拟输出量达到终值误差 ±(1/2)LSB 时所需的时间。输出形式为电流的转换器建立时间较短,而输出形式为电压的转换器,由于要加上运算放大器的延迟时间,因此建立时间要长一些。快速的 D/A 转换器的建立时间可达 1 μs 以下。

3. 转换精度

理想情况下,转换精度与分辨率基本一致,位数越多精度越高。但由于电源电压、参考电压、电阻等各种因素存在着误差,严格讲转换精度与分辨率并不完全一致。只要位数相同,分辨率则相同,但转换精度会有所不同。例如,某种型号的 8 位 DAC 芯片转换精度为 ±0.19%,而另一种型号的 8 位 DAC 芯片转换精度为 ±0.05%。

二、DAC0832 与单片机的接口设计

与单片机接口的 DAC 芯片也有很多种,有内部含数据锁存器和不含数据锁存器的,也有 8 位、10 位和 12 位之分。DAC0832 是这类 DAC 芯片中的一种,由美国国家半导体公司研制,其系列芯片还有 DAC0830 和 DAC0831,都是 8 位芯片,可以相互替代。

(一)DAC0832 芯片内部结构和引脚功能

1. DAC0832 内部结构

DAC0832 是 8 位 D/A 转换器。它的片内带有两个输入数据寄存器,为电流输出形式,输出电流建立稳定时间为 1 μs,功耗为 20 mW。DAC0832 的引脚与结构框图如图 9-22 所示。

DAC0832 内部由三部分电路组成。"8 位输入锁存器"用于存放 CPU 送来的数字量,使输入数字量得到缓冲和锁存,由 $\overline{LE1}$ 加以控制。"8 位 DAC 寄存器"用于存放待转换数字量,由 $\overline{LE2}$ 控制。"8 位 D/A 转换电路"由 8 位 T 型电阻网络和电子开关组成,电子开关受"8 位 DAC 寄存器"输出控制,T 型电阻网络能输出和数字量成正比的模拟电流。因此,DAC0832 通常需要外接运算放大器才能得到模拟输出电压。

2. 引脚功能

DAC0832 共有 20 条引脚,双列直插式封装。各引脚功能如下:

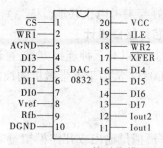

(a)DAC0832的引脚排列图

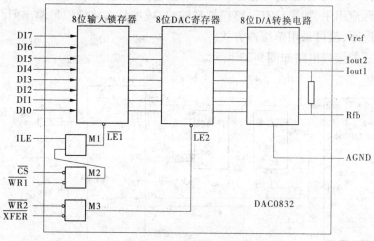

(b)DAC0832的结构框图

图 9-22　DAC0832 的引脚和结构框图

DI0～DI7 为 8 位数字信号输入端,与 CPU 数据总线相连,用于输入 CPU 送来的待转换数字量,DI7 为最高位。

$\overline{CS}$:片选端,当 $\overline{CS}$ 为低电平时,芯片被选中工作。

ILE:数据锁存允许控制端,高电平有效。

$\overline{WR1}$:第一级输入寄存器写选通控制,低电平有效,当 $\overline{CS}=0$、$ILE=1$、$\overline{WR1}=0$ 时,数据信号被锁存到第一级 8 位输入锁存器中。

$\overline{XFER}$:数据传送控制,低电平有效。

$\overline{WR2}$:DAC 寄存器写选通控制端,低电平有效,当 $\overline{XFER}=0$、$\overline{WR2}=0$ 时,输入寄存器状态传入 8 位 DAC 寄存器中。

Iout1:D/A 转换器电流输出 1 端,输入数字量全"1"时,I_{out1} 最大,输入数字量全为"0"时,I_{out1} 最小。

Iout2:电流输出 2 端,$I_{out1}+I_{out2}=$ 常数。

Rfb:外部反馈信号输入端,内部已有反馈电阻,根据需要也可外接反馈电阻。

VCC:电源输入端,可在 $+5\sim+15$ V 范围内。

Vref:参考电压(也称基准电压)输入端,电压范围为 $-10\sim+10$ V。

DGND:数字信号接地端。

AGND：模拟信号接地端，最好与参考电压共地。

（二）AT89S51 与 DAC0832 芯片接口设计

AT89S51 与 DAC0832 接口时，可以有三种连接方式：直通方式、单缓冲方式和双缓冲方式。由于直通方式下工作的 DAC0832 常用于不带微机的控制系统中，所以下面仅对单缓冲方式和双缓冲方式作一介绍。

1．单缓冲方式

单缓冲方式适用于只有一路模拟量输出或几路模拟量非同步输出的情形，这种方式是指 DAC0832 内部的两个数据缓冲器有一个处于直通方式，另一个处于受 AT89S51 控制的锁存方式。在实际应用中，如果只有一路模拟量输出，或虽是多路模拟量输出但并不要求多路输出同步的情况下，就可采用单缓冲方式。

单缓冲方式的接口电路如图 9-23 所示。

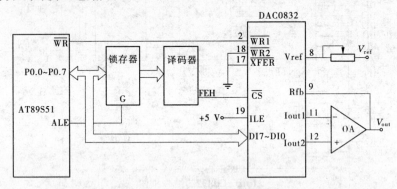

图 9-23　单缓冲方式下的 DAC0832

由图 9-23 可见，$\overline{WR2}$ 和 $\overline{XFER}$ 接地，故 DAC0832 的"8 位 DAC 寄存器"工作于直通方式。8 位输入锁存器由 $\overline{CS}$ 和 $\overline{WR1}$ 端信号控制，而且 $\overline{CS}$ 由译码器输出端 FEH 送来（也可由 P2 口的某一根口线来控制）。因此，AT89S51 执行如下两条指令就可在 $\overline{WR1}$ 和 $\overline{CS}$ 上产生低电平信号，使 DAC0832 接收 AT89S51 送来的数字量。

```
MOV    R0，#0FEH

MOVX   @R0，A        ；AT89S51 的 WR 和译码器 FEH 输出端有效
```

现举例说明单缓冲方式下 DAC0832 的应用。用 DAC0832 作波形发生器分别产生锯齿波、三角波和矩形波。

1）产生锯齿波的程序

```
          ORG   2000H
START：   MOV   R0，#0FEH      ；D/A 地址送 DPTR
          MOV   A，#00H        ；数字量送 A
LP：      MOVX  @R0，A         ；数字量送 D/A 转换器
          INC   A             ；数字量逐次加 1
          SJMP  LP
```

数字量从 0 开始，逐次加 1 变换，模拟量与之成正比输出。当（A）= 0FFH 时，再加上 1 则溢出清零，模拟量输出又为 0，然后又重新重复上述过程，如此循环下去输出波形就是一

个锯齿波了,如图 9-24 所示。但实际上每一个上升斜边要分成 256 个小台阶,每个小台阶暂留时间为执行程序中后 3 条指令所需要的时间。因此,在上述程序中插入 NOP 指令或延时程序,就可以改变锯齿波的频率。

2)三角波程序

```
        ORG   2000H
START:  MOV   R0, #0FEH      ┐
        MOV   A, #00H        │ 三角波上升边
UP:     MOVX  @R0, A         │
        INC   A              │
        JNZ   UP             ┘
DOWN:   DEC   A              ;(A) =0 时再减 1 又为 0FFH
        MOVX  @DPTR, A       ┐
        JNZ   DOWN           │ 三角波下降边
        SJMP  UP             ┘
```

三角波如图 9-25 所示。

3)矩形波程序

```
        ORG   2000H
START:  MOV   R0, #0FEH
LP:     MOV   A, #data1
        MOVX  @R0, A          ;置矩形波上限电平
        LCALL DELAY1          ;调用高电平延时程序
        MOV   A, #data2
        MOVX  @DPTR, A        ;置矩形波下限电平
        LCALL DELAY2          ;调用低电平延时程序
        SJMP  LP             ;重复
```

DELAY1、DELAY2 两个延时程序分别决定了矩形波高低电平的宽度。矩形波如图 9-26 所示。同样,改变两个程序的延时时间就可改变矩形波的频率。

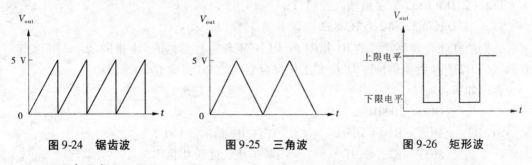

图 9-24　锯齿波　　　　图 9-25　三角波　　　　图 9-26　矩形波

2.双缓冲方式

对于多路 D/A 转换,要求同步进行 D/A 转换输出时,必须采用双缓冲同步方式。在此种方式工作时,数字量的输入锁存和 D/A 转换输出是分两步完成的。单片机必须通过 $\overline{LE1}$

来锁存待转换数字量,通过LE2来启动 D/A 转换。因此,在双缓冲方式下,DAC0832 应为单片机提供两个 I/O 端口。AT89S51 和 DAC0832 在双缓冲方式下的连接关系如图9-27 所示。

由图可见,1#DAC0832 因 $\overline{CS}$ 和译码器 FDH 相连而占有 FDH 和 FFH 两个 I/O 端口,而 2#DAC0832 的两个端口地址为 FFH 和 FEH。其中,FDH 和 FEH 分别为 1#DAC0832 和 2#DAC0832的数字量端口,而 FFH 为启动 D/A 转换的端口。

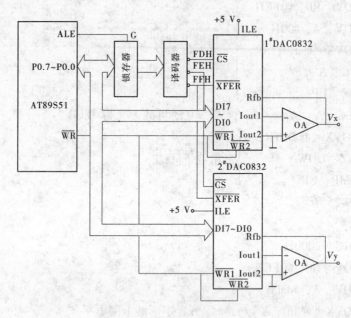

图 9-27　双缓冲方式下 AT89S51 和两片 DAC0832 的接口

下面通过例子来进一步说明双缓冲方式的工作原理。

要求:设 AT89S51 内部 RAM 中有两个长度为 20 的数据块,其起始地址分别为 Addr1 和 Addr2,请根据图 9-27,编出能把 Addr1 和 Addr2 中数据分别从 1#DAC0832 和 2#DAC0832 输出的程序。

分析:根据图 9-27,DAC0832 各端口地址为:

FDH:1#DAC0832 数字量输入控制口;

FEH:2#DAC0832 数字量输入控制口;

FFH:1#DAC0832 和 2#DAC0832 启动 D/A 转换口。

我们使 0#工作寄存器区的 R1 指向 Addr1,1#工作寄存器区的 R1 指向 Addr2,0#工作寄存器区的 R2 存放数据块长度,0#和 1#工作寄存器区的 R0 指向 DAC 端口地址。

程序如下:

```
         ORG   1000H
START:   MOV   R1, #Addr1      ;0#区 R1 指向 Addr1
         MOV   R2, #20H        ;数据块长度送 0#区 R2
         SETB  RS0             ;转入 1#工作寄存器区
         MOV   R1, #Addr2      ;1#区 R1 指向 Addr2
         CLR   RS0             ;返回 0#工作寄存器区
```

```
NEXT:   MOV   R0, #0FDH          ;0#R0 指向 1#DAC0832 数字量口
        MOV   A, @R1             ;Addr1 中数据送 A
        MOVX  @R0, A             ;Addr1 中数据送 1#DAC0832
        INC   R1                 ;修改 Addr1 指针 0#区 R1
        SETB  RS0                ;转入 1#工作寄存器区
        MOV   R0, #0FEH          ;1#R0 指向 2#DAC0832 数字量口
        MOV   A, @R1             ;Addr2 中数据送 A
        MOVX  @R0, A             ;Addr2 中数据送 2#DAC0832
        INC   R1                 ;修改 Addr2 指针 1#区 R1
        INC   R0                 ;1#R0 指向 DAC 的启动 D/A 口
        MOVX  @R0, A             ;启动 DAC 工作
        CLR   RS0                ;返回 0#区
        DJNZ  R2, NEXT           ;若未完,则跳至 NEXT
        SJMP  START              ;若送完,则循环
        END
```

若图 9-27 中,V_x 和 V_y 分别加到 X – Y 绘图仪的 X 通道和 Y 通道,而 X – Y 绘图仪由 X、Y 两个方向的步进电机驱动,其中一个电机控制绘图笔沿 X 方向运动;另一个电机控制绘图笔沿 Y 方向运动。因此,对 X – Y 绘图仪的控制有两点基本要求:一是需要两种 D/A 转换器分别给 X 通道和 Y 通道提供模拟信号,使绘图笔能沿 X – Y 轴作平面运动;二是两路模拟信号要同步输出,使绘制的曲线光滑,否则绘制的曲线就是阶梯状的。通过执行上述程序就可达到控制绘图仪的目的。程序中的 Addr1 和 Addr2 中的数据,即为曲线的 X、Y 坐标点。

第四节   A/D 转换电路接口技术

一、A/D 转换器原理

A/D 转换器(ADC 芯片)的种类很多,如逐次逼近式 A/D 转换器、双积分式 A/D 转换器、计数器式 A/D 转换器、并行式 A/D 转换器。

一般来说,计数器式 A/D 转换器结构简单,但转换速度也很慢,所以很少采用;双积分式 A/D 转换器抗干扰能力强,转换精度也高,但转换速度不够理想,常应用于数字式测量仪表中;并行式 A/D 转换器的转换速度最快,但因其结构复杂而造价很高,故只用于转换速度极高的场合。逐次逼近式 A/D 转换器,在精度、速度和价格上都适中,是最常用的 A/D 转换器件。本节仅介绍逐次逼近式 A/D 转换器。

(一)逐次逼近式 A/D 转换器原理

逐次逼近式 A/D 转换器也称连续比较式 A/D 转换器,这种 A/D 转换器是以 D/A 转换器为基础,加上比较器、逐次逼近式寄存器、置数选择逻辑电路及时钟等组成的,如图 9-28 所示。其转换的基本原理如下:

在启动信号控制下,首先置数选择逻辑电路给逐次逼近式寄存器最高位置"1",经 D/A

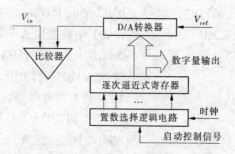

图 9-28　逐次逼近式 A/D 转换器结构框图

转换器转换成模拟量,并与输入的模拟量 V_{in} 进行比较,电压比较器给出比较结果。如果输入量大于或等于经 D/A 转换器转换输出的量,则比较器输出为"1",否则为"0"。置数选择逻辑电路根据比较器输出的结果,修改逐次逼近式寄存器中的内容,使其 D/A 转换器转换后的模拟量逐次逼近输入的模拟量。这样一来,经过若干次修改后的数字量,就是 A/D 转换的结果量。

逐次逼近法也称二分搜索法,也就是首先取允许电压最大范围的 1/2 值与输入电压值进行比较,也就是首先最高位为"1",其余位为"0"。如果搜索值在此范围以内,则再取该范围的 1/2 值,即次高位置"1";如果搜索值不在此范围内,则应取搜索值的最大允许输入电压值的另外 1/2 范围,即最高位置"0"。依次进行下去,每次比较将使搜索范围缩小 1/2。具有 n 位的 A/D 转换,经过 n 次比较,即可得到结果。

(二) A/D 转换器的主要技术指标

1. 分辨率

对于 ADC 芯片来说,分辨率表示输出数字量变化一个相邻数码所需输入模拟电压的变化量。

转换器的分辨率定义为满刻度电压与 2^n 之比值,其中 n 为 ADC 的位数。例如:12 位 ADC 芯片能够分辨出满刻度的 $1/2^{12}$ 或满刻度的 0.0244%。一个 10 V 满刻度的 12 位 ADC 芯片能够分辨输入电压变化的最小值为 2.4 mV。

2. 转换速度

转换速度是指完成一次 A/D 转换所需时间的倒数,是一个非常重要的指标。ADC 芯片型号不同,转换速度差别很大。一般情况下,8 位逐次比较式 ADC 芯片的转换时间为 100 μs 左右。选用 ADC 芯片型号时,首先应看现场信号变化的频繁程度是否与 ADC 芯片的速度相匹配,在被控系统控制时间允许的情况下,可选用价格便宜的逐次比较式 A/D 转换器。

3. 转换精度

转换误差是 A/D 转换结果的实际值与真实值之间的偏差,它用最低有效位 LSB 或满度值的百分数来表示。转换误差有两种表示方法,一种是绝对误差,另一种是相对误差。

$$绝对误差 = 量化间隔 /2$$

$$相对误差 = \frac{1}{2^{n+1}} \times 100\%$$

(三) A/D 转换器的选择

A/D 转换器有很多种类,在设计数据采集系统、测控系统和智能仪器仪表时,首先碰到的就是如何选择合适的 A/D 转换器以满足应用系统设计要求的问题。下面从不同角度介绍选择 A/D 转换器的要点。

1. A/D 转换器位数的确定

A/D 转换器位数的确定与整个测量控制系统所要测量控制的范围和精度有关,但又不能唯一由系统的精度确定。因为系统精度涉及的环节较多,包括传感器变换精度、信号预处理电路精度和 A/D 转换器及输出电路、控制机构精度,甚至还包括软件控制算法。在估算时,A/D 转换器的位数至少要比总精度要求的最低分辨率高一位(虽然分辨率与转换精度是不同的概念,但没有基本的分辨率就谈不上转换精度,精度是在分辨率的基础上反映的)。实际选取的 A/D 转换器的位数应与其他环节所能达到的精度相适应,只要不低于它们就行,选得太高既没有意义,而且价格还要高得多。

一般把 8 位以下的 A/D 转换器归为低分辨率 A/D 转换器,9~12 位的为中分辨率,13位以上的为高分辨率。

2. A/D 转换器转换速度的确定

A/D 转换器完成一次转换所需的时间叫转换时间,而转换速度是转换时间的倒数。用不同原理实现的 A/D 转换器其转换时间是大不相同的,总的来说,积分式、电荷平衡式和跟踪比较式 A/D 转换器转换速度较慢,转换时间从几毫秒到几十毫秒不等,只能构成低速 A/D转换器,一般适用于对温度、压力、流量等缓变参量的检测和控制。逐次逼近式 A/D 转换器的转换时间可从几微秒至一百微秒,属于中速 A/D 转换器,常用于工业多通道单片机控制系统和声频数字转换系统等。转换时间最短的高速 A/D 转换器是采用双极型或 CMOS 工艺制成的全并行式、串并行式和电压转移函数式 A/D 转换器。转换时间仅 20~100 ns。高速 A/D 转换器适用于雷达、数字通信、实时光谱分析、实时瞬态记录、视频数字转换系统等。

3. 是否要加采样保持器

原则上直流信号和变化非常缓慢的信号可不用采样保持器,其他情况都要加采样保持器。根据分辨率、转换时间、信号带宽关系式可得到如下数据,作为是否要加采样保持器的参考:如果 A/D 转换器的转换时间是 100 ms、ADC 芯片为 8 位,没有采样保持器时,信号的允许频率是 0.12 Hz;如果 ADC 芯片为 12 位,该频率为 0.0077 Hz。如果转换时间是 100 μs、ADC 芯片为 8 位,该频率为 12 Hz,12 位时是 0.77 Hz。

4. 参考电压

A/D 转换器中参考电压的作用是提供内部 D/A 转换器的标准电源,它直接关系到 A/D 转换器的精度,因而对该电源的要求比较高,一般要求由稳压电源供电。不同的 A/D 转换器,参考电压的提供方法也不一样。通常 8 位 A/D 转换器采用外电源供电,如 ADC0809、AD7574 等。但对于精度要求比较高的 12 位 A/D 转换器,如 AD574A、ADC80 等,一般在 ADC 芯片内部设有精密参考电源,不必另外加电源。

在一些单、双极性均可适用的 A/D 转换器中,参考电压常常有两个引脚:Vref(+)和 Vref(−),根据模拟量输入信号的极性不同,这两个参考电压引脚的接法也不同。若模拟量信号为单极性,Vref(−)端接模拟地,Vref(+)端接参考电源正端;当模拟量信号为双极性时,则 Vref(+)接参考电源的正端,Vref(−)接参考电源负端。

二、ADC0809 与单片机的接口设计

下面以较为常用的 ADC0809 为例介绍其与单片机的接口方法。

(一)ADC0809 的内部结构及引脚功能

ADC0809 是 8 位 A/D 转换芯片,由单一的 +5 V 电源供电。片内带有锁存功能的 8 路模拟多路开关,可以对 8 路 0~5 V 的模拟输入电压信号分时进行转换,转换时间为 100 μs 左右;片内具有多路开关的地址译码和锁存电路、高阻抗斩波稳定比较器、256R 电阻 T 型网络和网状电子开关以及逐次逼近寄存器,采用逐次逼近技术实现 A/D 转换;其内部无时钟电路,时钟脉冲须由外部提供,典型时钟频率为 64 kHz;输出具有 TTL 三态锁存缓冲器,可直接与单片机数据总线相连。此外,通过适当的外接电路,ADC0809 可以对 0~±5 V 的双极性模拟信号进行转换。

ADC0809 为 28 脚双列直插式芯片,其引脚图如图 9-29 所示。

各引脚功能如下:

IN0~IN7:8 路模拟量输入端。

C、B、A:3 根地址译码输入线,根据 C、B、A 的组合值,控制多路转换开关,对 8 路模拟输入通道 IN0~IN7 进行切换。C 为最高位,A 为最低位。例如当 CBA 为 000 时,接通 IN0,当 CBA 为 111 时,则接通 IN7。

ALE:地址锁存控制端,高电平有效。在 ALE 的上升沿将 C、B、A 通路地址锁存到内部的地址锁存器中,并将相应的模拟量输入通道接入 A/D 转换器。

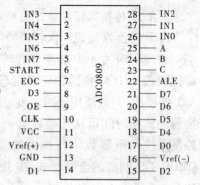

图 9-29　ADC0809 引脚图

OE:输出允许信号,用于控制三态输出锁存器向单片机输出转换后的数据。OE = 0 时,输出数据线呈高阻状态;OE = 1 时,输出允许。

START:A/D 转换启动信号。在 START 上升沿时,ADC 芯片所有片内寄存器清零;在 START 下降沿时,开始进行 A/D 转换。在 A/D 转换期间,START 应保持低电平。该信号可简写为 ST。

EOC:A/D 转换结束状态信号。当 EOC = 0 时,表示 ADC0809 正在进行转换;当 EOC = 1 时,表示 ADC0809 转换结束。实际使用时,状态信号既可以作为查询的状态标志,还可以作为中断请求信号使用。

CLK:时钟输入端。

D7~D0:数字量输出线。

VCC:电源输入端,接 +5 V。

GND:接地端。

Vref(+)、Vref(-):参考电压输入端,参考电压作为逐次逼近的基准,并用来与输入的模拟信号进行比较。其典型值为 5 V[Vref(+) = +5 V,Vref(-) = -5 V]。

(二)AT89S51 与芯片 ADC0809 的接口设计

ADC0809 与 AT89S51 单片机的典型接口电路如图 9-30 所示。

按图中连接方式,由 $\overline{WR}$ 和 P2.7(地址线最高位 A15)控制 ADC0809 的地址锁存和转换

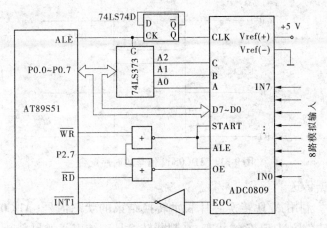

图 9-30   ADC0809 与 AT89S51 的接口电路

启动。由于 ALE 和 START 连在一起,因此在锁存通道地址的同时,启动并进行 A/D 转换。

在读取转换结果时,由RD和 P2.7 经一或非门形成正脉冲作为 OE 信号,用以打开三态输出缓冲器。由此可见,只有当 P2.7 为低电平时,这些信号才有效。

ADC0809 的时钟信号一般由 AT89S51 的 ALE 端取得,如果 ALE 信号频率过高,应分频后再送入转换器。例如当 AT89S51 的晶振频率选择 6 MHz 时,ALE 端的频率约为 1 MHz,故需采用二分频后才能与 ADC0809 的 CLK 端相连,分频器一般用 74LS74D 触发器实现,图 9-30 选用了分频电路。

另外,在启动 ADC0809 后,EOC 约在 10 μs 后才变为低电平,编程时要注意这一点。

(三)编程举例

A/D 转换器的程序设计主要分为下面几步。

1. 选通模拟量输入通道

在图 9-30 中,C、B、A 分别接系统地址锁存器提供的低 3 位地址,只要把这 3 位地址写入 ADC0809 中的地址锁存器,就实现了模拟通道的选择。

2. 发启动转换信号

在图 9-30 中,当 AT89S51 执行如下程序后,启动 A/D 转换:

MOV   DPTR, #7FF8H   ;P2.7 = 0,且指向通道 0

MOVX   @DPTR, A   ;启动 A/D 转换

注意:此处的 A 与 A/D 转换无关,可为任意值,是为配合程序"写"操作而为。START 下降沿(此时 P2.7 和WR线上皆为低电平)启动 ADC0809 工作,ALE 端上跳沿(正脉冲)使得 C、B、A 上的地址得到锁存。ADC0809 信号的时序配合如图 9-31 所示。

3. 用查询、中断或定时传送等方式等待转换结束

A/D 转换后得到的数据为数字量,这些数据传送到单片机中进行处理。数据传送的关键是如何确认 A/D 转换已经完成,因为只要确认数据转换完成后,才能进行有效的数据传送。一般情况下可采取以下 3 种方式:

(1)定时传送方式。对于一种 A/D 转换器来说,转换时间是一项固定不变的技术指标。例如,ADC0809 的转换时间为 128 μs,在 6 MHz 的振荡频率下,相当于 64 个机器周期。由此可以设计一个延时子程序,A/D 转换启动后调用这个子程序,延时一到,A/D 转换即告结

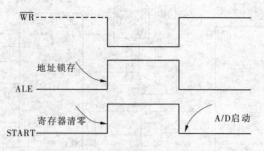

图 9-31　ADC0809 信号的时序配合

束,接着便进行数据传送。

(2)查询方式。利用 A/D 转换芯片表示转换结束的状态信号(ADC0809 的 EOC 端),在查询方式中,用软件测试 EOC 的状态,来判断转换是否结束。如果判断 ADC 转换已经结束,则接着进行数据传输。

(3)中断方式。如果把表示转换结束的状态信号(EOC)作为中断请求信号,那么,就可以中断方式进行数据传输。

不管使用哪种方式,只要一旦通过转换结束状态信号判断出 A/D 转换已经结束,便可以通过指令进行数据传输。所用的指令为 MOVX 读指令,以图 9-30 为例,则有:

MOV　DPTR, #7FF8H

MOVX　A, @DPTR

该指令在送出有效口地址的同时,发出 $\overline{RD}$ 有效信号,使得 ADC0809 的输出允许信号 OE 有效,从而打开三态门输出,使转换后的数据通过数据总线送入累加器(A)中。

这里需要指出的是,ADC0809 的 3 个地址端 C、B、A 既可以像前述那样与地址线相连,也可以与数据线相连。例如,与 D2、D1、D0(P0. 2、P0. 1、P0. 0)相连。这时启动 A/D 转换的指令与上述类似,只不过 A 的内容不能为任意数,而必须和所选输入通道号 IN0 ~ IN7 相一致。例如,当 C、B、A 分别和 D2、D1、D0 相连时,启动 IN5 的 A/D 转换指令如下:

MOV　DPTR, #7FFDH　　;送 ADC0809 口地址

MOV　A, #05H　　　　　;D2D1D0 = 101,选择 IN5 通道

MOVX　@DPTR, A　　　　;启动 A/D 转换

4. 读取转换结果,并将转换结果存入 RAM,进行数据处理或执行其他程序

下面通过例子来充分理解和掌握 A/D 转换的相关知识。

(1)采用查询方式分别对 IN0 ~ IN7 上 8 路模拟信号轮流采样一次,并依次把采样结果转存到片内 RAM 的 60H ~ 67H 单元中。电路图如图 9-30 所示。

MAIN:　　MOV　R1, #60H　　　　;置数据区首址

　　　　　MOV　DPTR, #7FF8H　　;P2. 7 = 0,且指向通道 0

　　　　　MOV　R7, #08H　　　　;置通道数

LOOP:　　MOVX　@DPTR, A　　　;启动 A/D 转换

　　　　　MOV　R2, #20H　　　　;延时查询

DELY:　　DJNZ　R2, DELY　　　;(延时 60 μs)结束?

DELY1:　　JB　P3. 3, DELY1　　;$\overline{INT1}$ = 1,正在进行转换,等待

```
          MOVX   A, @ DPTR           ;读取转换结果
          MOV  @ R1, A               ;转存
          INC  DPTR                  ;指向下一个通道
          INC  R1                    ;修改数据区指针
          DJNZ  R7, LOOP             ;8 个通道采样未完则循环
```

（2）采用中断方式来完成同样的任务，程序如下。

主程序如下：

```
          ORG   0000H
          AJMP   MAIN
          ORG  0013H
          AJMP   LINT1
          ORG  0100H
MAIN：     MOV   R0, #60H            ;数据区起始地址送 R0
          MOV   R2, #08H            ;模拟量路数送 R2
          SETB   EA                 ;CPU 开中断
          SETB   EX1                ;允许INT1中断
          SETB   IT1                ;INT1为边沿触发
          MOV   DPTR，#7FF8H         ;P2.7 = 0,且指向通道 0
          MOVX   @ DPTR, A          ;启动 A/D 转换
LOOP：     SJMP   LOOP               ;等待中断
```

中断服务程序如下：

```
LINT1：    MOVX   A, @ DPTR          ;输入数字量送 A
          MOV   @ R0, A             ;存入数据区
          INC  DPTR                 ;模拟路数加 1
          INC  R0                   ;数据区指针加 1
          DJNZ  R2, LOOP1           ;8 路未转换完,则继续等待下次转换
          CLR   EA                  ;转换完毕,则关中断
          CLR   EX1                 ;禁止INT1中断
          RETI                      ;中断返回
LOOP1：    MOVX   @ DPTR, A          ;再次启动 A/D 转换
          RETI                      ;中断返回
```

第五节*　　开关量驱动输出接口电路

在测控系统中,对被控设备的驱动常采用模拟量输出驱动和数字量（开关量）输出驱动两种方式。其中,模拟量输出是指其输出信号幅度（电压、电流）可变,根据控制算法,使设备在零到满负荷之间运行,在一定时间 T 内输出能量 P；开关量输出则是利用控制设备处于"开"或"关"状态的时间来进行控制的。如根据控制算法,同样要在 T 时间内输出能量 P,

则可控制设备满负荷工作时间,即采用脉宽调制的方法,同样可达到要求,如图 9-32 所示。

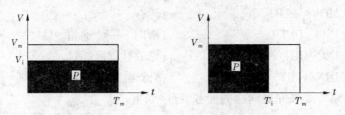

图 9-32　模拟量输出与开关量输出关系

以前的控制方法常采用模拟量输出的方法,由于其输出受模拟器件的漂移等影响,很难达到较高的控制精度。随着电子技术的迅速发展,特别是计算机进入测控领域后,开关量输出控制已越来越广泛地被应用。由于采用数字电路和计算机技术,对时间控制可以达到很高精度,因此在许多场合开关量输出控制精度要高于模拟量输出。而且,利用开关量输出控制往往无须改动硬件,而只需改变程序就可用于不同的控制场合。

在工业生产现场,有不少控制对象是电磁继电器、电磁开关或晶闸管、固态继电器和功率电子开关,其控制信号都是开关电平量。单片机的 I/O 口给出的往往是低压直流如 TTL 电平信号,这种电平信号一般不能直接驱动外设,而需经接口转换等手段处理后才能用于驱动设备开启或关闭;许多外设如大功率交流接触器、制冷机等在开关过程中会产生强的电磁干扰信号,如不加隔离,可能会串到测控系统中造成系统误动作或损坏,因此在接口处理中亦应包括隔离技术。

一、驱动晶闸管

(一)单向晶闸管

晶闸管习惯上称为可控硅(整流元件),英文名为 Silicon Controlled Rectifier,简写成 SCR。这是一种大功率半导体器件,它既有单向导电的整流作用,又有可以控制的开关作用。利用它可用较小的功率控制较大的功率。在交、直流电动机调速系统、调功系统、随动系统和无触点开关等方面均获得广泛的应用。单向晶闸管结构符号如图 9-33 所示,它外部有三个电极:阳极 A、阴极 K、控制极(门极)G。

从单向晶闸管的结构看,它与二极管有些相似,但在其两端加以正向电压而控制极不加电压时,并不导通,正向电流很小,处于正向阻断状态。如果此时在控制极与阳极间加上正向电压,则晶闸管导通,这时管压降很小(1 V 左右),此时即使撤去控制电压,其仍能保持导通状态。因此,利用切断控制电压的办法不能关断负载电流。只有当阳极电压降到足够小,以致阳极电流降到一定值以下时,负载回路才能阻断。若在交流回路中作大功率整流器件使用,当电流过零进入负半周时,能自动关断,如果到正半周要再次导通,必须重加控制信号。

(二)双向晶闸管

晶闸管应用于交流电路控制时,如图 9-34 所示,采用两个器件反并联,以保证电流能沿正反两个方向流通。如果把两只反并联的 SCR 做在同一硅片上,便构成了一个双向晶闸管(也称为双向可控硅),控制极共用一个,其特性如下:

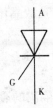

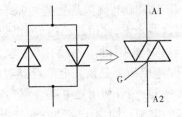

图 9-33　单向晶闸管结构符号　　　　　　**图 9-34　双向晶闸管结构**

（1）控制极 G 上无信号时，A1、A2 之间呈高阻抗，管子截止。

（2）$V_{A1A2} > 1.5$ V 时，不论极性如何，都可利用控制极 G 触发电流控制其导通。

（3）工作于交流时，当每一半周交替时，纯阻性负载一般能恢复截止；但在感性负载情况下，电流相位滞后于电压，电流过零，可能反向电压超过转折电压，使管子反向导通。所以，要求管子能承受这种反向电压，而且一般要加 RC 吸收回路。

（4）A1、A2 可调换使用，触发极性可正可负，但触发电流有差异。

双向可控硅经常用做交流调压、调功、调温和无触点开关，过去其触发脉冲一般都由硬件电路产生，故检测和控制都不够灵活，而在单片机系统中可利用软件产生触发脉冲。

二、光电耦合隔离接口

I/O 通道的隔离最常用的是光电耦合技术（光电隔离技术），因为光信号的传送不受电场、磁场的干扰，可有效地隔离电信号。

光电耦合器是以光为媒介传输信号的器件，它把一个发光二极管和一个光敏晶体管封装在一起，发光二极管加上正向输入电压信号（>1.1 V）就会发光。光信号作用在光敏晶体管基极，产生基极光电流，使晶体管导通，输出信号。光电耦合器的输入电路和输出电路是绝缘的，是把"电的联系"转化为"光的传输"，再把"光的传输"转化为"电的联系"。即采用光电耦合器件后，单片机用的是一组电源，外围器件用的是另一组电源，两者之间完全隔离了电气联系，而通过光的联系来传输信息。一路光电耦合器可以完成一路开关量的隔离，如果将 8 路或 16 路一起使用，就能实现 8 位数据或 16 位数据的隔离。

光电耦合器的输入侧都是发光二极管，但是输出侧则有多种结构，如光敏晶体管、达林顿晶体管、TTL 逻辑电路以及光敏晶闸管等。光电耦合器的主要技术参数有：

（1）导通电流截止电流 I_f。当发光二极管通以一定电流 I_f 时，光电耦合器输出端处于导通状态；当流过发光二极管的电流小于某一电流时，光电耦合器输出端截止。不同的光电耦合器通常有不同的导通电流，一般在 $10 \sim 20$ mA。

（2）频率响应。由于受发光二极管和光敏晶体管响应时间的影响，开关信号传输速度和频率受光电耦合器频率特性的影响，普通光电耦合器只能传输 10 kHz 以内的脉冲信号。因此，高频信号传输中要考虑其频率特性。在开关量 I/O 通道中，信号频率一般较低，不会受光电耦合器频率特性的影响。

（3）输出端工作电流 I_c。是指光电耦合器导通时，流过光敏晶体管的额定电流。它代表了光电耦合器的驱动能力，与电流传输比（I_c/I_f）有关。如输出端是单个晶体管的光电耦合器 4N25 的电流传输比 $\geq 20\%$，输出端是达林顿晶体管的光电耦合器 4N33 的电流传输比 $\geq 500\%$。

(4)输出端暗电流。是指光电耦合器处于截止状态时,流过光敏晶体管的额定电流。对光电耦合器来说,此值越小越好,以防止输出端的误触发。

(5)输入/输出压降。分别指发光二极管和光敏晶体管的导通压降。

(6)隔离电压。是指光电耦合器对电压的隔离能力。

再次强调一下,利用光电耦合器实现输出端的通道隔离时,被隔离的通道两侧必须单独使用各自的电源。即用于驱动发光二极管的电源与驱动光敏晶体管的电源不应是共地的电源,对于隔离后的输出通道必须单独供电;否则,如果使用同一电源,外部干扰信号可能通过电源串到系统中来。这样就失去了隔离的意义。

光电耦合器二极管侧的驱动可直接用门电路去实现,由于一般的门电路驱动能力有限,常选用带OC(集电极开路)门的电路(如7406反向驱动器、7407同向驱动器)进行驱动。根据受光源结构的不同,可以将光电耦合器件分为晶体管输出型和晶闸管输出型。

在晶体管输出型光电耦合器件中,受光源大多为光敏晶体管。晶体管输出型光电耦合器内部结构如图9-35所示。部分光电耦合器输出回路的晶体管采用达林顿结构,用来提高电流传输比(如图9-35(b)所示的4N33)。

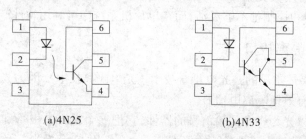

(a)4N25　　　　　　　　　　　(b)4N33

图9-35　晶体管光电耦合器件结构图

图9-36是使用4N25的光电耦合器接口电路图。4N25起到耦合脉冲信号和隔离单片机系统与输出部分的作用,使两部分的电流信号独立。输出部分的地线接机壳或接大地,而单片机系统的电流地线浮空,不与交流电源的地线相接。这样可以避免输出部分电源变化对单片机电源的影响,减少系统所受的干扰,提高系统的可靠性。

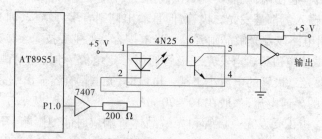

图9-36　光电耦合器4N25的接口电路

晶闸管输出型光电耦合器是一种单片机输出与双向可控硅之间较理想的接口器件,它由输入和输出两部分组成,输入回路驱动电流是发光二极管的工作电流,一般为 5～15 mA。输出回路中的光敏晶闸管可耐高压,在红外线的作用下可双向导通。某些型号的光电耦合双向可控硅驱动器还带有过零检测器,以保证在电压为零(或接近于零)时才触发可控硅导通。常用的有 MOC3000 系列等,运用于不同负载电压,如 MOC3011(用于 110 V 交流)、

MOC3040/41(用于 220 V 交流)。图 9-37 为 MOC3041 的内部结构图,图 9-38 为这类光电耦合驱动器与双向可控硅的典型接口电路。

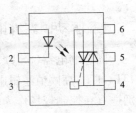

图 9-37 MOC3041 的
内部结构图

三、驱动继电器

继电器常用于控制电路的导通和断开,包括电磁继电器、接触器和干簧管。其工作原理是利用线圈产生磁场,吸引内部的衔铁,使动片离开常闭触点,与常开触点连通,实现电路的通断。根据线圈所加电压类型,分为直流继电器和交流继电器两大类,常用的继电器大部分属于直流继电器。

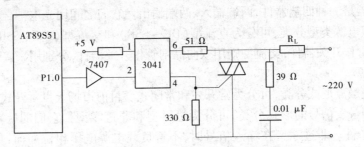

图 9-38 MOC3041 接口电路

直流继电器常用于单片机系统的输出接口。在驱动大功率设备时,经常利用继电器作为中间驱动源,通过这个驱动源,可以完成从低压直流到高压交流的过渡。如图 9-39 所示,控制信号经光电隔离后,继电器控制线圈由直流部分控制,而其输出触点则可以直接控制 220 V 甚至更高的电压。

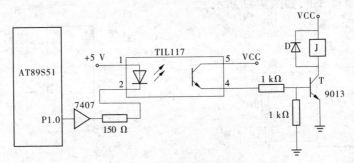

图 9-39 直流继电器输出接口

在设计时要考虑如下 4 个方面:

(1)驱动电压与继电器的额定吸合电压相匹配。例如,额定吸合电压为 12 V 的继电器,驱动电压应在 12 V 左右。驱动电压太小,将引起继电器抖动,甚至不吸合;驱动电压太大,会因线圈过流而损坏。

(2)控制回路的工作电流要小于继电器的额定触点电流。

(3)由于继电器的控制线圈有一定的电感,在关断瞬间能产生较大的反电势,因此在继电器的控制线圈上反向并联一个二极管用于电感反向放电,用来保护驱动晶体管不会击穿。

(4)对于驱动电流较大的继电器,可以采用达林顿光电耦合器件直接驱动。也可以在光电耦合器件与继电器之间再加一级晶体管驱动,例如 S8050、S8550、S9012～S9015 等。

四、驱动固态继电器

固态继电器(SSR)是近年来发展起来的一种新型电子继电器,其输入控制电流小,用TTL、HTL(高阈值逻辑电路)、CMOS等集成电路或简单的辅助电路就可以直接驱动,因此特别适宜在控制现场作为输出通道的控制元件。其输出利用晶体管或晶闸管驱动,无触点,与普通的电磁继电器和磁力开关相比,具有无机械噪声、无抖动和回跳、开关速度快、体积小、质量轻、寿命长、工作可靠等特点,并且耐冲力、抗腐蚀。因此,其目前已经逐步取代传统的电磁式继电器和磁力开关,作为开关量输出控制元件。

(一)固态继电器的分类

固态继电器是一种四端器件,两端输入、两端输出。它们之间用光电耦合器隔离。

(1)以负载电源类型分类,可分为直流型(DC－SSR)和交流型(AC－SSR)两种。直流型用功率晶体管作开关器件;交流型则用双向晶闸管作开关器件,分别用来接通和断开直流或交流负载电源。

(2)以开关触点形式分类,可分为常开式和常闭式。目前市场上以常开式为多。

(3)以控制触发信号的形式分类,可分为过零型和非过零型。它们的区别在于负载交流电流导通的条件。非过零型在输入信号时,不管负载电源电压相位如何,负载端立即导通。而过零型必须在负载电源电压接近零且输入控制信号有效时,输出端负载电源才导通。其关断条件是:在输入端的控制电压撤销后,流过双向晶闸管的负载电流为零。

(二)固态继电器的典型应用

(1)触点控制,如图9-40所示。

(2)TTL驱动SSR,如图9-41所示。

(3)CMOS驱动SSR,如图9-42所示。

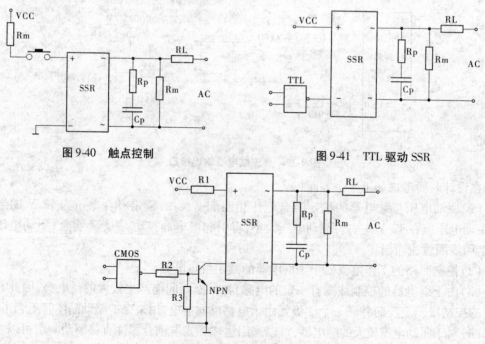

图9-40　触点控制　　　　　　　　　图9-41　TTL驱动SSR

图9-42　CMOS驱动SSR

实训项目九　温度控制器的设计

1. 项目目的

温度控制器广泛应用于家用电器、工业测控、仪器仪表等。本项目要完成的温度控制器由温度传感器检测环境温度,经 ADC0809 模/数转换器将模拟量温度转换为数字量送入单片机,再经单片机内部程序处理后输出驱动控制信号,同时由数码管显示当前温度值,由 LED 显示状态指示信号。

2. 项目分析

1) 硬件电路设计及工作原理

温度控制器的电路由 AT89S51 单片机、温度传感器、模/数转换器 ADC0809、串入并出移位寄存器 74LS164、数码管和 LED 显示电路组成,如图 9-43 所示。由热敏电阻作为温度传感器来测量环境温度,将其电压值送入 ADC0809 的 IN0 通道进行模/数转换,转换所得数字量由数据端 D7 ~ D0 输出到 AT89S51 的 P0 口,经软件处理后将测得的温度值经单片机的 RXD 端串行输出到 74LS164,经 74LS164 串并转换后,输出到数码管的 7 个显示段,用数字形式显示出当前温度值。AT89S51 的 P2.0、P2.1、P2.2 分别接 ADC0809 通道地址选择端 A、B、C,因此 ADC0809 的 IN0 通道的地址为 0F0FFH。输出驱动控制信号由 P1.0 输出,4 个 LED 为状态指示,其中,LED1 为输出驱动指示,绿灯为温度正常指示,红灯为高于上限温度指示,黄灯为低于下限温度指示。当温度高于上限温度值时,由 P1.0 输出驱动信号,驱动外设电路工作,同时 LED1 亮、绿灯灭、红灯亮、黄灯灭。外设电路工作后,温度下降,当温度降到正常温度后,LED1 亮、绿灯亮、红灯灭、黄灯灭。温度继续下降,当温度下降到下限温度值时,P1.0 驱动信号停止输出,外设电路停止工作,同时 LED1 灭、绿灯灭、红灯灭、黄灯亮。当外设电路停止工作后,温度开始上升,接着进行下一工作周期。

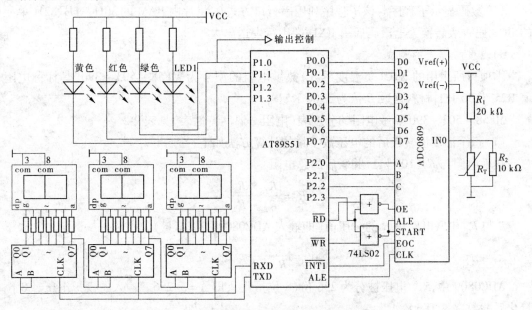

图 9-43　温度控制器电路原理图

2）软件设计思路

本软件系统可由主程序、定时/计数器中断服务子程序、温度采样及模/数转换子程序、温度计算子程序、驱动控制子程序、十进制转换子程序及数码管显示子程序组成。各部分的实现功能如下。

（1）主程序。主要完成系统初始化操作，主要是对定时/计数器进行初始化。

（2）定时/计数器中断服务程序。硬件电路所采用的是定时/计数器1。应用定时/计数器中断的目的是进行定时采样，消除数码管温度显示时的闪烁现象，用户可根据实际环境温度变化率进行采样时间调整。每当定时时间到，调用温度采样及模/数转换子程序，对温度进行采样。

（3）温度采样及模/数转换子程序。该子程序对温度进行采样并将其转换为8位数字量输出给 AT89S51 的 P0 口。采样得到的温度数据存放在片内 RAM 的 20H 单元中。

（4）温度计算子程序。根据热敏电阻的分度值和电路参数计算出一张温度表，存放在数据表中，限于篇幅，我们只给出 0～49 ℃的温度数据。一个温度由两个字节组成，前一字节为温度值，后一字节为该温度所对应的热敏电阻上的电压的数字量。根据采样值，通过查表及比较的方法计算出当前的温度值，并将其存入片内 RAM 的 21H 单元中。采用采样查表方法计算温度值是为了克服热敏电阻的阻值—温度特性曲线的非线性度，提高测量精度。

（5）驱动控制子程序。该子程序用来调节温度，当温度高于上限温度（本程序设定为 30 ℃）时，由 P1.0 输出驱动控制信号，驱动外设工作降温；当温度下降到下限温度（本程序设定为 25 ℃）时，P1.0 停止输出，温度上升，周而复始。

（6）十进制转换子程序。将存放于片内 RAM 21H 单元的当前温度值的二进制数形式转换为十进制数（BCD 码）形式，以便输出显示，转换结果存放在片内 RAM 的 32H 单元（百位）、31H 单元（十位）、30H 单元（个位）。

（7）数码显示子程序。该子程序利用串行口方式 0，将片内 RAM 的 30H、31H、32H 单元的 BCD 码查表转换为七段码后由 RXD 端串行发送出去。

3）温度数据表的构成

本项目所采用的 NTC（负温度系数）热敏电阻的型号为 MF58－503－390，其标称电阻值 R25 为 50 kΩ，材料常数 B 值为 3900 K。

MF58－503－390 热敏电阻的分度表（电阻—温度特性表）见表 9-2。

（1）每个温度值转换后的电压数字量的计算方法如下：

热敏电阻与 R_2（100 kΩ）并联后的总电阻

$$R = \frac{R_T \times R_2}{R_T + R_2}$$

R 与 R_1 串联电路中 R 的分压值（即输入 ADC0809 的模拟量）

$$V = \frac{R}{R + R_1} \times 5$$

ADC0809 中，5 V 电压被分为 256 份（8 位量化），即 $\Delta = 5/256$。输入的模拟电压经 8 位量化后的数字量 $D = V/\Delta$。

表 9-2 MF58 – 503 – 390 热敏电阻分度表

温度(℃)	热敏电阻阻值(kΩ)	温度(℃)	热敏电阻阻值(kΩ)
0	161.6080	25	50.0000
1	153.6308	26	47.8916
2	146.0833	27	45.8829
3	138.9435	28	43.9683
4	132.1901	29	42.1428
5	125.8025	30	40.4017
6	119.7608	31	38.7405
7	114.0460	32	37.1552
8	108.6397	33	35.6418
9	103.5243	34	34.1967
10	98.6833	35	32.8164
11	94.1006	36	31.4979
12	89.7613	37	30.2380
13	85.6511	38	29.0339
14	81.7546	39	27.8830
15	78.0646	40	26.7828
16	74.5673	41	25.7308
17	71.2425	42	24.7250
18	68.0903	43	23.7630
19	65.0972	44	22.8430
20	62.2540	45	21.9629
21	59.5519	46	21.1211
22	56.9829	47	20.3158
23	54.5392	48	19.5453
24	52.2138	49	18.8082

例如:热敏电阻在 25 ℃时的阻值为 50 kΩ,则根据上式计算出来的电压数字量为 161。注意,计算中 R_1 用实测阻值 19.6 kΩ 代入计算。

(2)温度数据表构成:1 个温度数据占 2 个字节,前一字节为温度值,后一字节为该温度下热敏电阻上的模拟电压转换成的 8 位数字量。如 25,161 组成一个温度为 25 ℃的温度数据。0~49 ℃的温度数据表如下：

DATATAB：　DB　0,194,1,193,2,192,3,191,4,190,5,189,6,188,7,187,8,186,9,185

　　　　　　DB　10,184,11,182,12,181,13,180,14,178,15,177,16,175,17,174

　　　　　　DB　18,173,19,171,20,169,21,168,22,166,23,165,24,163,25,161

　　　　　　DB　26,159,27,158,28,156,29,154,30,152,31,150,32,149,33,147

　　　　　　DB　34,145,35,143,36,141,37,139,38,137,39,135,40,133,41,131

　　　　　　DB　42,129,43,127,44,125,45,123,46,121,47,118,48,116,49,114

在温度采样及模/数转换子程序中,采样得到的当前温度所对应的数字电压值存于20H单元中,在温度计算子程序中通过查表方法从表中第一个温度(0 ℃)所对应的数字电压值开始,依次取出各温度所对应的数字电压值,与20H单元中的当前温度所对应的数字电压值进行比较,如大于当前温度的数字电压值,则再取出下一温度的数字电压值进行比较,直到小于或等于当前温度的数字电压值,比较结束。如小于则取前一温度作为当前温度存于21H单元中,如等于则将该温度作为当前温度存于21H单元中。这种温度计算方法,避免了电阻—温度特性曲线的非线性对温度测量的影响,计算出来的温度较为准确。

3. 项目实施

按照原理图焊接元器件,最后调试硬件系统,直到完全满足设计任务要求为止。

本章小结

键盘接口部分,本章讨论了独立式键盘接口电路设计方法和矩阵式键盘接口电路设计方法。独立式按键就是各按键相互独立,每个按键各接一根输入线,一根输入线上的按键工作状态不会影响其他输入线上的工作状态。矩阵式键盘(也称为行列式键盘)由行线和列线组成,按键在行、列的交叉点上。矩阵式键盘的按键识别方法有扫描法和线反转法。矩阵式键盘的按键位置由行号和列号唯一确定,所以分别对行号和列号进行二进制编码,然后将两值合成一个字节,高4位是行号,低4位是列号。键盘工作方式有编程扫描工作方式、定时扫描工作方式和中断扫描工作方式。

显示器接口部分,本章讨论了LED显示器工作原理及其显示方法。LED显示器根据内部结构不同分为两种:共阴极数码管和共阳极数码管。LED显示器的显示方法有两种:静态显示法和动态显示法。所谓静态显示,就是每一个显示器各笔画段都要独占具有锁存功能的输出口线。动态显示通常将所有位的段选线相应地并联在一起,由一个8位I/O口控制,形成段选线的多路复用。而各位的共阳极或共阴极分别由相应的I/O线控制,实现各位的分时选通。本章还讨论了利用专用键盘/显示器接口芯片8279实现键盘/显示器接口的方法。

D/A转换、A/D转换部分,本章分别讨论了D/A转换器、A/D转换器工作原理,DAC0832和ADC0809的内部结构及引脚功能,以及AT89S51与DAC0832和ADC0809的接口设计及软件编程方法。

开关量驱动输出接口电路部分,本章讨论了晶闸管驱动电路、光电耦合隔离接口电路、继电器驱动电路以及固态继电器驱动电路的设计。

思考题及习题

1. 为什么要消除按键的机械抖动？消除按键抖动的方法有哪几种？原理是什么？

2. 矩阵式键盘按键的识别方法有几种？原理是什么？

3. LED 显示器有哪两种显示形式？它们各有什么优缺点？

4. 8279 中的扫描计数器有两种工作方式，这两种工作方式各应用在什么场合？

5. D/A 转换器和 A/D 转换器的功能是什么？各在什么场合下使用？

6. D/A 转换器的主要性能指标有哪些？如果某 DAC 是 12 位的，满量程模拟输出电压为 10 V，试问其分辨率和转换精度各为多少？

7. ADC 有哪几种类型？各有哪些特点？

8. 双向晶闸管有何特点？

9. 按负载类型分，固态继电器分为哪两类？

第十章 单片机应用系统实例

本章主要内容

本章介绍单片机应用系统的设计过程及部分应用实例,通过本章的学习,了解单片机应用系统的设计过程及软硬件设计时的注意事项。

第一节 单片机应用系统设计基本知识

单片机应用系统是针对某项任务而制作的用户系统,以单片机为核心,配以外围电路和软件,用来实现设定任务和相应功能。前面几章介绍了单片机的基本组成、功能及其扩展电路,对单片机的软件、硬件资源的组织和使用也有了基本的认识。本章将介绍单片机应用系统设计的基本知识及单片机的几个典型应用实例。一个实际的单片机应用系统还涉及很多复杂的内容与问题,如涉及多种类型的接口电路、软件设计、软件与硬件的结合、如何选择最优方案等内容。本章将对单片机应用系统的结构,软硬件设计、开发等方面作一介绍,以便使学生能初步掌握单片机应用系统的设计。

一、单片机应用系统的结构

(一)单片机应用系统的硬件结构

单片机主要用于工业测控。典型的单片机应用系统应包括单片机系统和被控对象,如图 10-1 所示。单片机系统包括通常的存储器扩展、显示器键盘接口。被控对象与单片机之间包括测控输入通道和伺服控制输出通道,另外还包括相应的专用功能接口芯片。

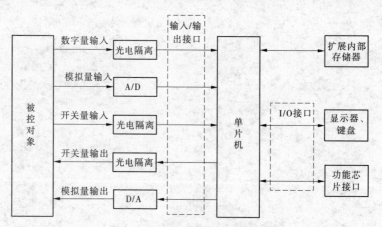

图 10-1 典型单片机应用系统结构

(二)单片机应用系统

在单片机应用系统中,单片机是整个系统的核心,对整个系统的信息输入、处理、输出进行控制。与单片机配套的有相应的复位电路、时钟电路以及扩展的存储器和 I/O 接口,使单片机应用系统能够顺利运行。

(三)输入通道和输出通道

单片机应用系统输入通道用于检测接收输入信息。来自被控对象的信息有多种,按物理量的特征可分为模拟量、数字量和开关量 3 种。

对于数字量的采集,输入比较简单。它们可直接作为计数输入、测试输入、I/O 口输入或中断源输入进行事件计数、定时计数等,实现脉冲的频率、周期、相位及计数测量。

对于开关量的采集,一般通过 I/O 口线直接输入。但一般被控对象都是交变电流、交变电压、大电流系统,而单片机属于数字弱电系统,因此在数字量和开关量采集通道中要用隔离器进行隔离(如光电耦合器件)。

对于模拟量的采集,相对于数字量来说要复杂一些。被控对象的模拟信号有电信号,如电压、电流、电磁量等;也有非电信号,如温度、湿度、压力、流量、位移量等。对于非电信号,一般都要通过传感器转换成电信号,然后再通过隔离放大、滤波、采样保持,最后再通过 A/D 转换送给单片机。

伺服控制输出通道用于对被控对象进行控制。作用于被控对象的控制信号通常有开关量控制信号和模拟量控制信号两种。开关量控制信号的输出比较简单,只需采用隔离器件进行隔离和电平转换;模拟控制信号输出需要进行 A/D 转换、隔离放大和隔离驱动等。

二、单片机应用系统设计的基本过程

对于单片机应用系统的设计,由于被控对象不同,其硬件和软件结构有很大差异,但系统设计的基本内容和主要步骤是相同的,一般需要考虑以下几个方面。

(一)确定系统设计的任务

在进行系统设计之前,首先必须进行设计方案的调研,包括查找资料、进行调查、分析研究。要充分了解委托研制单位提出的技术要求、使用的环境状况及技术水平。明确任务,确定系统的技术指标,包括系统必须具有哪些功能。这是系统设计的依据和出发点,将贯穿于系统设计的全过程,也是整个研制工作成败、好坏的关键,因此必须认真做好这项工作。

(二)系统方案设计

在系统设计任务和技术指标确定以后,即可进行系统的总体方案设计,一般包括以下两个方面:

(1)机型及支持芯片的选择。机型选择应适合于产品的要求,根据市场所能提供的构成单片机应用系统的功能部件,根据要求进行选择,同时所选的机型必须保证有稳定、充足的货源,从可能提供的多种机型中选择最易实现技术指标的机型。

(2)综合考虑软硬件的分工与配合。由于单片机系统中的某些功能硬件和软件均能实现,硬件和软件具有一定的互换性。因此,在方案设计阶段要认真考虑软硬件的分工与配合。一般的原则是:软件能实现的功能尽可能由软件来实现,以简化硬件结构,还可降低成本,但这样做势必增加软件设计的工作量,另外由软件实现的硬件功能,其响应时间要比直接用硬件时间长,且还占用了 CPU 的工作时间。此外,还要考虑功能接口芯片和研制周期及成本等。因此,在设计系统时必须综合考虑各种因素。

（三）系统详细设计与制作

系统详细设计与制作就是将前面的系统方案付诸实施，将硬件框图转化成具体电路，并制作成电路板，画出软件框图或流程图，用程序加以实现。

（四）系统调试与修改

当硬件和软件设计好后，就可以进行调试了。硬件电路检查分为两步：静态检查和动态检查。硬件的静态检查主要是检查电路制作的正确性，因此一般无需借助于开发器；动态检查是在开发系统上进行的。把开发系统的仿真头连接到产品中，代替系统的单片机，然后向开发产品输入各种诊断程序，检查系统中的各部分工作是否正常。做完上述检查就可进行软硬件联调。先将各模块程序分别调试完毕，然后再进行连接，连成一个完整的系统应用软件。待一切正常后，即可将程序固化到程序存储器中。此时即可脱离开发系统进行脱机运行，并到现场进行调试，考验系统在实际应用环境中是否能正常而可靠地工作。同时，再检测其功能是否达到技术指标的要求，如果某些功能还未达到要求，则再对系统进行修改，直至满足要求。

上述单片机应用系统的设计过程可用框图表示，如图 10-2 所示。

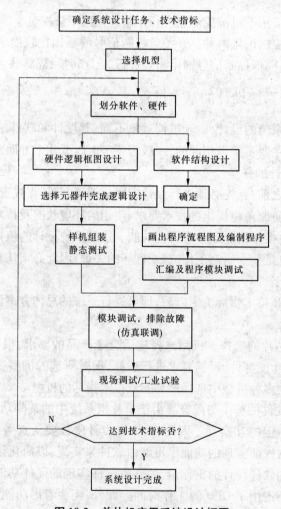

图 10-2　单片机应用系统设计框图

三、单片机应用系统的硬件设计

硬件设计的任务是根据总体要求,设计系统原理图,进行一些必要的部件试验、工艺结构的设计加工、印制板的设计制作及样机的组装等,主要围绕单片机系统的功能扩展和外围设备配置,包括程序和数据存储器、I/O 接口、译码电路、驱动电路、抗干扰电路及电路的匹配等几个部分的设计。

四、单片机应用系统的软件设计

应用系统中的软件一般是由系统监控程序和应用程序两部分构成的。其中,应用程序是用来完成诸如测量、计算、显示、打印、输出控制等各种实质性功能的软件;系统监控程序是控制单片机系统按预定操作方式运行的程序,它负责组织调度各应用程序模块,完成系统自检、初始化、处理键盘命令、处理接口命令、处理条件触发和显示等功能。单片机应用系统的软件设计是系统设计中最基本且工作量较大的任务。在软件设计时一般考虑以下几个方面:

(1)根据要求确定软件的具体任务细节,确定合理的软件结构。一般系统软件由主程序和若干个子程序及中断服务程序组成,详细划分主程序、子程序和中断服务程序的具体任务,确定各个中断的优先级别。

(2)程序的结构一般采用模块化结构,各功能程序模块化、系统化,既便于调试、连接,又便于移植、修改和维护。

(3)在进行程序设计时,首先根据问题的定义描述各个输入变量与输出变量间的数学关系,建立数学模型,绘制程序流程图,依据流程图进行具体程序的编写。

(4)程序存储区、数据存储区规划合理。运行状态实现标志化管理,各个功能程序运行状态、运行结果及运行需求都设置状态标志以便查询,程序的转移、运行、控制都可通过状态标志来控制。

(5)实现软件全面抗干扰设计,提高运行的可靠性,在应用软件中设置自诊断程序,在系统运行前先运行自诊断程序,用以检查系统各特征参数是否正常。

(6)程序设计完成后,利用相应的开发工具和软件进行程序的汇编或编译,生成程序的机器码。

第二节　十字路口交通信号灯模拟控制

交通信号灯的控制是单片机应用中最基本的应用之一,现就利用单片机实现交通信号灯模拟控制的电路原理叙述如下。

一、交通信号灯模拟控制的硬件设计

交通信号灯模拟控制的硬件电路如图 10-3 所示。从图中可以看出,交通信号灯的控制通过单片机的 P1 口实现。P1.0、P1.1、P1.2 用来控制东西向的信号灯,P1.3、P1.4、P1.5 用来控制南北向的信号灯。当端口给出高电平时,相应的指示灯才亮;而当端口给出低电平时,相应的指示灯处于灭的状态。

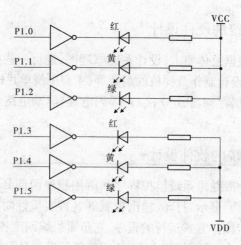

图 10-3　交通信号灯模拟控制的硬件电路

二、交通信号灯模拟控制的软件设计

交通信号灯模拟控制的软件设计较简单,其基本思想是利用软件延时,对相应信号灯的点亮时间加以控制。

下面为某一交通岗信号灯的控制软件,东西向为主线路,通告时间为 60 s,南北向为支线路,通告时间为 40 s。设 $f_{osc} = 12$ MHz,软件延时时间为 0.5 s,程序如下:

```
        ORG   0000H
        LJMP  START
        ORG   0030H
START:  MOV   P1, #00H      ;信号灯初始状态全灭
        SETB  P1.2          ;亮东西向绿灯,东西向放行
        SETB  P1.3          ;亮南北向红灯,南北向禁行
        MOV   R4, #72H      ;延时 57 s
LP1:    LCALL DL
        DJNZ  R4, LP1
        CLR   P1.2          ;熄灭东西向绿灯
        SETB  P1.1          ;点亮东西向黄灯
        MOV   R4, #06H      ;延时 3 s
LP2:    LCALL DL
        DJNZ  R4, LP2
        MOV   P1, #00H
        SETB  P1.0          ;亮东西向红灯,东西向禁行
        SETB  P1.5          ;亮南北向绿灯,南北向通行
        MOV   R4, #4AH      ;延时 37 s
LP3:    LCALL DL
```

```
        DJNZ   R4, LP3
        CLR    P1.5              ;熄灭南北向绿灯
        SETB   P1.4              ;点亮南北向黄灯
        MOV    R4, #06H          ;延时 3 s
LP4:    LCALL  DL
        DJNZ   R4, LP4
        MOV    P1, #00H
        LJMP   START             ;重新开始下一个周期
DL:     MOV    R7, #05H          ;0.5 s 软件延时子程序
DL1:    MOV    R6, #0C8H
DL2:    MOV    R5, #0FAH
        DJNZ   R5, $
        DJNZ   R6, DL2
        DJNZ   R7, DL1
        RET
        END
```

第三节　单片机的步进电机控制系统

步进电机具有可以直接接收数字信号,无需模/数转换,快速启停控制能力,可在瞬间实现启动和停止,精度高,步距角在 0.36°~90°,定位准确等几个显著特点,是工业过程控制及仪表控制的主要控制元件之一。

一、硬件接口电路设计

常用的步进电机有三相、四相、五相、六相等,这里以三相反应式步进电机为例,介绍其控制原理及程序设计。

由单片机控制步进电机,主要任务是把二进制的控制字(即通电状态)变成脉冲序列后输入给步进电机。由步进电机的控制原理知,每输入一个脉冲,电机沿选择的方向就前进一步,改变 A、B、C 的通电顺序,可改变电机的转动方向;改变步数(即脉冲数)可控制步进电机的转动角度,改变脉冲频率,可改变步进电机的转动速度。

综合考虑各种因素,步进电机控制系统设计的主要任务是:控制旋转方向;按相序确定控制字;按顺序输入控制字,即传送控制脉冲序列;控制步数等。

图 10-4 给出了三相步进电机与 MCS-51 单片机的接口电路。步进电机 A、B、C 三相绕轴分别接于单片机的 P1.0、P1.1、P1.2 口,其工作方式和控制字如表 10-1 所示。

图 10-4 中,P1.0、P1.1、P1.2 分别经光电耦合和驱动电路接到 A、B、C 三相电机绕轴上,根据表 10-1,设单三拍相序为→A→B→C→,双三拍相序为→AB→BC→CA→,六拍相序为→A→AB→B→BC→C→CA→时电机正转;反之,电机反转。

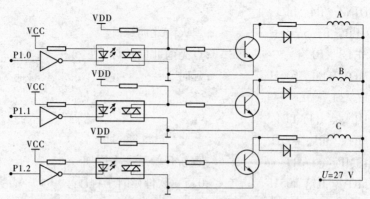

图 10-4   三相步进电机与 MCS – 51 单片机接口电路

表 10-1   三相步进电机工作方式及控制字

方式	步序	P1.2(C 相)	P1.1(B 相)	P1.0(A 相)	通电绕组	控制字
三相	1 步	0	0	1	A 相	01H
单三	2 步	0	1	0	B 相	02H
拍式	3 步	1	0	0	C 相	04H
三相	1 步	0	1	1	AB 相	03H
双三	2 步	1	1	0	BC 相	06H
拍式	3 步	1	0	1	CA 相	05H
三相	1 步	0	0	1	A 相	01H
	2 步	0	1	1	AB 相	03H
六拍	3 步	0	1	0	B 相	02H
方式	4 步	1	1	0	BC 相	06H
	5 步	1	0	0	C 相	04H
	6 步	1	0	1	CA 相	05H

二、步进电机控制软件设计

三相双三拍驱动程序流程图如图 10-5 所示。

其软件驱动程序如下：

```
        ORG    2000H
ROUT1： MOV    A, #N          ;步数 N 送 A
        JNB    00H, LP2       ;00 位为 1 正转,为 0 则反转
LP1：   MOV    P1, #03H       ;正向,第一拍
        ACALL  DL             ;延时
        DEC    A              ;步数减 1
        JZ     DONE           ;(A) =0,返回
        MOV    P1, #06H       ;正向,第二拍
        ACALL  DL
```

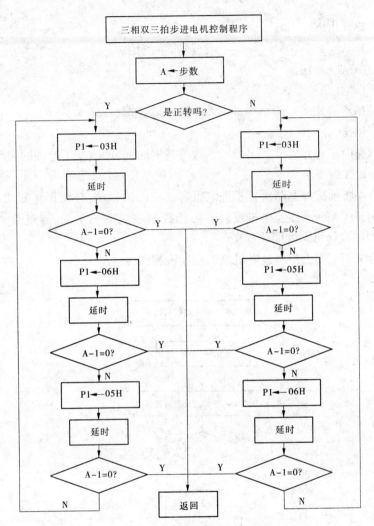

图 10-5　三相双三拍步进电机驱动程序流程图

DEC	A	;步数再减 1
JZ	DONE	;(A)=0,返回
MOV	P1,#05H	;正向,第三拍
ACALL	DL	
DEC	A	
JNZ	LP1	;步数不够,返回到正转开始
AJMP	DONE	;(A)=0,则返回

LP2：
MOV	P1,#03H	;反转,第一拍
ACALL	DL	
DEC	A	
JZ	DONE	
MOV	P1,#05H	;反转,第二拍
ACALL	DL	

```
              DEC   A
              JZ    DONE
              MOV   P1，#06H            ;反转,第三拍
              ACALL  DL
              DEC   A
              JNZ   LP2                ;步数不够,继续反转
     DONE：   RET
     DL：     延时子程序                ;改变延时时间,即改变了脉冲的频率
              RET
```

假设图 10-4 所示接口电路所接步进电机为三相六拍驱动,并设正转驱动相序为→A→AB→B→BC→C→CA→,反之,电机反转。再把控制字组成一个表,通过查表法查找控制字,采用循环程序设计可大大简化程序。

图 10-6 给出了三相六拍步进电机驱动程序流程图。

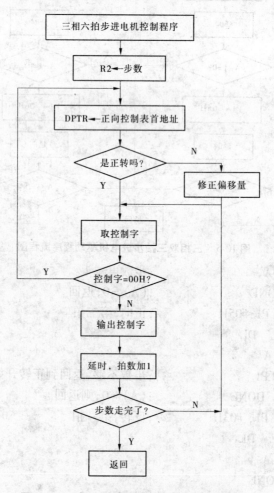

图 10-6   三相六拍步进电机驱动程序流程图

三相六拍步进电机驱动程序如下：

```
        ORG   2000H
ROUT1:  MOV   R2, #N            ;步数 N 送 R2
LP0：   MOV   R3, #00H
        MOV   DPTR, #TAB        ;控制字表首地址
        JNB   00H, LP2          ;(00H) =1,正转,否则,反转
LP1：   MOV   A, R3             ;查表偏移量送 A
        MOVC  A, @ A + DPTR     ;查表取控制字
        JZ    LP0               ;控制字为 0 表示已走够六拍,返回
        MOV   P1, A             ;控制字送 P1 口,步进一步
        ACALL DL                ;延时
        INC   R3                ;拍数加 1(偏移量加 1)
        DJNZ  R2, LP1           ;步数减 1,判别步数到否
        RET
LP2：   MOV   A, R3             ;查表偏移量送 A
        ADD   A, #07H           ;修正偏移量,查反向控制字
        MOV   R3, A             ;偏移量保存在 R3 中
        AJMP  LP1
DL：    延时子程序               ;可改变延时时间
        RET
TAB：   DB  01H, 03H, 02H, 06H, 04H, 05H, 00H; 正转,00H 作为结束标志
        DB  01H, 05H, 04H, 06H, 02H, 03H, 00H; 反转,00H 作为结束标志
        RET
```

第四节 倒计时器的设计

在实际应用中,倒计时器经常可以看到,本节以迎接某一活动的倒计时牌为例,介绍倒计时器的设计。

一、实时日历时钟芯片 DS12C887 简介

DS12C887 实时时钟芯片功能丰富,能够自动产生世纪、年、月、日、时、分、秒等时间信息,其内部又增加了世纪寄存器,从而可利用硬件电路解决"千年"问题。DS12C887 中自带有锂电池,外部掉电时,其内部时间信息还能够保持 10 年之久。对于一天内的时间记录,有 12 小时制和 24 小时制两种模式。在 12 小时制模式中,用 AM 和 PM 区分上午和下午。时间的表示方法也有两种,一种用二进制数表示,一种用 BCD 码表示。DS12C887 中带有 128 字节 RAM,其中有 11 字节 RAM 用来存储时间信息,4 字节 RAM 用来存储 DS12C887 的控制信息,称为控制寄存器,113 字节通用 RAM 供用户使用。此外,用户还可对 DS12C887 进行编程以实现多种方波输出,并可对其内部的三路中断通过软件进行屏蔽。

DS12C887 的引脚排列如图 10-7 所示,各引脚的功能说明如下：

GND、VCC:直流电源,其中 VCC 接 +5 V 输入,GND 接地。当 VCC 输入为 +5 V 时,用户可以访问 DS12C887 内部 RAM 中的数据,并可对其进行读写操作;当 VCC 的输入小于 +4.25 V 时,禁止用户对内部 RAM 进行读写操作,此时用户不能正确获取芯片内的时间信息;当 VCC 的输入小于 +3 V 时,DS12C887 会自动将电源转换到内部自带的锂电池上,以保证内部的电路能够正常工作。

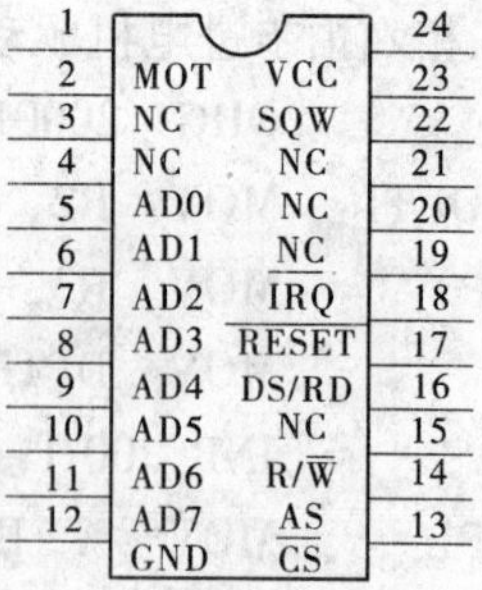

图 10-7　DS12C887 引脚图

MOT:模式选择脚。DS12C887 有两种工作模式,即 Motorola模式和 Intel 模式。当 MOT 接 VCC 时,选用的工作模式是 Motorola 模式;当 MOT 接 GND 时,选用的是 Intel 模式。

SQW:方波输出脚。当供电电压 VCC 大于 +4.25 V 时,SQW 脚可进行方波输出,此时用户可以通过对控制寄存器编程来得到 13 种方波信号的输出。

AD0 ~ AD7:复用地址数据总线。该总线采用时分复用技术,在总线周期的前半部分,出现在 AD0 ~ AD7 上的是地址信息,可用以选通 DS12C887 内部 RAM,总线周期的后半部分出现在 AD0 ~ AD7 上的是数据信息。

AS:地址选通输入脚。在进行读写操作时,AS 的上升沿将 AD0 ~ AD7 上出现的地址信息锁存到 DS12C887 上,而下一个下降沿清除 AD0 ~ AD7 上的地址信息。不论其是否有效,DS12C887 都将执行该操作。

DS/RD:数据选择或读输入脚。该引脚有两种工作模式,当 MOT 接 VCC 时,选用 Motorola工作模式。在这种工作模式中,每个总线周期的后一部分的 DS 为高电平,被称为数据选通。在读操作中,DS 的上升沿使 DS12C887 将内部数据送往总线 AD0 ~ AD7 上,以供外部读取。在写操作中,DS 的下降沿使总线 AD0 ~ AD7 上的数据锁存在 DS12C887 中。当 MOT 接 GND 时,选用 Intel 工作模式,在该模式中,该引脚是读允许输入脚,即 Read Enable。

R/$\overline{W}$:读/写输入端。该引脚也有两种工作模式,当 MOT 接 VCC 时,R/$\overline{W}$ 工作在 Motorola 模式。此时,该引脚的作用是区分进行的是读操作还是写操作,当 R/$\overline{W}$ 为高电平时为读操作,R/$\overline{W}$ 为低电平时为写操作。当 MOT 接 GND 时,该脚工作在 Intel 模式,此时作为写允许输入,即 Write Enable。

$\overline{CS}$:片选输入,低电平有效。

IRQ:中断请求输入,低电平有效,该脚有效对 DS12C887 内的时钟、日历和 RAM 中的内容没有任何影响,仅对内部的控制寄存器有影响。

RESET:复位脚。在典型的应用中,RESET可以直接接 VCC,这样可以保证 DS12C887 在掉电时,其内部控制寄存器不受影响。

在 DS12C887 内有 11 字节 RAM 用来存储时间信息,4 字节用来存储控制信息,其具体地址及取值如表 10-2 所示。

由表 10-2 可以看出,DS12C887 内部有 4 个控制寄存器:A ~ D,用户可以在任何时候对其进行访问,以对 DS12C887 进行控制操作。

表 10-2 DS12C887 的存储功能

地址	功能	取值范围		
		十进制	二进制	BCD 码
0	秒	0～59	00～3B	00～59
1	秒闹铃	0～59	00～3B	00～59
2	分	0～59	00～3B	00～59
3	分闹铃	0～59	00～3B	00～59
4	12 小时模式	1～12	01～0C AM 81～8C PM	01～12 AM 81～92 PM
	24 小时模式	0～23	00～17	00～23
5	时闹铃,12 小时制	1～12	01～0C AM 81～8C PM	01～12 AM 81～92 PM
	时闹铃,24 小时制	0～23	00～17	00～23
6	星期	1～7	01～07	01～07
7	日	1～31	01～1F	01～31
8	月	1～12	01～0C	01～12
9	年	0～99	00～63	00～99
10	控制寄存器 A			
11	控制寄存器 B			
12	控制寄存器 C			
13	控制寄存器 D			
50	世纪	0～99	NA	19～20

二、倒计时器的硬件电路设计

图 10-8 给出了倒计时器的硬件电路原理图,其硬件电路主要由 CPU 内核、实时电路时钟和显示及驱动电路三部分组成。

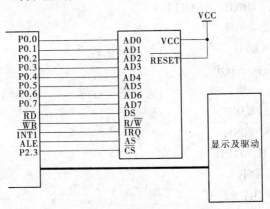

图 10-8 倒计时器的硬件电路原理图

三、倒计时器的软件设计

与图 10-8 配套的软件程序如下：

```
          ORG   0000H
          LJMP  MAIN
          ORG   000BH
          LJMP  ST0
          ORG   0013H
          LJMP  SINT1
          ORG   0030H
MAIN：    MOV   SP, #50H           ;对 CPU 进行初始化
          MOV   TMOD, #01H
          MOV   IE, #82H
          SETB  IT1               ;边沿触发中断
          MOV   TL0, #0B0H
          MOV   TH0, #3CH
          MOV   DPTR, #0F70AH      ;指向 DS12C887 的 A 寄存器
          MOV   A, #20H            ;对 DS12C887 进行初始化
          MOVX  @DPTR, A
          INC   DPTR              ;指向 DS12C887 的 B 寄存器
          MOV   A, #12H            ;更新中断,BCK,24 小时制,开始运行
          MOVX  @DPTR, A
          INC   DPTR              ;指向 DS12C887 的 C 寄存器
          MOVX  A, @DPTR
          INC   DPTR
          MOVX  A, @DPTR
START：   LCALL KEYB              ;等待特定时刻,按 A 键开始倒计时
          CJNE  A, #0AH, START
          MOV   IE, #86H
STOP：    LCALL KEYB              ;键盘扫描程序
          JB    ACC.7, STOP
            ⋮                     ;键处理程序略
DIS：     MOV   R0, #38H           ;显示子程序
          MOV   R5, #08H
          MOV   41H, #1FH
DIS1：    MOV   A, @R0
          MOV   DPTR, #TAB
          MOVC  A, @A+DPTR
          MOV   DPH, 41H
```

```
              MOVX  @DPTR, A
              INC   R0
              MOV   A, #20H
              ADD   A, 41H
              MOVX  @DPTR, A
              INC   R0
              MOV   A, #20H
              ADD   A, 41H
              MOV   41H, A
              DJNZ  R5, DIS1
              RET
TAB:          DB    3FH,06H,5BH,4FH,66H,6DH,7DH,07H
              DB    7FH,6FH,77H,7CH,39H,5EH,79H,71H
KEYB:         CLR   P1.0              ;键盘扫描子程序略
               ⋮
              RET
SINT1:        MOV   A, 3FH            ;时钟中断子程序
              JNZ   GO0
              MOV   3FH, #09H
              LCALL SUBR1
              SJMP  GO
GO0:          DEC A
              MOV   3FH, A
GO:           LCALL DIS
              MOV   DPTR, #0F70CH
              MOVX  A, @DPTR
              INC   DPTR
              MOVX  A, @DPTR
              RETI
SUBR1:        倒计时减 1 处理程序
               ⋮
              RET
ST0:          T0 定时中断程序
               ⋮
              RETI
              END
```

本章小结

单片机应用系统是针对某项任务而制作的用户系统,以单片机为核心,配以外围电路和软件,用来实现设定任务和相应功能。

在单片机应用系统中,单片机是整个系统的核心,对整个系统的信息输入、处理、输出进行控制。与单片机配套的有相应的复位电路、时钟电路以及扩展的存储器和I/O接口,使单片机应用系统能够顺利运行。

单片机应用系统输入通道用于检测接收输入信息。来自被控对象的信息有多种,按物理量的特征可分为模拟量、数字量和开关量3种。

伺服控制输出通道用于对被控对象进行控制。作用于被控对象的控制信号通常有开关量控制信号和模拟量控制信号两种。

单片机应用系统设计的基本内容和主要步骤是:首先确定系统设计的任务;然后进行系统的总体方案设计,一般包括以下两个方面:机型及支持芯片的选择,综合考虑软硬件的分工与配合;接着进行系统详细设计与制作,也即是将系统方案付诸实施,将硬件框图转化成具体电路,画出软件流程图并用程序加以实现;最后进行系统调试与修改。

思考题及习题

1. 简述单片机应用系统设计的过程。
2. 硬件系统扩展与配置应遵循哪些原则?
3. 应用系统软件设计过程中有哪些注意事项?

附　录

附录 A　单片机指令速查表

一、数据传送类指令

指令	功能	指令编码	字节数(B)	执行周期(个)
MOV　A,#data	A ←data	74 data	2	1
MOV　A,Rn	A ←(Rn)	E8 + n	1	1
MOV　A,direct	A ←(direct)	E5 direct	2	1
MOV　A,@ Ri	A ←((Ri))	E6 + i	1	1
MOV　Rn,A	Rn←(A)	F8 + n	1	1
MOV　Rn,direct	Rn←(direct)	A8 + n direct	2	2
MOV　Rn,#data	Rn ← data	78 + n data	2	1
MOV　direct,A	direct←(A)	F5 direct	2	1
MOV　direct,Rn	direct←(Rn)	88 + n direct	2	2
MOV　direct,direct	direct←(direct)	85 direct direct	3	2
MOV　direct,@ Ri	direct←((Ri))	86 + i direct	2	2
MOV　direct,#data	direct← data	75 direct data	3	2
MOV　@ Ri,A	(Ri)←(A)	F6 + i	1	1
MOV　@ Ri,direct	(Ri)←(direct)	A6 + i direct	2	2
MOV　@ Ri,#data	(Ri)← data	76 + i data	2	1
MOV　DPTR,#data16	DPTR←data16	90 data16	3	2
MOVX　A,@ DPTR	A←((DPTR))	E0	1	2
MOVX　A,@ Ri	A←((Ri))	E2 + i	1	2
MOVX　@ DPTR,A	(DPTR)← (A)	F0	1	2
MOVX　@ Ri,A	(Ri)← (A)	F2 + i	1	2
MOVC　A,@ A + PC	A←((A) + (PC) +1)	83	1	2
MOVC　A,@ A + DPTR	A←((A) + (DPTR))	93	1	2
XCH　A,direct	(A)和(direct)互换	C5 direct	2	1
XCH　A,@ Ri	(A)和((Ri))互换	C6 + i	1	1
XCH　A,Rn	(A)和(Rn)互换	C8 + n	1	1
XCHD　A,@ Ri	(A)和((Ri))低4位互换	D6 + i	1	1
SWAP　A	A 中内容的高4位和低4位互换	C4	1	1
PUSH　direct	SP←(SP) +1,(SP)←(direct)	C0 direct	2	2
POP　direct	direct←((SP)),SP←(SP) – 1	D0 direct	2	2

二、算术运算类指令

指令	功能	指令编码	字节数(B)	执行周期(个)
ADD A,#data	A←(A)+data	24 data	2	1
ADD A,direct	A←(A)+(direct)	25 direct	2	1
ADD A,@Ri	A←(A)+((Ri))	26+i	1	1
ADD A,Rn	A←(A)+(Rn)	28+n	1	1
ADDC A,#data	A←(A)+data+(CY)	34 data	2	1
ADDC A,direct	A←(A)+(direct)+(CY)	35 direct	2	1
ADDC A,@Ri	A←(A)+((Ri))+(CY)	36+i	1	1
ADDC A,Rn	A←(A)+(Rn)+(CY)	38+n	1	1
INC A	A←(A)+1	04	1	1
INC direct	direct←(direct)+1	05 direct	2	1
INC @Ri	(Ri)←((Ri))+1	06+i	1	1
INC Rn	Rn←(Rn)+1	08+n	1	1
INC DPTR	DPTR←(DPTR)+1	A3	1	2
SUBB A,#data	A←(A)-data-(CY)	94 data	2	1
SUBB A,direct	A←(A)-(direct)-(CY)	95 direct	2	1
SUBB A,@Ri	A←(A)-((Ri))-(CY)	96+i	1	1
SUBB A,Rn	A←(A)-(Rn)-(CY)	98+n	1	1
DEC A	A←(A)-1	14	1	1
DEC direct	direct←(direct)-1	15 direct	2	1
DEC @Ri	(Ri)←((Ri))-1	16+i	1	1
DEC Rn	Rn←(Rn)-1	18+n	1	1
MUL AB	BA←(A)×(B)	A4	1	4
DIV AB	累加器A除以寄存器B	84	1	4
DA A	对A中的结果进行十进制调整	D4	1	1

三、逻辑运算类指令

指令	功能	指令编码	字节数(B)	执行周期(个)
ANL direct,A	direct←(direct)∧(A)	52 direct	2	1
ANL direct,#data	direct←(direct)∧data	53 direct data	3	2
ANL A,#data	A←(A)∧data	54 data	2	1
ANL A,direct	A←(A)∧(direct)	55 direct	2	1
ANL A,@Ri	A←(A)∧((Ri))	56+i	1	1
ANL A,Rn	A←(A)∧(Rn)	58+n	1	1
ORL direct,A	direct←(direct)∨(A)	42 direct	2	1
ORL direct,#data	direct←(direct)∨data	43 direct data	3	2
ORL A,#data	A←(A)∨data	44 data	2	1
ORL A,direct	A←(A)∨(direct)	45 direct	2	1
ORL A,@Ri	A←(A)∨((Ri))	46+i	1	1
ORL A,Rn	A←(A)∨(Rn)	48+n	1	1
XRL direct,A	direct←(direct)⊕(A)	62 direct	2	1
XRL direct,#data	direct←(direct)⊕data	63 direct data	3	2
XRL A,#data	A←(A)⊕data	64 data	2	1
XRL A,direct	A←(A)⊕(direct)	65 direct	2	1
XRL A,@Ri	A←(A)⊕((Ri))	66+i	1	1
XRL A,Rn	A←(A)⊕(Rn)	68+n	1	1
CLR A	A←0	E4	1	1
CPL A	A 的内容取反	F4	1	1

四、移位类指令

指令	功能	指令编码	字节数(B)	执行周期(个)
RR A	A 中内容循环右移一位	03	1	1
RL A	A 中内容循环左移一位	23	1	1
RRC A	A 中内容带进位循环右移一位	13	1	1
RLC A	A 中内容带进位循环左移一位	33	1	1

五、控制转移类指令

指令	功能	指令编码	字节数（B）	执行周期（个）
AJMP addr11	$PC \leftarrow (PC) + 2$ $PC_{10 \sim 0} \leftarrow addr11, PC_{15 \sim 11}$ 不变	$a_{10} a_9 a_8\ 00001$ $a_7 \sim a_0$	2	2
LJMP addr16	$PC \leftarrow addr16$	02 addrH addrL	3	2
SJMP rel	$PC \leftarrow (PC) + 2$ $PC \leftarrow (PC) + rel$	80 rel	2	2
JMP @A+DPTR	$PC \leftarrow (A) + (DPTR)$	73	1	2
JZ rel	$(A) = 00H$ 时, $PC \leftarrow (PC) + 2 + rel$ $(A) \neq 00H$ 时, $PC \leftarrow (PC) + 2$	60 rel	2	2
JNZ rel	$(A) \neq 00H$ 时, $PC \leftarrow (PC) + 2 + rel$ $(A) = 00H$ 时, $PC \leftarrow (PC) + 2$	70 rel	2	2
CJNE A,#data,rel	$(A) = data, PC \leftarrow (PC) + 3, CY \leftarrow 0$ $(A) > data, PC \leftarrow (PC) + 3 + rel, CY \leftarrow 0$ $(A) < data, PC \leftarrow (PC) + 3 + rel, CY \leftarrow 1$	B4 data rel	3	2
CJNE A,direct,rel	$(A) = (direct), PC \leftarrow (PC) + 3, CY \leftarrow 0$ $(A) > (direct), PC \leftarrow (PC) + 3 + rel, CY \leftarrow 0$ $(A) < (direct), PC \leftarrow (PC) + 3 + rel, CY \leftarrow 1$	B5 data rel	3	2
CJNE @Ri,#data,rel	$((Ri)) = data, PC \leftarrow (PC) + 3, CY \leftarrow 0$ $((Ri)) > data, PC \leftarrow (PC) + 3 + rel, CY \leftarrow 0$ $((Ri)) < data, PC \leftarrow (PC) + 3 + rel, CY \leftarrow 1$	B6 + i data rel	3	2
CJNE Rn,#data,rel	$(Rn) = data, PC \leftarrow (PC) + 3, CY \leftarrow 0$ $(Rn) > data, PC \leftarrow (PC) + 3 + rel, CY \leftarrow 0$ $(Rn) < data, PC \leftarrow (PC) + 3 + rel, CY \leftarrow 1$	B8 + n data rel	3	2
DJNZ Rn,rel	$PC \leftarrow (PC) + 2, Rn \leftarrow (Rn) - 1$ 若 $(Rn) \neq 0, PC \leftarrow (PC) + rel$	d8 + n rel	2	2
DJNZ direct,rel	$PC \leftarrow (PC) + 3, direct \leftarrow (direct) - 1$ 若 $(direct) \neq 0, PC \leftarrow (PC) + rel$	d5 direct rel	3	2
ACALL addr11	$PC \leftarrow (PC) + 2, SP \leftarrow (SP) + 1,$ $(SP) \leftarrow (PC_{7 \sim 0})$ $SP \leftarrow (SP) + 1, (SP) \leftarrow (PC_{15 \sim 8}),$ $PC_{10 \sim 0} \leftarrow addr11$	$a_{10} a_9 a_8\ 10001$ $a_7 \sim a_0$	2	2

指令	功能	指令编码	字节数（B）	执行周期（个）
LCALL addr16	$PC \leftarrow (PC) + 3, SP \leftarrow (SP) + 1,$ $(SP) \leftarrow (PC_{7\sim0})$ $SP \leftarrow (SP) + 1, (SP) \leftarrow (PC_{15\sim8}),$ $PC \leftarrow addr16$	12 addrH addrL	3	2
RET	$PC_{15\sim8} \leftarrow ((SP)), SP \leftarrow (SP) - 1$ $PC_{7\sim0} \leftarrow ((SP)), SP \leftarrow (SP) - 1$	22	1	2
RETI	$PC_{15\sim8} \leftarrow ((SP)), SP \leftarrow (SP) - 1$ $PC_{7\sim0} \leftarrow ((SP)), SP \leftarrow (SP) - 1$	32	1	2
NOP	$PC \leftarrow (PC) + 1$	00	1	1

六、位操作类指令

指令	功能	指令编码	字节数（B）	执行周期（个）
MOV bit,C	$bit \leftarrow (C)$	92 bit	2	2
MOV C,bit	$C \leftarrow (bit)$	A2 bit	2	1
CLR C	$C \leftarrow 0$	C3	1	1
CLR bit	$bit \leftarrow 0$	C2 bit	2	1
SETB C	$C \leftarrow 1$	D3	1	1
SETB bit	$bit \leftarrow 1$	D2 bit	2	1
ANL C,bit	$C \leftarrow (C) \wedge (bit)$	82 bit	2	2
ANL C,/bit	$C \leftarrow (C) \wedge /(bit)$	B0 bit	2	2
ORL C,bit	$C \leftarrow (C) \vee (bit)$	72 bit	2	2
ORL C,/bit	$C \leftarrow (C) \vee /(bit)$	A0 bit	2	2
CPL C	C 中的内容取反	B3	1	1
CPL bit	位地址单元中的内容取反	B2 bit	2	1
JBC bit,rel	$(bit) = 1$,转移,且(bit)清零	10 bit rel	3	2
JB bit,rel	$(bit) = 1$,转移	20 bit rel	3	2
JNB bit,rel	$(bit) = 0$,转移	30 bit rel	3	2
JC rel	$(C) = 1$,转移	40 rel	2	2
JNC rel	$(C) = 0$,转移	50 rel	2	2

附录 B　ASCII 码表

BITS(位)						0D6D5D4			
D3D2D1D0	HB(高位)	000	001	010	011	100	101	110	111
LB(低位)	HEX	0	1	2	3	4	5	6	7
0000	0	NUL	DLE	SP	0	@	P	`	p
0001	1	SOH	DC1	!	1	A	Q	a	q
0010	2	STX	DC2	"	2	B	R	b	r
0011	3	ETX	DC3	#	3	C	S	c	s
0100	4	EOT	DC4	$	4	D	T	d	t
0101	5	ENQ	NAK	%	5	E	U	e	u
0110	6	ACK	SYN	&	6	F	V	f	v
0111	7	BEL	ETB	´	7	G	W	g	w
1000	8	BS	CAN	(	8	H	X	h	x
1001	9	HT	EM	)	9	I	Y	i	y
1010	A	LF	SUB	*	:	J	Z	j	z
1011	B	VT	ESC	+	;	K	[	k	{
1100	C	FF	FS	,	<	L	\	l	|
1101	D	CR	GS	–	=	M	]	m	}
1110	E	SO	RS	.	>	N	↑	n	~
1111	F	SI	US	/	?	O	←	o	DEL

附录 C　Keil μVision2 使用简介

　　μVision2 IDE 是德国 Keil 公司开发的基于 Windows 平台的单片机集成开发环境,它包含一个高效的编译器、一个项目管理器和一个 MAKE(编译)工具。其中 Keil C51 是一种专门为单片机设计的高效率 C 语言编译器,符合 ANSI(美国国家标准学会)标准,生成的程序代码运行速度极高,所需要的存储器空间极小,完全可以与汇编语言媲美。

一、关于开发环境

μVision2 的界面如图 C-1 所示，μVision2 允许同时打开、浏览多个源文件。

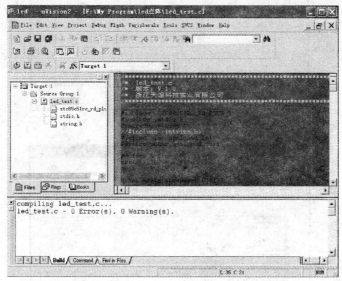

图 C-1　μVision2 界面图

二、创建项目实例

μVision2 包括一个项目管理器，它可以使 8X51 应用系统的设计变得简单。
要创建一个应用，需要按下列步骤进行操作。

（一）新建工程项目步骤

（1）从菜单中选择 Project 的下拉菜单中 New Project…，新建工程项目，见图 C-2。

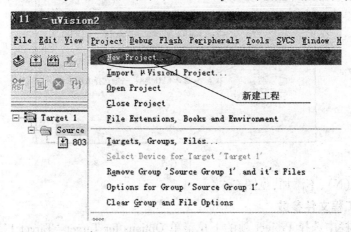

图 C-2

（2）在确定后出现的对话框中，输入新建工程的名字，如 example，见图 C-3。

（3）在弹出的对话框中选择 CPU 厂商，选中 Atmel 公司，双击鼠标确认，见 C-4。

图 C-3

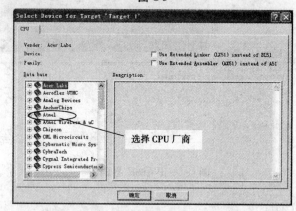

图 C-4

(4)双击后在弹出的对话框中选择 CPU 类型,选中 AT89C51 后确认,见图 C-5。

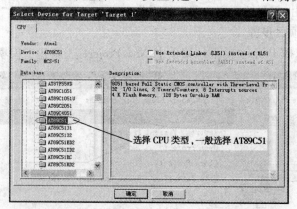

图 C-5

(5)选择否(N),不添加,见图 C-6。

(二)设置工程文件参数

(1)在菜单栏中选择 Project 项的下拉菜单 Options for Target 'Target 1'项,或单击工具栏中 ，见图 C-7。

(2)在出现的对话选项卡中选择 Target 项,在 Xtal (MHz): 中输入单片机工作的频率:11.0592,见图 C-8。

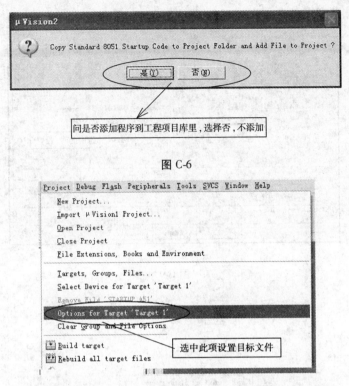

图 C-6

问是否添加程序到工程项目库里，选择否，不添加

图 C-7

选中此项设置目标文件

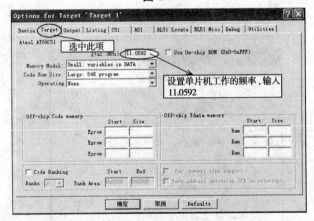

图 C-8

选中此项

设置单片机工作的频率，输入 11.0592

（3）在选项卡中选择 Debug 调试项，见图 C-9。

如图 C-10 所示，选中此项 Keil 为纯软件仿真，不需要连接仿真器就可以仿真，若为软件实验，就可以选择这一项。

如图 C-11 所示，选中此项 Keil 为带有 Monitor－51 目标仿真器的仿真，必须要有硬件 Keil C51 仿真器的支持，否则不能仿真，在我们做硬件实验时选择这一项。

（4）单击图 C-11 后面的  Settings 设置，出现如图 C-12 所示对话框，设置 Port 串口：一般为 COM1，Baudrate 波特率：38400 b/s，最后确认。

（5）设置完成，就可以添加事先编好的 ＊.asm 文件程序编译运行。

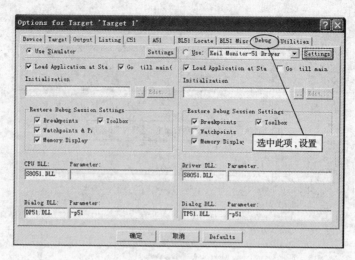

图 C-9

图 C-10

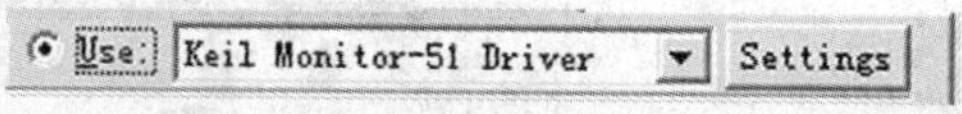

图 C-11

图 C-12

(三)编写新程序

(1)在菜单栏 File（文件）选项的下拉菜单中选择 New...（新建文件），见图 C-13,选择后出现如图 C-14 所示文本编辑框,输入汇编程序。

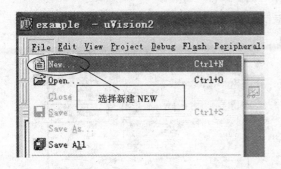
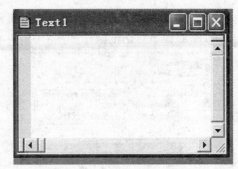

图 C-13   图 C-14

（2）在输入程序标点符号时注意，应在不是中文输入法状态输入，如图 C-15 所示。

图 C-15

（3）保存文件，点击 Save 项，见图 C-16。

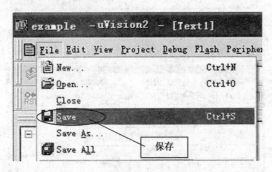

图 C-16

（4）保存文件时，以文件扩展名 *.asm 保存，见图 C-17。

图 C-17

（5）运行程序，要把文件程序添加到工程里去执行，操作如图 C-18 所示。

（6）添加程序对话框操作如图 C-19 所示。

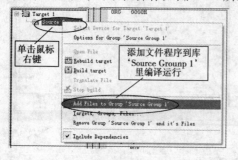

图 C-18

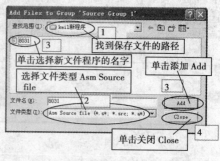

图 C-19

（7）添加好程序，在库里把文件打开，操作见图 C-20。

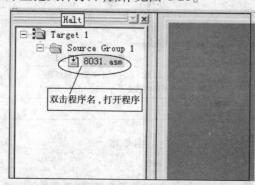

图 C-20

（8）编译程序，如图 C-21 所示，也可以在工具栏中点击 Project ，操作如图 C-22 所示。

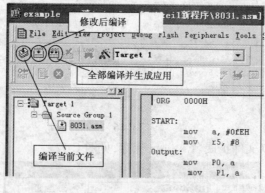

图 C-21

（9）程序编译好以后，要切换编程和停止模式，操作见图 C-23，或点击工具栏上的 ⊕ 按钮。

（10）运行，见图 C-24。

（11）停止程序时，不要点击工具栏上的 ⊗ 快捷键 Halt（停止），见图 C-25。停止程序要按仿真器上的复位按钮，见仿真器示意图（图 C-26）。

（12）停止程序以后，要进行模式切换，见图 C-23，这时就可以对程序进行修改，编译运

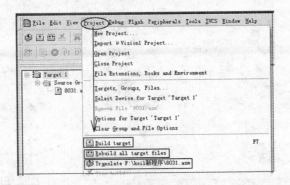

图 C-22

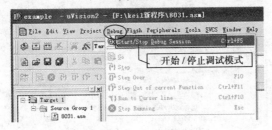

图 C-23

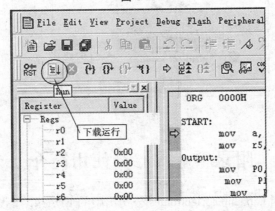

图 C-24

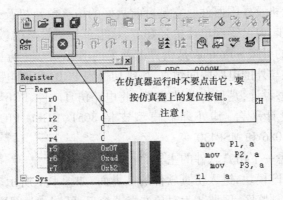

图 C-25

行。如果要想运行其他程序,就要把原来的程序从工程库里移除,见图 C-27,然后再添加。

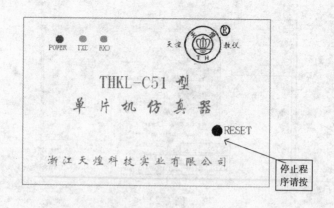

图 C-26

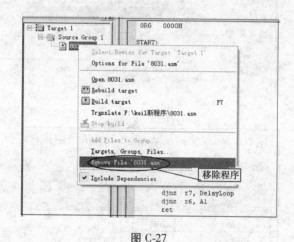

图 C-27

附录 D　Proteus 使用简介

Proteus 软件是英国 Labcenter Electronics 公司出版的 EDA（电子设计自动化）工具软件（该软件中国总代理为广州风标电子技术有限公司）。它不仅具有其他 EDA 工具软件的仿真功能，还能仿真单片机及外围器件。它是目前最好的仿真单片机及外围器件的工具。虽然目前国内推广刚起步，但已受到单片机爱好者、从事单片机教学的教师、致力于单片机开发应用的科技工作者的青睐。Proteus 是世界上著名的 EDA 工具（仿真软件），从原理图布图、代码调试到单片机与外围电路协同仿真，一键切换到 PCB（印刷电路板）设计，真正实现了从概念到产品的完整设计，是目前世界上唯一将电路仿真软件、PCB 设计软件和虚拟模型仿真软件三合一的设计平台，其处理器模型支持 8051、HC11、PIC10/12/16/18/24/30/DsPIC33、AVR、ARM、8086 和 MSP430 等。

让我们首先来熟悉一下仿真软件的主界面：

运行 Proteus 的 ISIS 模块，进入仿真软件的主界面，如图 D-1 所示。区域①为菜单及工具栏，区域②为元器件预览区，区域③为对象选择器窗口，区域④为图形编辑窗口，区域⑤为绘图工具栏，区域⑥为元器件调整工具栏，区域⑦为运行工具条。

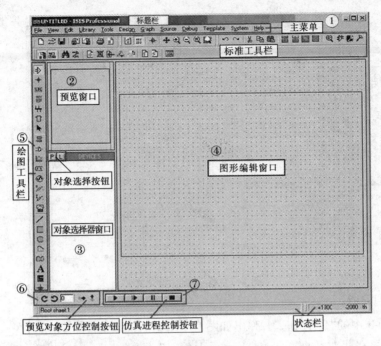

图 D-1　仿真软件的主界面

Proteus 提供了丰富的资源：

（1）Proteus 拥有的元器件资源。Proteus 可提供 30 多种元件库，超过 8000 种模拟、数字元器件。

（2）Proteus 可提供的仿真仪表资源。仿真仪器仪表的数量、类型和质量是衡量仿真实验室是否合格的一个关键因素。Proteus 可提供常用的示波器（下面实例中示波器被用来观察产生的波形）、逻辑分析仪、虚拟终端、SPI 调试器、I^2C 调试器、信号发生器、模式发生器、交直流电压表、交直流电流表。

下面我们先借助于一个简单的实例来快速地掌握 Proteus 设计与仿真操作。实例内容为：用 P1 口的第一个引脚控制一个 LED 灯，2 s 闪烁一次。

步骤一：Proteus 电路设计

整个设计都是在 ISIS 编辑区中完成的。

（1）单击工具栏上的"新建"按钮 🗋，新建一个设计文档。单击"保存"按钮 💾，弹出如图 D-2 所示的"Save ISIS Design File"对话框，在文件名框中输入"LED"（简单实例的文件名），再单击"保存"按钮，完成新建设计文件操作，其后缀名自动为 .DSN。

（2）选取元器件。

此简单实例需要如下元器件：

单片机：AT89C51。

发光二极管：LED – RED。

瓷片电容：CAP＊。

电阻：RES＊。

晶振：CRYSTAL。

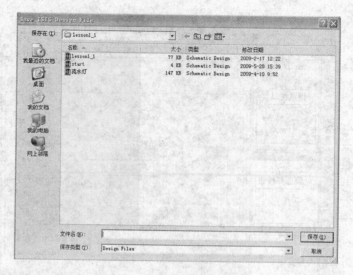

图 D-2　保存 ISIS 设计文件

按钮:BUTTON。

单击图 D-3 中的"P"按钮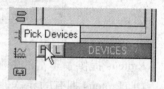,弹出如图 D-4 所示的选取元器件对话框,在此对话框左上角"Keywords(关键词)"一栏中输入元器件名称,如"AT89C51",系统在对象库中进行搜索查找,并将与关键词匹配的元器件显示在"Results"中。

图 D-3　单击"P"按钮选取元器件

在"Results"栏的列表项中,双击"AT89C51",则可将"AT89C51"添加至对象选择器窗口。按照此方法完成其他元器件的选取,如果忘记关键词的完整写法,可以用"*"代替,如"CRY*"可以找到晶振。被选取的元器件都加入到 ISIS对象选择器中,如图 D-5 所示。

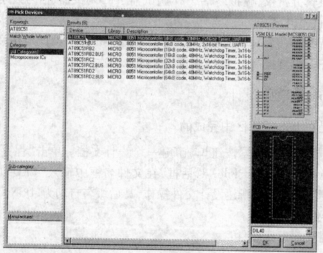

图 D-4　选取元器件窗口

(3)放置元器件至图形编辑窗口。

在对象选择器窗口中,选中 AT89C51,将鼠标置于图形编辑窗口该对象欲放置的位置,单击鼠标左键,该对象被完成放置。同理,将 BUTTON、RES 等放置到图形编辑窗口中,如图

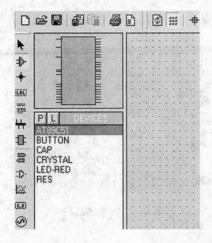

图 D-5　选取元器件均加入到 ISIS 对象选择器中

D-6 所示。

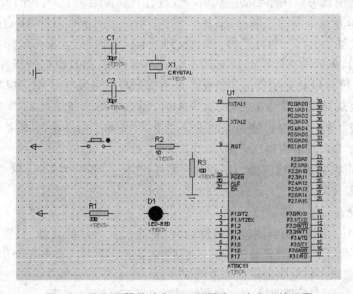

图 D-6　将各元器件放在 ISIS 编辑窗口中合适的位置

若元器件方向需要调整,先在 ISIS 对象选择器窗口中单击选中该元器件,再单击工具栏上相应的转向按钮 ,把元器件旋转到合适的方向后再将其放置于图形编辑窗口。

若对象位置需要移动,将鼠标移到该对象上,单击鼠标右键,此时该对象的颜色已变至红色,表明该对象已被选中。按下鼠标左键,拖动鼠标,将对象移至新位置后,松开鼠标,完成移动操作。

通过一系列的移动、旋转、放置等操作,将元器件放在 ISIS 图形编辑窗口中合适的位置。如图 D-6 所示。

(4)放置终端(电源、地)。

放置电源操作:单击工具栏中的终端按钮 ,在对象选择器窗口中选择"POWER",再

在编辑区中要放电源的位置单击完成。放置地（GROUND）的操作与此类似，如图 D-7
所示。

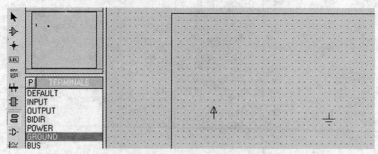

图 D-7　放置终端符号

（5）元器件之间的连线。

Proteus 的智能化可以在你想要画线的时候进行自动检测。下面，我们来操作将电阻 R1
的右端连接到 LED 显示器的左端，如图 D-6 所示。当鼠标的指针靠近 R1 右端的连接点时，
跟着鼠标的指针就会出现一个"□"号，表明找到了 R1 的连接点。单击鼠标左键，移动鼠标
（不用拖动鼠标），鼠标的指针靠近 LED 的左端的连接点时，跟着鼠标的指针就会出现一个
"□"号，表明找到了 LED 显示器的连接点。单击鼠标左键完成电阻 R1 和 LED 的连线。

Proteus 具有线路自动寻径功能（简称 WAR），当选中两个连接点后，WAR 将选择一个
合适的路径连线。WAR 可通过使用标准工具栏里的"WAR"命令按钮 🔲 来关闭或打开，也
可以在菜单栏的"Tools"下找到这个图标。

同理，我们可以完成其他连线。在此过程的任何时刻，都可以按 Esc 键或者单击鼠标的
右键来放弃画线。

（6）修改、设置元器件的属性。

Proteus 库中的元器件都有相应的属性，要设置修改元器件的属性，只需要双击 ISIS 编
辑区中的该元器件。例如，若要修改发光二极管的限流电阻 R1，双击它弹出如图 D-8 所示
的属性窗口，在窗口中将电阻的阻值修改为 330 Ω。图 D-9 是编辑完成的电路。

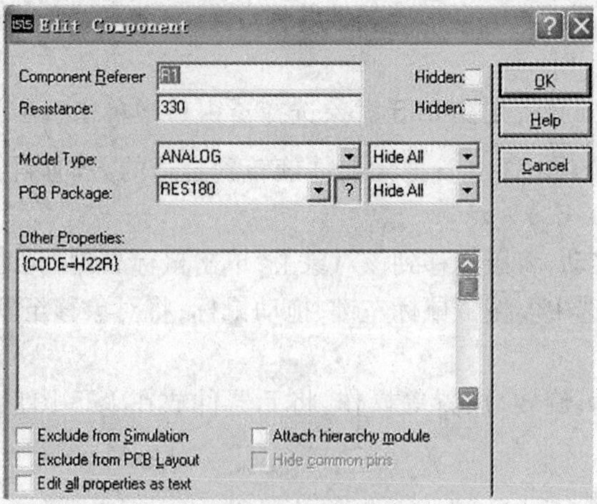

图 D-8　设置限流电阻阻值为 330 Ω

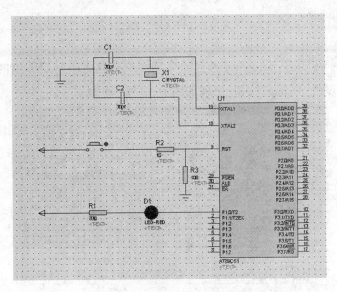

图 D-9　编辑完成的电路图

步骤二:KeilC 与 Proteus 连接调试

(1)假若 KeilC 与 Proteus 均已正确安装在 C:\Program Files 的目录里,把 C:\Program Files\Labcenter Electronics\Proteus 6 Professional\MODELS\VDM51. dll 复制到 C:\Program Files\keilC\C51\BIN 目录中。

(2)用记事本打开 C:\Program Files\keilC\C51\TOOLS. INI 文件,在[C51]栏目下加入:

TDRV5 = BIN\VDM51. DLL ("Proteus VSM Monitor – 51 Driver")

其中"TDRV5"中的"5"要根据实际情况写,不要和原来的重复。

上述这两步只需在初次使用时设置。

(3)进入 KeilC μVision2 开发集成环境,创建一个新项目(Project),并为该项目选定合适的单片机 CPU 器件(如 Atmel 公司的 AT89C51)。并为该项目加入源程序。

源程序如下:

```
        ORG   0000H
START:  CLR   P1.0
        ACALL  DEL
        CPL   P1.0
        AJMP   START
DEL:    MOV   R5, #02
DEL1:   MOV   R6, #250
DEL2:   MOV   R7, #250
DEL3:   NOP
        NOP
        DJNZ   R7, DEL3
        DJNZ   R6, DEL2
        DJNZ   R5, DEL1
```

RET

END

（4）单击"Project"菜单"Options for Target"选项或者点击工具栏的"option for target"按钮![ ],弹出窗口，点击"Debug"按钮，出现如图 D-10 所示页面。

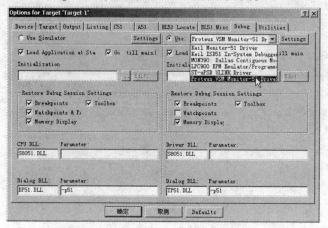

图 D-10　Options for Target 设置界面

在出现的对话框右栏上部的下拉菜单里选中"Proteus VSM Monitor - 51 Driver"，并且还要点击一下"Use"前面表明选中的小圆点。再点击"Setting"按钮，设置通信接口，在"Host"后面添上"127.0.0.1"，如果使用的不是同一台电脑，则需要在这里添上另一台电脑的 IP 地址（另一台电脑也应安装 Proteus）。在"Port"后面添加"8000"。设置好的情形如图 D-11 所示，点击"OK"按钮即可。最后将工程编译，进入调试状态，并运行。

（5）Proteus 的设置。

进入 Proteus 的 ISIS，鼠标左键点击菜单"Debug"，选中"Use Remote Debug Monitor"，如图 D-12 所示。此后，便可实现 KeilC 与 Proteus 的连接调试。

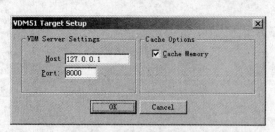

图 D-11　设置通信接口界面　　　　　图 D-12　设置联调

（6）KeilC 与 Proteus 连接仿真调试。

单击仿真运行开始按钮![ ]，能清楚地观察到每一个引脚的电平变化，如图 D-13 所示。红色代表高电平,蓝色代表低电平。发光二极管间隔 1 s 闪烁。

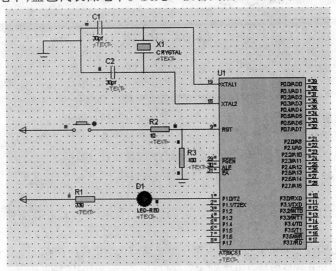

图 D-13　KeilC 与 Proteus 连接仿真

参 考 文 献

［1］刘建清.从零开始学单片机技术［M］.北京:国防工业出版社,2008.

［2］赵广复.单片微型计算机原理及应用［M］.北京:机械工业出版社,2007.

［3］李法春.单片机原理及接口技术案例教程［M］.北京:机械工业出版社,2006.

［4］龚运新.单片机实用技术教程［M］.北京:北京师范大学出版社,2009.

［5］王幸之,钟爱琴,王雷,等.AT89 系列单片机原理与接口技术［M］.北京:北京航空航天大学出版社,
2004.

［6］李华,孙晓民,李红青,等.MCS－51 系列单片机实用接口技术［M］.北京:北京航空航天大学出版社,
1993.

［7］吴金戌,沈庆阳.8051 单片机实践与应用［M］.北京:清华大学出版社,2002.

［8］魏立峰,王宝兴.单片机原理与应用技术［M］.北京:北京大学出版社,2006.

［9］张毅刚,彭喜元,姜守达,等.新编 MCS－51 单片机应用设计 ［M］.哈尔滨:哈尔滨工业大学出版社,
2003.

［10］李秀忠.单片机应用技术(汇编语言)［M］.北京:中国劳动社会保障出版社,2006.

［11］曹天汉.单片机原理与接口技术［M］.北京:电子工业出版社,2003.

［12］肖婧.单片机入门与趣味实验设计［M］.北京:北京航空航天大学出版社,2008.

［13］李广弟,朱月秀,冷祖祁.单片机基础［M］.北京:北京航空航天大学出版社,2007.

［14］张迎新.单片机应用设计培训教程(理论篇)［M］.北京:北京航空航天大学,2008.

［15］金杰.单片机应用技术基本功［M］.北京:人民邮电出版社,2009.

［16］张志良.单片机原理与控制技术［M］.北京:机械工业出版社,2005.

［17］李全利.单片机原理及应用技术［M］.北京:高等教育出版社,2006.

［18］张俊谟.单片机中级教程［M］.北京:北京航空航天大学出版社,1999.

［19］付晓光.单片机原理与实用技术［M］.北京:清华大学出版社,2003.

［20］张培仁.基于 C 语言编程 MCS－51 单片机原理与应用［M］.北京:清华大学出版社,2003.

［21］梅丽凤,郝万新.单片机原理及应用技术［M］.北京:清华大学出版社,2008.

［22］赵红怡.DSP 技术与应用实例［M］.北京:电子工业出版社,2005.

［23］田泽.嵌入式系统开发与应用教程［M］.北京:北京航空航天大学出版社,2005.